U0688176

职业高等教育工程造价专业系列教材

建筑设备安装工程
识图与施工工艺

主　编　秦国兰　孟　超

副主编　刘金凤　白芝兰

　　　　李国宁　刘　洋

参　编　张建军　翟中文

主　审　李　斌

科学出版社

北　京

内 容 简 介

"建筑设备安装工程识图与施工工艺"课程是高等职业院校工程造价、现代物业管理等专业的核心课程,本书以项目为载体,采用任务驱动模式,系统地介绍了电气、给排水、燃气、采暖与通风空调五个专业的分类、组成、识图技巧以及施工要点等,重点培养学生的建筑设备安装施工图识图能力和建筑设备安装质量检查与验收能力。全书内容共五部分:建筑电气工程、建筑给排水工程、建筑燃气工程、建筑采暖工程以及建筑通风空调工程;每部分又围绕项目案例图纸,按工程简介、工程施工图和工程施工的步骤展开任务,图文并茂,强调理论与实践的关联,支持启发性与交互式教学,力求实用。

本书可作为工程造价、现代物业管理、建筑设计、建筑设备工程、建筑环境与设备、土木工程及建筑工程管理类相关专业师生的教学用书,也可作为工程技术人员的学习参考书。

图书在版编目(CIP)数据

建筑设备安装工程识图与施工工艺 / 秦国兰, 孟超主编. -- 北京:科学出版社, 2025. 5. -- (职业高等教育工程造价专业系列教材). -- ISBN 978-7-03-079069-9

Ⅰ. TU204.21;TU8

中国国家版本馆 CIP 数据核字第 2024YL4348 号

责任编辑:万瑞达 李程程 / 责任校对:赵丽杰
责任印制:吕春珉 / 封面设计:曹 来

科 学 出 版 社 出版

北京东黄城根北街 16 号
邮政编码:100717
http://www.sciencep.com

三河市良远印务有限公司印刷

科学出版社发行 各地新华书店经销
*

2025 年 5 月第 一 版 开本:787×1092 1/16
2025 年 5 月第一次印刷 印张:19 3/4
字数:469 000

定价:59.00 元
(如有印装质量问题,我社负责调换)

销售部电话 010-62136230 编辑部电话 010-62130874(VA03)

版权所有,侵权必究

前　言

"建筑设备安装工程识图与施工工艺"是一门综合性很强的专业课，涉及建筑供配电、照明动力、防雷与接地、弱电、给水、热水、消防、排水、燃气、暖通等方面。本教材紧跟高职教育培养目标，以现行的有关规范与标准为主要依据，本着任务引领、实践导向的课程设计思想，注重理论概念的准确性和工程实践的系统性，有助于学生形成良好的知识体系，有助于学生潜能的开发和综合能力的培养。本教材具体特色如下。

1. 以党的二十大精神为引领，践行课程思政

青年强，则国家强。学生理想信念的坚定，离不开对马克思主义理论的学习，离不开对历史规律的把握。本教材以党的二十大精神为引领，根据青年学生的思想特点和认知规律，将党的二十大精神中的碳中和、国家安全、绿水青山就是金山银山等思政元素与教学实际内容相结合，学习贯彻习近平新时代中国特色社会主义思想，循序渐进地提高学生的道德人格品行和思想政治素质，指导学生更好地理解马克思主义的世界观和方法论，全面培养高素质技术技能人才。

2. 以微观细节为抓手，着眼宏观原理

工程简介、工程施工图和工程施工的任务结构，在符合学习规律的逻辑基础上，节节加深学习深度，渐次精炼学习广度，力求培养学生在宏观全局上把握问题、在微观细节处精雕细刻的能力，解决学生在学习过程中"不知道为什么学、找不到学习重点、把握不好知识细节"等问题。

3. 以工程项目为主导、驱动专业任务

打破了以知识传授为主要特征的传统课程教学模式，以建筑电气、建筑给排水、建筑燃气、建筑采暖与建筑通风空调项目为主体，选取了常用的、与生活息息相关的案例图纸，紧紧围绕基础知识把握、施工图识读以及施工工艺检查与验收三个任务中心加强综合训练，让学生在完成具体项目的过程中构建相关理论知识体系，并提高职业能力。本教材中各项目涉及的案例图纸可通过 www.abook.cn 网站下载。

4. 以国家标准为主线，综合专业标准

本教材以现行的《建筑制图标准》（GB/T 50104—2010）、《房屋建筑制图统一标准》（GB/T 50001—2017）国家标准为主线，综合参考《建筑电气制图标准》（GB/T 50786—2012）、《建筑给水排水设计标准》（GB 50015—2019）、《建筑给水排水及采暖工程施工质量验收规范》（GB 50242—2002）、《燃气工程制图标准》（CJJ/T 130—2009）等各专业标准与规范，

同时，考虑到专业的发展和国家的发展，书中设置了"拓展练习"模块，学生可以通过自主拓展学习获取最新行业信息。

5. 以岗位要求为核心，对接岗课赛证

以安装预算员、物业管理员等工作岗位要求为核心，综合考虑相关职业技能比赛标准及职业资格证书指标等因素，立足实际，构建专业内容体系，将岗课赛证融为一体，探索实施产教融合，岗课赛证融通育人有效途径，全面培养高素质技术技能人才。

由于编者水平有限，书中难免存在不妥之处，敬请读者批评指正。

目　　录

课 程 导 入

0.1 建筑设备安装工程概述

建筑工程是指通过建造各类建筑物及其附属设施以及安装相应的线路、管道和设备而形成的工程实体，包括土建工程和设备安装工程两大部分。其中，土建工程指的是地基与基础工程、主体结构工程、装饰装修工程、屋面工程等，设备安装工程指的是给排水及采暖工程、电气工程、智能建筑工程、通风与空调工程、电梯工程等。

通过分析与归纳，将"建筑设备安装工程识图与施工工艺"课程的主要内容总结如下。

（1）建筑电气工程

建筑电气工程主要介绍建筑物的供配电系统、照明动力系统、防雷与接地系统、建筑照明系统的组成、识读技巧及施工工艺等内容。

（2）建筑给排水工程

建筑给排水工程主要介绍建筑给水系统、建筑热水供应系统、建筑消防系统、建筑排水系统的组成、给排水方式、识读技巧及施工工艺等内容。

（3）建筑燃气工程

建筑燃气工程主要介绍城镇燃气供应系统组成、燃气附件及管道设备构造、施工图识读技巧、管道安装以及安全用气常识等内容。

（4）建筑采暖工程

建筑采暖工程主要介绍采暖系统组成、分类、施工图识读技巧以及管道安装施工工艺等内容。

（5）建筑通风空调工程

建筑通风空调工程主要介绍建筑通风系统、建筑防排烟系统、建筑空调系统的设备与组成、识读技巧及施工工艺等内容。

0.2 房屋建筑施工图概述

在工程中，用来指导房屋施工的图纸被称为房屋建筑施工图，其是指用来表示房屋的规划位置、总体布局、外部造型、内部布置、内外装修、细部构造、固定设施及施工要求等的图纸。按图纸的内容和作用不同,一套完整的房屋施工图通常应包括如下内容。

（1）图纸目录和设计总说明

图纸目录应先列新绘制图纸,后列选用的标准图和重复利用图;设计总说明一般应包括施工图的设计依据、工程项目的设计规模和建筑面积、项目的相对标高与总图绝对标高的对应关系、室内室外的做法说明、门窗表等内容。

（2）总图

总图通常包括一项工程的总体布置图。

（3）建筑施工图

建筑施工图主要是用来表示建筑物的规划位置、外部造型、内部各房间的布置、内外装修构造和施工要求的图件,包括施工首页图、建筑总平面图、建筑平面图、建筑立面图、建筑剖面图和建筑详图,简称"建施"。

（4）结构施工图

结构施工图主要是用来表示建筑物承重结构的结构类型、结构布置,构件种类、数量、大小及作法的图件,包括结构设计说明、结构平面布置图、基础平面图、柱网平面图、楼层结构平面图、屋顶结构平面图和结构详图,简称"结施"。

（5）设备施工图

设备施工图主要是表达建筑物的给排水、暖气通风、供电照明等设备的布置和施工要求的图件,简称"设施"。

为了便于查阅图件和档案管理,方便施工,一套完整的房屋施工图总是按照一定的次序进行编排装订,对于各专业图件,在编排时按"基本图在前、详图在后;先施工的在前,后施工的在后;重要的在前,次要的在后"的原则。

一套完整的房屋施工图的编排次序如下。

1）首页图:首页图列出了图纸目录,在图纸目录中有各专业图纸的图件名称、数量、所在位置,反映出了一套完整施工图纸的编排次序,便于查找。

2）设计总说明:①工程设计的依据:建筑面积,单位面积造价,有关地质、水文、气象等方面的资料;②设计标准:建筑标准、结构荷载等级、抗震设防标准、采暖、通风、照明标准等;③施工要求:施工技术要求、建筑材料要求,如水泥标号、混凝土强度等级、砖的标号、钢筋的强度等级、水泥砂浆的标号等。

3）建筑施工图:总平面图、建筑平面图、建筑立面图、建筑剖面图、建筑详图。

4）结构施工图:结构设计说明、基础平面图、基础详图、结构平面图、构件详图。

5）设备施工图:平面图、系统图、加工安装详图、图例及施工说明。

值得注意的是,建筑设备的安装需要借助建筑实体构件,因此,设备施工图中包含了建筑实体构件,设备施工图的识读应建立在建筑施工图的识别基础上。

0.3 建筑工程绘图的基本规定

1. 图幅、标题栏及会签栏

（1）图纸幅面尺寸

图幅是指图纸宽度与长度组成的图面。图纸的基本幅面有五种，分别用幅面代号 A0、A1、A2、A3、A4 表示。其中，A0 以长边对折裁开得到两张 A1，A1 以长边对折裁开得到两张 A2，其余以此类推，见表 0.1。必要时，可以按规定加长幅面，但图纸的短边不应加长，A0～A3 幅面长边尺寸可加长，但应符合表 0.2 中的要求。

表 0.1　图纸图幅代号和尺寸　　　　　　　　　　　（单位：mm）

尺寸代号	A0	A1	A2	A3	A4
$b×l$	841×1189	594×841	420×594	297×420	210×297
e	20			10	
c	10			5	
a	25				

注：表中 b 为幅面短边尺寸；l 为幅面长边尺寸；e、c 为图框线与幅面线间宽度，其中 e 为不留装订边时图框线与幅面线间宽度，c 为留有装订边的图框线与幅面线间宽度；a 为图框线与装订边间宽度。

表 0.2　图纸长边加长尺寸　　　　　　　　　　　（单位：mm）

幅面代号	长边尺寸	长边加长后的尺寸
A0	1189	1486　1783　2080　2378
A1	841	1051　1261　1471　1682　1892　2102
A2	594	743　891　1041　1189　1338　1486　1635　1783　1932　2080
A3	420	630　841　1051　1261　1471　1682　1892

注：有特殊需要的图纸，可采用 $b×l$ 为 841mm×891mm 与 1189mm×1261mm 的幅面。

（2）图框格式

在图纸中，图框线应采用粗实线，标题栏框线应采用中实线。

图框有两种格式，即不留装订边和留有装订边，同一产品中所有图样均应采用同一种格式。不留装订边的图纸，其图框格式如图 0.1 所示；留有装订边的图纸，其图框格式如图 0.2 所示。

（3）标题栏和会签栏

每张技术图样中均应画标题栏和会签栏，标题栏主要是以表格形式表达整张图纸的一些属性，如设计单位名称、工程名称、图样名称、图样类别、编号及设计、审核、负责人签名等，而会签栏则是各专业工种负责人签字区。标题栏和会签栏的位置在图纸中有严格的规定，常见的图幅格式如图 0.3 和图 0.4 所示。

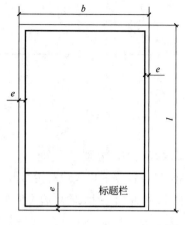
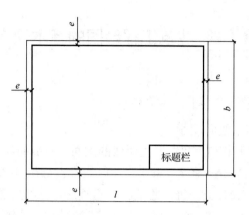

图 0.1　不留装订边的图框格式

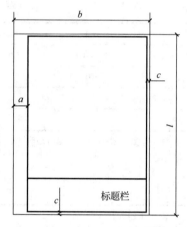
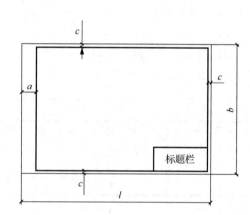

图 0.2　留有装订边的图框格式

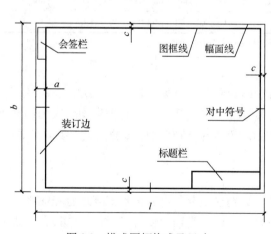
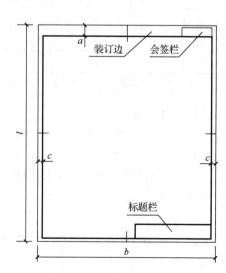

图 0.3　横式图幅格式及尺寸　　　　　图 0.4　竖式图幅格式及尺寸

2. 图线

线宽可分为粗、中、细三种，一张图纸上同一线型的宽度应保持一致，一套图纸中大多数图样同一线型的宽度宜保持一致。图线的基本线宽 b，宜从 1.4mm、1.0mm、0.7mm、0.5mm 线宽系列中选取。每个图样应根据复杂程度与比例大小，先选定基本线宽 b，再选用表 0.3 中的线宽组。

表 0.3　线宽组　　　　　　　　　　　　　　　　　　（单位：mm）

线宽比	线宽组			
b	1.4	1.0	0.7	0.5
$0.7b$	1.0	0.7	0.5	0.35
$0.5b$	0.7	0.5	0.35	0.25
$0.25b$	0.35	0.25	0.18	0.13

注：需要微缩的图纸，不宜采用 0.18mm 及更细的线宽；同一张图纸内，各不同线宽中的细线，可统一采用较细的线宽组。

3. 字体

图纸中的汉字宜采用长仿宋体，字高与字宽比宜为 0.7。汉字字高宜根据图纸的幅面确定，但不宜小于 3.5mm。一张图或一套图中同一种用途的汉字、数字和字母大小宜相同，数字与字母宜采用直体。

4. 尺寸标注

尺寸标注应包括尺寸界线、尺寸线、尺寸起止符和尺寸数字。尺寸宜标注在图形轮廓线以外（图 0.5）。尺寸界线宜与被标注长度垂直。尺寸界线的一端应由被标注的图形轮廓线或中心线引出，另一端宜超出尺寸线 3mm；尺寸线应与被标注的长度平行（半径、直径、角度及弧线的尺寸线除外）。多根互相平行的尺寸线，应从被标注图形轮廓线由近向远排列，小尺寸离轮廓线较近，大尺寸离轮廓线较远。尺寸线间距宜为 5～15mm，且宜均等。每一方向均应标注总尺寸（图 0.6）。

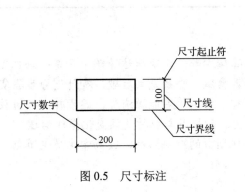

图 0.5　尺寸标注

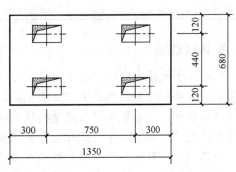

图 0.6　尺寸界线与尺寸线

项目 建筑电气工程

■ 项目概述

建筑电气工程是指为工业和民用用户输送和分配电能、应用电能为人们提供照明、通信、供热、制冷及传递信息等服务的配电箱、配管配线、照明器具等设备的总称，由供配电系统、照明动力系统、弱电系统和防雷接地系统组成。工业建筑中的电气工程为企业从事大规模生产、加工提供便利，民用建筑中的电气工程一般指生活用电，为生活提供便利。本项目以《建筑电气制图标准》（GB/T 50786—2012）为主要依据，参照《建筑制图标准》（GB/T 50104—2010）、《房屋建筑制图统一标准》（GB/T 50001—2017），进行了民用建筑和工业建筑电气工程基础知识、供应体系、识图技巧及施工工艺的介绍。

■ 学习目标

知识目标	能力目标	素质目标
1. 了解建筑电气工程性质、分类； 2. 熟悉建筑电气工程常用材料和设备； 3. 熟悉建筑电气工程的构成体系； 4. 掌握建筑电气工程施工图的组成、制图标准； 5. 掌握建筑电气工程施工图的识读技巧； 6. 掌握建筑电气工程施工工艺； 7. 熟悉室内照明线路走向及施工要点	1. 具备建筑电气工程的基本常识； 2. 具备建筑电气工程施工图识读的能力； 3. 具备建筑电气工程施工工艺纠错能力； 4. 根据工程项目图纸和实际情况，完成建筑电气工程内的 BIM（建筑信息模型，building information model）碰撞检查； 5. 具备识别建筑电气线路施工中常识性错误的能力	1. 培养学生严谨求实、一丝不苟的学习态度； 2. 培养学生善于观察、善于思考的学习习惯； 3. 培养学生团结协作的职业素养； 4. 培养学生绿色节能的理念

■ 课程思政

党的二十大报告中指出，积极稳妥推进碳达峰碳中和。实现碳达峰碳中和是一场广泛而深刻的经济社会系统性变革。立足我国能源资源禀赋，坚持先立后破，有计划分步骤实施碳达峰行动。完善能源消耗总量和强度调控，重点控制化石能源消费，逐步转向碳排放总量和强度"双控"制度。提升生态系统碳汇能力。积极参与应对气候变化全球治理。

介绍国家"双碳"发展规划和电气工程在该规划中的重要影响，鼓励学生省电节电，为积极稳妥推进碳达峰碳中和贡献自己的力量。

■ 任务发布

1）图纸：某邮局电气工程，本工程图纸通过 www.abook.cn 网站下载。

2）图纸识别范围：①照明平面图；②动力平面图；③弱电平面图；④屋顶防雷平面图。

3）参考规范：

《建筑制图标准》（GB/T 50104—2010）；

《建筑电气制图标准》（GB/T 50786—2012）；

《房屋建筑制图统一标准》（GB/T 50001—2017）。

4）成果文件：其邮局电气工程汇报文件一份。

【拍一拍】

电，给我们的生活带来了极大的便利。灯光，将城市夜晚装饰得更加美丽（图 1.1 和图 1.2）。同学们可以拍一拍身边的美丽灯光，感受"电"的魅力。

图 1.1　天津之眼

图 1.2　天津解放桥

【想一想】

电是从哪里来的？

任务 1.1　建筑电气工程简介

1.1.1　认识建筑电气工程

在日常生活中，人们根据安全电压的使用习惯，通常将建筑电气分成强电与弱电两大类。其中，强电的处理对象是能源，特点是电压高、电流大、功率大、频率低，主要考虑的问题是减小损耗、提高效率及安全用电，由供配电系统、照明动力系统、防雷与接地等系统组成；弱电的处理对象主要是信息，即信息的传送与控制，其特点是电压低、电流小、功率小、频率高，主要考虑的问题是信息传送的效果，诸如信息传送的保真度、速度、广度和可靠性等，由火灾自动报警系统、安全防范系统、设备自动化系统、有线电视系统、综合布线、有线广播及扩声系统、会议系统等组成。

由各种电压的电力线路将发电厂、变电所和电力用户联系起来的发电、输电、变电、配电和用电的整体，统称电力系统。电力系统的输配电方式示意图如图 1.3 所示。电力系统由电源、电力网、电力用户组成。

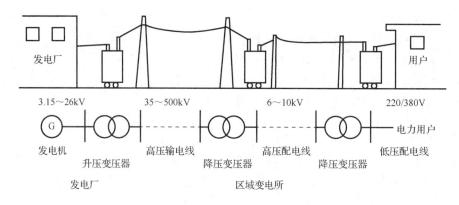

图 1.3　电力系统的输配电方式示意图

1. 电源

电力系统中的电源主要指发电厂，发电厂是指将自然界蕴藏的各种一次能源转化成二次能源电源，并向外输出电能的工厂。根据利用的能源不同，发电厂可分为水力发电厂（如三峡水电站，图 1.4）、火力发电厂（如内蒙古大唐国际托克托电站，图 1.5）、核能发电厂、风力发电厂、地热发电厂、潮汐发电厂、太阳能发电厂等。在现代的电力系统中，各国都以火力发电和水力发电为主，其能量转换过程基本都是各原能源—机械能—电能。

图 1.4　三峡水电站

图 1.5　内蒙古大唐国际托克托电站

2. 电力网

在电力系统中，各种不同电压等级的电力系统及其所联系的变电所，称为电力网；其任务是将发电厂生产的电能输送、变换和分配到电力用户。电力网是由输电设备、变电设备、配电设备及相应辅助系统组成的包含不同电压等级线路的网络，用于电能输送与分配。输电线路将发电厂发出的电能升压到 110kV、220kV 或 500kV 以上，输送到枢纽变电站，再经枢纽变电站送至区域变电站的电力线路；配电线路将通过区域变电站降压到 6kV、10kV 后的电力输送到电能用户电力线路。

（1）输电设备

输电设备将相距数千公里的发电厂和负荷中心联系起来，起传输电能的作用，从而使电能的开发和利用超越地域的限制。输电设备主要由输电线、杆塔（图 1.6）、绝缘子串（图 1.7）、架空线路等组成。

图 1.6 杆塔

图 1.7 绝缘子串

（2）变电设备

为了把发电厂发出来的电能输送到较远的地方，必须把电压升高，变为高压电，到用户附近再按需要把电压降低，这种升降电压的工作靠变电设备来完成。变电设备主要有变压器（图 1.8）、电抗器、电容器、断路器（图 1.9）、接地开关、避雷器、电压互感器、电流互感器和电力保护、监视、控制、通信系统等。输电设备与变电设备共同组成输电网。

图 1.8 变压器

图 1.9 断路器

（3）配电设备

配电是在电力系统中直接与用户相连并向用户分配电能的环节，直接为用户服务。配电设备主要有高压配电柜（图 1.10）、发电机、断路器、低压开关柜、开关箱（图 1.11）、控制箱等。

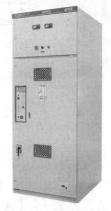

图 1.10 高压配电柜

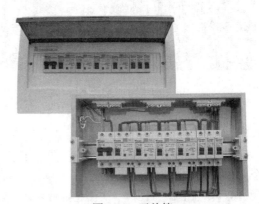

图 1.11 开关箱

（4）变电站、变电所

变电站（图 1.12）与变电所是接收电能、改变电压并分配电能的场所，主要由电力变压器与开关设备等组成，是电力系统的重要组成部分。按规模大小分，小的被称为变电所，大的被称为变电站。变电所一般是电压等级在 110kV 以下的降压变电站；变电站包括各种电压等级的"升压、降压"变电站。变电站通常可进行如下分类。

1）一类变电站：是指交流特高压站，核电、大型能源基地（300 万 kW 及以上）外送及跨大区（华北、华中、华东、东北、西北）联络 750/500/330kV 变电站。

2）二类变电站：是指除一类变电站以外的其他 750/500/330kV 变电站，电厂外送变电站（100 万 kW 及以上、300 万 kW 以下）及跨省联络 220kV 变电站，主变压器或母线停运、开关拒动造成四级及以上电网事件的变电站。

3）三类变电站：是指除二类以外的 220kV 变电站，电厂外送变电站（30 万 kW 及以上、100 万 kW 以下），主变压器或母线停运、开关拒动造成五级电网事件的变电站，为一级及以上重要用户直接供电的变电站。

4）四类变电站：是指除一、二、三类以外的 35kV 及以上变电站。

（5）配电站、配电所

配电站位于电网的末端，是将电能送到用电设备或用户站点的设备，上连变电站，下连各种用电设备，一般容量较小，电压等级在 35kV 以下。多数作为调度各线路以及平衡各线路的负载的设备使用，也有一些独立的，起到改变传输方式的作用。

配电所（图 1.13）的作用就是对电能进行接收、分配、控制与保护，不对电能进行变压。变电所容量相对较大，除了具有配电所的功能外，还要把进来的电能进行变压分配出去，所以还具有电网输入、电压监视、调节、分配等功能。

图 1.12　变电站

图 1.13　配电所

3. 电力用户

电力用户通常是指通过消费电能使其中的用电设备将电能转化为其他形式能量的单位或个人，大致可分为：居民生活用电（电压等级不满 1kV、10kV）、大工业用电（电压等级为 10kV、35kV、110kV）、普通工业用电、非工业用电（通常包括机关、机场、学校、医院、科研单位等用电）、商业用电、部队用电、农业生产用电等。

1.1.2　建筑供配电系统

建筑供配电系统是指在建筑内部接收电源输送的电能，并进行检测、计量、变压等，然后向电力用户和用电设备分配电能，满足电力用户的用电设备对电压、电流和电源质量要求的系统。建筑供配电系统主要考虑电力负荷的分级及供电要求、供电电源及电压级别的选择、常用供电方式及系统接线方式的确定、电气设备的选择和变电所位置的确定等内容。

1. 标准额定电压

由于电气设备生产的标准化，电气设备的额定电压必须统一，发电机、变压器、用电设备和输配电线路的额定电压必须分成若干等级。

额定电压就是电气设备长时间正常工作时的最佳电压，也是正常情况下所规定的电压。用电设备的额定电压表示设备出厂时设计的最佳输入电压，通常也是比较容易取得的电源供给电压；供电设备的额定电压表示供电系统的最佳输出电压，需要与用电设备的额定电压进行匹配，包括电网额定电压、发电机额定电压和电力变压器的额定电压。

（1）第一类额定电压（安全电压）

第一类额定电压（安全电压）一般指 100V 以下不致使人直接致死或致残的电压，主要用于安全照明、蓄电池及开关设备的直流操作电源，我国规定的安全电压等级有 6V、12V、24V、36V、42V，其中 36V 也被称为安全特低电压，为一般环境条件下允许持续接触的电压上限。行业规定安全电压为不高于 36V，持续接触安全电压为 24V，安全电流为 10mA。电击对人体的危害程度，主要取决于通过人体电流的大小和通电时间长短。

（2）第二类额定电压（低压）

第二类额定电压（低压）一般指小于 1kV 的电压，主要用于电力及照明设备，主要有 220/380V，是我国电气设备中较普遍的工作电压。

（3）第三类额定电压（高压）

第三类额定电压（高压）一般指 1kV 及以上的电压，主要用于发电机、电力线路、变压器及高压用电设备，主要有 6kV、10kV、35kV、110kV、220kV、330kV、500kV、1000kV，通常将 35kV 以上的电压线路称为送电线路，35kV 及以下的电压线路称为配电线路。

2. 电力负荷的分级及供电要求

电力负荷是进行供配电系统设计的主要依据参数，根据电力负荷的性质和停电造成的损失程度，将电力负荷分成三级。供电电源应根据电力用户负荷等级，按照供电安全可靠、投资费用较少、维护运行方便、系统简单而且经济实用等原则进行设置。

（1）一级负荷

一级负荷指中断供电将造成人身伤害，造成重大损失或重大影响，影响重要用电单位的正常工作或造成人员密集的公共场所秩序严重混乱的电力负荷。例如，特别重要的交通枢纽、国家级及承担重大国事活动的会堂、国家级大型体育中心以及经常用于重要国际活动的大量人员集中的公共场所；中断供电将影响实时处理计算机及计算机网络正常工作、中断供电将会发生火灾以及严重中毒的情况也是属于此范畴。特别重要场所不允许中断供电的负荷应定为一级负荷中的特别重要负荷。

一级负荷是特别重要的负荷，应由两个或两个以上的独立电源供电，当其中一个电源发生故障时，另一个电源不应同时受损，同时一级负荷中特别重要的负荷还必须增设应急电源，为保证对特别重要负荷的供电，严禁将其他负荷接入应急供电系统。可作为应急电源的有柴油发电机、不间断电源（uninterruptible power supply，UPS）、应急电源（emergency power supply，EPS）等。

图 1.14（a）为双电源，双变压器，高、低压母线分段系统，该系统由外网引入两回线路电源，分别经过高压配电装置、变压器，然后由低压母线、隔离开关、低压配电装置送至用电设施。该系统中设有两个独立的高压电源和变压器，一备一用，并在高、低压母线上均设置一个隔离开关。该系统当有一个高压供电电源或变压器发生事故或故障时，可以利用高、低压母线的隔离开关恢复两个回路同时供电。各供电回路的基本设备均有备用供电线路。该方案的投资虽大，但供电的可靠性提高更多，适合一级负荷。

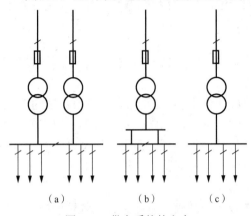

（a）   （b）   （c）

图 1.14 供电系统的方案

（2）二级负荷

二级负荷是指中断供电将造成较大损失或较大影响，影响较重要用电单位的正常工作或造成人员密集的公共场所秩序混乱的电力负荷，如中断供电将导致主要设备损坏、大量产品报废等用电单位或交通枢纽等用电单位中的重要电力负荷等。对于二级负荷宜采用两个回路供电，也可以由一个 6kV 及以上电源专用架空线路供电。

图 1.14（b）为双电源二级负荷系统——双变压器、低压母线分段系统，该系统由外网引入两回线路电源，分别经过高压配电装置、变压器，然后由低压母线、隔离开关、低压配电装置送至用电设施。二级负荷供电系统中也设有两个独立的高压电源和变压器，一备一用，并在低压母线上设置一个隔离开关。该系统当有一个高压供电电源或变压器发生事故或故障时，可以利用低压母线的隔离开关恢复两个回路同时供电。各供电回路的基本设备均有备用供电线路，可靠性大为提高。

（3）三级负荷

三级负荷是指不属于一、二级用电负荷的负荷，通常采用单电源供电，并且对供电无特殊要求。三级负荷通常设置一个电源供电。图 1.14（c）为单电源、单变压器、低压母线不分段系统，该系统由外网引入电源，经过高压配电装置（一般为断路器）、变压器，然后由低压母线、低压配电装置送至用电设施。该系统可靠性较低，系统中电源、变压器、开关及母线中，任一个环节发生故障或检修时，均不能保证供电，但接线简单、造价低。

3. 电压等级和电压质量指标

（1）电压等级

电压等级是根据国家的工业生产水平、电机、电器制造能力，并进行技术经济综合分析比较而确定的。一般情况下，供电企业供电的额定频率为交流 50Hz，低压供电为

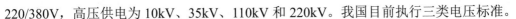

220/380V，高压供电为 10kV、35kV、110kV 和 220kV。我国目前执行三类电压标准。

1）第一类额定电压电压值在 100V 以下，主要用于安全照明、蓄电池、断路器及其他开关设备的操作电源。

2）第二类额定电压电压值在 100V 以上、1000V 以下，主要用于低压动力和照明。用电设备的额定电压，直流分为 110V、220V 等，交流常用 220/380V。建筑用电的电压主要属于这一范围。

3）第三类额定电压电压值在 1000V 以上，主要作为高压用电设备及发电、输电的额定电压值。

（2）电压质量指标

1）电压偏移，指供电电压偏离（高于或低于）用电设备额定电压的数值占用电设备额定电压值的百分比。一般规定：一般电动机为±5%；电梯电动机为±7%。室内照明在一般工作场所为±5%；对于远离变电所的小面积一般工作场所，难以满足上述要求时，可为+5%、-10%；应急照明、道路照明和警卫照明等为+5%、-10%。对于其他用电设备，当无特殊规定时为±5%。

为了减小电压偏移，保证用电设备在最佳状态下运行，供电系统必须采取相应的电压调整措施。

① 合理选择变压器的电压分接头或采用有载调压型变压器，使之在负荷变动的情况下有效地调节电压，保证用电设备端电压稳定。

② 合理地减少供电系统阻抗，以降低电压损耗，从而缩小电压偏移范围。

③ 尽量使系统的三相负荷平衡，以减小电压偏移。

④ 合理地改变供电系统的运行方式，以调整电压偏移。

⑤ 采用无功功率补偿装置，提高功率因数，降低电压损耗，缩小电压偏移范围。

2）频率。频率变化会使电动机转数产生变化，更为严重的是可引起电力系统的不稳定运行，同时严重影响照明质量。电能生产的特点是产、供、销同时产生和同时完成，即不能中断也不能储存，电力系统的发电、供电之间始终保持平衡。如果发电厂发出的有功功率不足，就使得电力系统的频率降低，不能保持额定 50Hz 的频率，使供电质量下降；如果电力系统中发出的无功功率不足，会使电网的电压降低，不能保持额定电压；电网的电压和频率继续降低，反过来又会使发电厂的出力降低，严重时会造成整个电力系统崩溃。我国电力工业的标准频率为 50Hz，正常运行条件下频率偏差限值为±0.2Hz。当系统容量较小时，偏差限值可以放宽到±0.5Hz。

4. 供电系统

供电系统就是由电源系统和输配电系统组成的产生电能并供应和输送给用电设备的系统。在建筑工程中使用的基本供电系统有三相三线制、三相四线制等，国际电工委员会（International Electrotechnical Commission，IEC）规定分为 TN 系统、TT 系统、IT 系统，其中 TN 系统又分为 TN-C、TN-S、TN-C-S 三种表现形式，共三种五类。

T 意为 through（通过），表示电力网的中性点是直接接地的系统。

N 意为 neutral（中性点），表示电气设备正常运行时不带电的金属外露部分与电力网的中性点采取直接的电气连接，即保护接零系统。

第一个字母（T 或 I）表示电源中性点的对地关系，第二个字母（N 或 T）表示装置的外露导电部分的对地关系。

短横线后面的字母（S、C 或 C-S）表示保护线与中性线的结合情况，S 表示中性线和保护线是分开的；C 表示中性线和保护线是合一的，即保护中性线（PEN 线）；C-S 表示部分中性线和保护线共用，部分中性线与保护线分开。

（1）TN 系统

将电气设备的金属外壳与工作零线相接的保护系统，也称作接零保护系统。中性点直接接地，并且引出中性线（N 线）或保护线（PE 线），通常为三相四线制系统，为我国最常用的 220/380V 低压配电系统。

在低压配电的 TN 系统中，中性线（N 线）一是用来接驳相电压 220V 的单相设备，二是用来传导三相系统中的不平衡电流和单相电流，三是减少负载中性点电压偏移。保护线（PE 线）的作用是保障人身安全，防止触电事故发生。在 TN 系统中，当用电设备发生单相接地故障时，就形成单相短路，线路过电流保护装置动作，迅速切除故障部分，从而防止人身触电。

TN 系统因 N 线与 PE 线的不同连接形式，可分为 TN-C、TN-S、TN-C-S 三种系统。

1）TN-C 系统：N 线和 PE 线合用一根导线——PEN 线，所有设备外露可导电部分（如金属外壳）均与 PEN 线相连，如图 1.15 所示。当三相负荷不平衡或只有单相用电设备时，PEN 线上有电流通过，其产生的压降，将会呈现在电气设备的金属外壳上，对敏感性电子设备不利。因此 TN-C 系统通常用于三相负荷比较平衡且单相负荷容量小的工厂、车间的供配电系统中。在中性点直接接地 1kV 以下的系统中采用保护接零。这种系统一般能够满足供电可靠性要求，节省投资，节约有色金属。PEN 线上微弱的电流在危险的环境中可能引起爆炸，所以有爆炸危险环境不能使用 TN-C 系统。

2）TN-S 系统：N 线和 PE 线分开，所有设备的外露可导电部分均与公共 PE 线相连，也常被称为三相五线制，如图 1.16 所示。这种系统的特点是公共 PE 线在正常情况下没有电流通过，也没有对地电压，只是工作零线上有不平衡电流，所以电气设备金属外壳接零保护是接在专用的保护线 PE 上，安全可靠，不会对接在 PE 线上的其他用电设备产生电磁干扰。此外，由于 N 线与 PE 线分开，因此 N 线即使断开也不影响接在 PE 线上的用电设备，提高防间接触电的安全性。这种系统消耗的材料多，投资会增加，所以多用于环境条件较差、对安全可靠性要求高及用电设备对电磁干扰要求较严的场所。

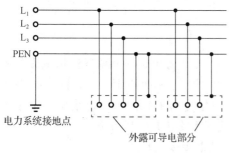

图 1.15　TN-C 系统

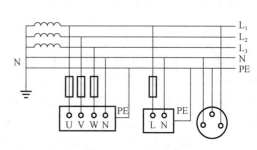

图 1.16　TN-S 系统

3）TN-C-S 系统：中性线与保护线有一部分是共用的，局部采用专设的保护线，也就是前部为 TN-C 系统，后部为 TN-S 系统，如图 1.17 所示。为防止 PE 线与 N 线混淆，应分别给 PE 线和 PEN 线涂上黄绿相间的色标，N 线涂以浅蓝色色标。此外，自分开后，PE 线不能再与 N 线合并。它兼有 TN-C 和 TN-S 两种系统的优点，常用于配电系统末端环境条件较差且要求无电磁干扰的数据处理或具有精密检测装置等设备的场所。

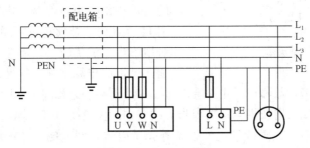

图 1.17 TN-C-S 系统

（2）TT 系统

TT 系统是指中性点直接接地，而电气设备外露可导电部分（金属外壳）通过与系统接地点（此接地点通常指中性点）无关的接地体直接接地的系统，如图 1.18 所示。第一个符号 T 表示电力系统中性点直接接地，第二个符号 T 表示负载设备外露不和带电体相接的金属导电部分与大地直接连接，而与系统如何接地无关。在 TT 系统中负载的所有接地均称为保护接地。

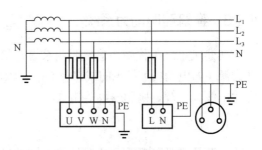

图 1.18 TT 系统

TT 系统由于所有设备的外露可导电部分都是经各自的 PE 线分别直接接地的，各自的 PE 线间无电磁联系，因此也适于对数据处理、精密检测装置等供电；同时，TT 系统也与 TN 系统一样属于三相四线制系统，接用相电压的单相设备也很方便，如果装设灵敏的触电保护装置，也能保证人身安全。TT 系统在国外应用较广泛，而我国通常采用接保护中性线保护，很少采用 TT 系统，在某些接地保护分散的地方可能会采用 TT 系统。TT 系统的特点如下。

1）当电气设备的金属外壳带电（相线碰壳或设备绝缘损坏而漏电）时，由于有接地保护，可以大大减少触电的危险性。但是，低压断路器（自动开关）不一定能跳闸，造成漏电设备的外壳对地电压高于安全电压，属于危险电压。

2）当漏电电流比较小时，即使有熔断器也不一定能熔断，所以还需要漏电保护器作保护，因此 TT 系统难以推广。

3）TT 系统接地装置耗用钢材多，而且难以回收、费工时、费料。

（3）IT 系统

IT 系统是指中性点不接地系统中，将所有设备的外露可导电部分均经各自的保护线 PE 分别直接接地，一般为三相三线制，如图 1.19 所示。第一个字母 I 表示电源侧没有工作接地或高阻抗接地，第二个字母 T 表示负载侧电气设备进行接地保护。IT 系统在供电距离不

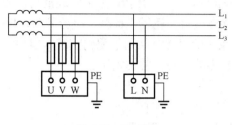

图 1.19 IT 系统

是很长时，供电的可靠性高、安全性好，一般用于不允许停电的场所或是要求严格地连续供电的地方，如电炉炼钢厂、医院的手术室、地下矿井等，但在工地很少使用。对于地下矿井而言，内部供电条件差、电缆易受潮，但在使用 IT 系统时，即使在设备漏电的情况下，单相对地漏电电流仍较小，不会破坏电源电压的平衡，所以比电源中性点接地的系统更安全。若 IT 系统发生接地故障，故障电压也不会超过 50V，不会引起相间电击的危险。

但是，IT 系统如果用在供电距离很长的线路中，供电线路对大地的分布电容就不能忽视了。在负载发生短路故障或漏电使设备外壳带电时，漏电电流经大地形成回路，保护设备不一定动作（电流小于保护设备的额定值），这是有危险的。IT 系统只有在供电距离不太长时才比较安全。

1.1.3 建筑照明动力系统

在建筑电气工程中，建筑照明系统是给照明设备供电的线路体系，建筑动力系统是给动力源（如电动机）供电的线路体系。室内建筑照明动力系统主要由进户装置、配电装置、配管配线、电缆、照明器具等组成。

1. 进户装置

电源从室外低压配电线路接线入户的设施称为进户装置。电源进户方式有两种：低压架空进线和电缆进线。低压架空线进户装置由进户横担、绝缘子、接户线、进户线和进户管等组成，如图 1.20 所示。电缆进线方式主要通过电缆埋地敷设方式实现。

电缆的敷设方式很多，有电缆直埋式、电缆沟、隧道、排管、穿管等。采用哪种敷设方式，应根据电缆的根数、电缆线路的长度以及周围环境条件等因素决定。

（1）电缆的直埋敷设

电缆直埋敷设就是沿选定的路线挖沟，然后将电缆埋设在沟内。此种方式一般适用于沿同一路径，线路较长且电缆根数不多（8根以下）的情况。电缆直埋敷设具有施工简便，费用较低，电缆散热好等优点，但土方量大，电缆还易受土壤中酸碱物质的腐蚀。电缆直埋敷设的施工工艺如下。

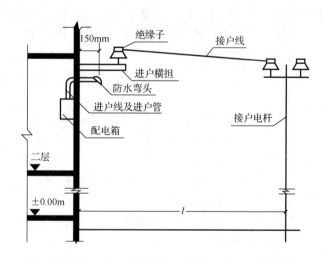

图 1.20 低压架空线进户装置安装示意图

1）挖沟：电缆直埋敷设时，首先应根据选定的路径挖沟，电缆沟的宽度与电缆沟内埋设电缆的电压和根数有关。电缆沟的深度与敷设场所有关。电缆沟的形状基本上是一个梯形，对于一般土质，沟顶应比沟底宽 200mm。

2）敷设电缆：敷设前应清除沟内杂物，在铺平夯实的电缆沟底铺一层厚度不小于 100mm 的细砂或软土，然后敷设电缆，敷设完毕后，在电缆上面再铺一层厚度不小于 100mm 的细砂或软土，并盖以混凝土保护板，细砂或软土覆盖宽度应超过电缆两侧各 50mm。10kV 及以下电缆直埋敷设示意图如图 1.21 所示。

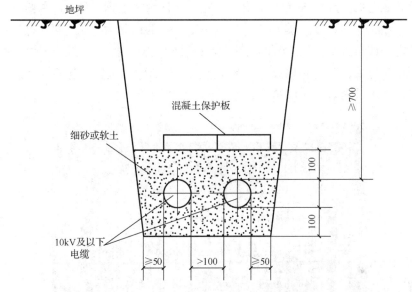

图 1.21 10kV 及以下电缆直埋敷设示意图（单位：mm）

3）回填土：电缆敷设完毕，应请建设单位、监理单位及施工单位的质量检查部门共同进行隐蔽工程验收，验收合格后方可覆盖、填土。填土时应分层夯实，覆土要高出地面 150～200mm，以备松土沉陷。

4）埋标桩：直埋电缆在直线段每隔 50～100m 处、电缆的拐弯、接头、交叉、进出建筑物等地段应设标桩。标桩露出地面以 15cm 为宜。

（2）电缆在电缆沟和隧道内敷设

电缆沟敷设方式主要适用于在厂区或建筑物内地下电缆数量较多但不需采用隧道时，以及城镇人行道开挖不便且电缆需分期敷设时。电缆隧道敷设方式主要适用于同一通道的地下中低压电缆达 40 根以上或高压单芯电缆多回路的情况，以及位于有腐蚀性液体或经常有地面水流溢出的场所。电缆沟和电缆隧道敷设方式具有维护、保养和检修方便等特点。

（3）电缆在排管内敷设

电缆排管敷设方式适用于电缆数量不多（一般不超过 12 根），而与道路交叉较多，路径拥挤，又不宜采用直埋或电缆沟敷设的地段。穿电缆的排管大多是水泥预制块，排管也可采用混凝土管或石棉水泥管。

2. 配电装置

照明配电装置有配电箱、配电盘、配电板等，其中最常用的是配电箱。配电箱是用户用电设备的供电和配电点，是控制室内电源的设施。

配电箱（盘）根据用途不同可分为电力配电箱（盘）和照明配电箱（盘）两种；根据安装方式可分为明装（悬挂式）和暗装（嵌入式），以及半明半暗装等；根据制作材质可分为铁制、木制及塑料制品，现场使用较多的是铁制配电箱。配电箱（盘）按产品划分有定型产品（标准配电箱、盘）、非定型成套配电箱（非标准配电箱、盘）及现场制作组装的配电箱（盘）。标准配电箱（盘）是由工厂成套生产组装的；非标准配电箱（盘）是根据设计或实际需要定制或自行制作的。如果设计为非标准配电箱（盘），一般需要用设计的配电系统图到工厂加工定做。配电箱内设有保护、控制、计量配电装置，包括熔断器、自动空气开关、刀开关、电度表等。配电箱内装置如图 1.22 所示。

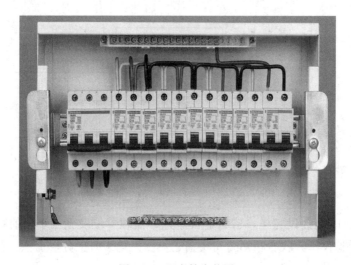

图 1.22　配电箱内装置

3. 配管配线

配管配线是指由配电屏（箱）接到各用电器具的供电和控制线路的安装，一般有明配和暗配两种方式。明配管是用固定卡子直接将管子固定在墙、柱、梁、顶板和钢结构上。暗配管需要配合土建施工，将管子预敷设在墙、顶板、梁、柱内。暗配管具有不影响外表美观、使用寿命长等优点。

（1）电气配管

配管工程按照敷设方式分为沿砖或混凝土结构明配、沿砖或混凝土结构暗配、钢结构支架配管、钢索配管、钢模板配管等。电气暗配管宜沿最近线路敷设，并应减少弯曲长度。埋于地下的管道不能对接焊接，宜穿套管焊接。明配管不允许焊接，只能采用丝接。配管明敷设如图 1.23 所示，配管暗敷设如图 1.24 所示。

图 1.23　配管明敷设

图 1.24　配管暗敷设

电气配管按照材质不同可分为钢管、塑料管及金属软管等。

1）钢管：一般用作输送流体的管道，如石油、天然气、水、煤气、蒸气等。钢管分为无缝钢管和焊接钢管两大类；按焊缝形式分为直缝焊管和螺旋焊管；按用途又分为一般焊管、镀锌焊管、吹氧焊管、电线套管、电焊异型管等；镀锌钢管分热镀锌和电镀锌两种，热镀锌镀锌层厚，电镀锌成本低。电线套管一般采用普通碳素钢电焊钢管，用在混凝土及各种结构配电工程中，电线套管壁较薄，大多进行涂层或镀锌后使用，要求进行冷弯试验。

2）塑料管：与传统金属管相比，具有自重轻、耐腐蚀、耐压强度高、卫生安全、节约能源、节省金属、改善生活环境、使用寿命长、安装方便等特点，一经推出便受到建筑工程和管道工程界的青睐。建筑电气工程中常用的是聚氯乙烯（polyvinyl chloride，PVC）管和塑料波纹管。PVC 管通常分为普通 PVC 管、未增塑聚氯乙烯（unplasticized PVC，PVC-U，又称硬质聚氯乙烯）管、增塑聚氯乙烯（plasticized PVC，PVC-P，又称软质聚氯乙烯）管、氯化聚氯乙烯（chlorinated PVC，PVC-C）管四种。硬质聚氯乙烯管是各种塑料管中消费量最大的品种，亦是目前国内外都在大力发展的新型化学建材。

3）金属软管：主要由内管、外层和波纹管组成。内管通常采用不锈钢或铜等金属材料，具有良好的耐腐蚀性和耐高温性。外层采用金属编织网或金属螺旋管，增强了软管的抗压能力和抗拉强度。波纹管是金属软管的核心部分，通过波纹状的折叠设计，软管在受到外力作用时能够自由伸缩，保持连接的稳定性。

（2）电气配线

室内电气配线指敷设在建筑物、构筑物内的明线、暗线、电缆和电气器具的连接线。配线工程按照敷设方式分类，常用的有瓷夹配线、塑料夹配线、瓷珠配线、瓷瓶配线、针式绝缘子配线、蝶式绝缘子配线、木槽板配线、塑料槽板配线、钢精扎头配线等。

常用各种室内（外）配线方式适用范围见表 1.1 所列。管内穿线如图 1.25 所示。

表 1.1　常用各种室内（外）配线方式适用范围

配线方式	适用范围
木（塑料）槽板配线、护套线配线	适用于负荷较小照明工程的干燥环境、要求整洁美观的场所，塑料槽板适用于防化学腐蚀和要求绝缘性能好的场所
金属管配线	适用于导线易受机械损伤、易发生火灾及易爆炸的环境，有明管配线和暗管配线两种
塑料管配线	适用于潮湿或有腐蚀性环境的室内场所，作明管配线或暗管配线，但易受机械损伤的场所不宜采用明敷
线槽配线	适用于干燥和不易受机械损伤的环境内明敷或暗敷，但有严重腐蚀场所不宜采用金属线槽配线；高温、易受机械损伤的场所不宜采用塑料线槽明敷
电缆配线	适用于干燥、潮湿的户内及户外配线（应根据不同的使用环境选用不同型号的电缆）
竖井配线	适用于多层和高层建筑物内垂直配电干线的场所
钢索配线	适用于层架较高、跨度较大的大型厂房，多数应用在照明配线上，用于固定导线和灯具
架空线配线	适用于户外配线

图 1.25　管内穿线

4. 电缆

电缆线路在电力系统中作为传输和分配电能之用。随着时代的发展，电力电缆在民用建筑、工矿企业等方面应用越来越多。电缆线路与架空线路相比，具有敷设方式多样、占地少、不占或少占用空间、受气候条件和周围环境的影响小、传输性能稳定、维护工作量较小和整齐美观等优点。但是电缆线路也有不足之处，如投资费用较大、敷设后不宜变动、线路不宜分支、寻测故障较难、电缆头制作工艺复杂等。

电缆的种类很多，按用途分有电力电缆和控制电缆；按电压等级分有高压电缆和低压电缆；按导线芯数分有一～五芯（电力电缆）；按绝缘材料分有纸绝缘电力电缆、聚氯乙烯绝缘电力电缆、聚乙烯绝缘电力电缆、交联聚乙烯绝缘电力电缆和橡皮绝缘电力电缆。电力电缆由导电线芯、绝缘层和保护层三个主要部分组成。交联聚乙烯绝缘电力电缆结构可参见图 1.26。电力电缆的导电线芯用来传导大功率电能，其所用材料通常是高导电率的铜和铝。我国制造的电缆线芯的标称截面有 2.5～800mm^2 多种规格。

电缆绝缘层用来保证导电线芯之间、导电线芯与外界的绝缘。绝缘层包括分相绝缘和统包绝缘。绝缘层的材料有纸、橡皮、聚氯乙烯、聚乙烯和交联聚乙烯等。电力电缆的保护层分内护层和外护层两部分。内护层主要是保护电缆统包绝缘不受潮湿和防止电缆浸渍剂外流及轻度机械损伤。外护层是用来保护内护层的，防止内护层受到机械损伤或化学腐蚀等。外护层包括铠装层和外被层两部分。

我国电缆的型号采用汉语拼音字母组成，带外护层的电缆则在字母后加上两个阿拉伯数字。常用的电缆型号中汉语拼音字母的含义及排列次序见表 1.2。电缆外护层的结构采用两个阿拉伯数字表示，前一个数字表示铠装层结构，后一个数字表示

1—缆芯（铜芯或铝芯）；2—交联聚乙烯绝缘层；3—聚氯乙烯护套（内护层）；4—钢铠或铝铠（铠装层）；5—聚氯乙烯护套（外被层）。

图 1.26 交联聚乙烯绝缘电力电缆

外被层结构。阿拉伯数字代号的含义见表 1.3。为方便新老代号对照，特列出电缆外护层新旧代号对照如表 1.4 所示。例如：VV22－10－3×95 表示 3 根截面为 95mm^2、聚氯乙烯绝缘、电压为 10kV 的铜芯电力电缆，铠装层为双钢带，外被层是聚氯乙烯护套。

表 1.2　常用电缆型号字母含义及排列次序

类别	绝缘种类	线芯材料	内护层	其他特征	外护层
电力电缆（省略不表示） K—控制电缆 Y—移动式软电缆 P—信号电缆 H—市内电话电缆	Z—纸绝缘 X—橡皮 V—聚氯乙烯 Y—聚乙烯 YJ—交联聚乙烯	T—铜（可省略） L—铝	Q—铅护套 L—铝护套 H—橡套 （H）F—非燃性橡套 V—聚氯乙烯护套 Y—聚乙烯护套	D—不滴流 F—分相铅包 P—屏蔽 C—重型	两个数字（含义见表 1.3）

表 1.3　电缆外护层代号的意义

第一个数字		第二个数字	
代号	铠装层类型	代号	外被层或外护套类型
0	无	0	无
1	联锁钢带	1	纤维外被
2	双钢带	2	聚氯乙烯
3	细圆钢丝	3	聚乙烯或聚烯烃
4	粗圆钢丝	4	弹性体
5	皱纹钢带	5	交联聚烯烃

表 1.4　电缆外护层新旧代号对照表

新代号	旧代号	新代号	旧代号
02，03	1，11	（31）	3，13
20	20，120	32，33	23，39
（21）	2，12	（40）	50，150
22，23	22，29	41	5，25
30	30，130	42，43	59，15

注：表内括号中数字的外护层结构不推荐使用。

5. 照明器具

照明器具包括各种灯具、控制开关及小型电器，如风扇、电铃等。

照明器具种类繁多，按照用途可分为：一般照明，如住宅楼户内照明；装饰照明，如酒店、宾馆大厅照明；局部照明，如卫生间镜前灯照明、楼梯间照明以及事故照明。照明采用的电源电压一般为220V，事故照明一般采用的电压为36V。

按照电光源不同，照明器具可分为两种类型：一种是热辐射光源，包括白炽灯、碘钨灯等；另一种是气体光源，包括日光灯、钠灯、氖气灯等。

按照灯具的结构形式不同，照明器具可分为封闭式灯具、敞开式灯具、艺术灯具。

按照安装方式不同，照明器具可分为吸顶式、吊灯（吊链式和吊管式）、壁灯、弯脖灯、水下灯、路灯、高空标志灯等。

1.1.4 建筑防雷与接地系统

雷电是发生在大气层中的声、光、电并发的一种放电现象。这个放电过程会产生强烈的闪电和巨大的声响，即人们常说的"电闪雷鸣"。

1. 雷电的形成

雷电的形成过程可分为气流上升、电荷分离和放电三个阶段。在雷雨季节，地面上的水分受热变成蒸汽上升，与冷空气相遇之后凝成水滴，形成积云。云中水滴受强气流摩擦产生电荷，小水滴容易被气流带走，形成带负电的云；较大水滴形成带正电的云。由于静电感应，大地表层与云层之间、云层与云层之间会感应出异性电荷，当电场强度达到一定值时，即发生雷云与大地或雷云与雷云之间的放电。雷云对地放电示意图如图1.27所示。

据测试，对地放电的雷云大多带负电荷。随着雷云中负电荷的积累，其电场强度逐渐增加，当达到25~30kV/cm时，使附近的空气绝缘破坏，便产生雷云放电。

2. 雷电的特点及作用形式

（1）雷电的特点

雷电流是一种冲击波，雷电流幅值 I_m 的变化范围很大，一般为数十至数千安培。雷电流幅值一般在第一次闪击时出现，也称主放电。典型的雷电流波形如图1.28所示。雷电流一般在1~4μs内增长到幅值 I_m，雷电流在幅值以前的一段波形称为波头；从幅值起到雷电流衰减至 $I_m/2$ 的一段波形称为波尾。雷电流是一个幅值很大、陡度很高的电流，具有很强的冲击性，其破坏性极大。

（2）雷电击的基本形式

雷云对地放电时，其破坏作用表现为以下四种基本形式。

1）直击雷：当天空中的雷云飘近地面时，就在附近地面特别是凸出的树木或建筑物上感应出异性电荷。电场强度达到一定值时，雷云就会通过这些物体与大地之间放电，发生雷击。这种直接击在建筑物或其他物体上的雷电叫直击雷。直击雷使被击物体产生很高的电位，引起过电压和过电流，不仅会使人畜致死、烧毁或劈倒树木、破坏建筑物，而且还会引起火灾和爆炸。

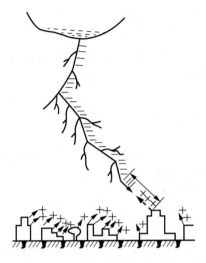

图 1.27　雷云对地放电示意图

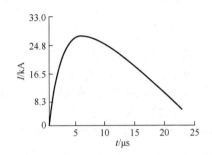

图 1.28　雷电流波形

2）感应雷：当建筑上空有雷云时，在建筑物上便会感应出相反电荷。在雷云放电后，云与大地电场消失，但聚集在屋顶上的电荷不能立即释放，此时屋顶对地面便有相当高的感应电压，造成屋内电线、金属管道和大型金属设备放电，引起建筑物内的易爆危险品爆炸或易燃物品燃烧。这里的感应电荷主要是由雷电流的强大电场和磁场变化产生的静电感应和电磁感应造成的，因此称为感应雷或感应过电压。

3）雷电波侵入：当输电线路或金属管路遭受直接雷击或发生感应雷时，雷电波便沿着这些线路侵入室内，造成人员、电气设备和建筑物的伤害和破坏。雷电波侵入造成的事故在雷害事故中占相当大的比重，需引起足够重视。

4）球形雷：球形雷的形成研究还没有完整的理论，通常认为它是一个温度极高的特别明亮的炫目发光球体，直径为 10～20cm 或更大。球形雷通常在电闪后发生，以每秒几米的速度在空气中飘移，它能从烟囱、门、窗或孔洞进入建筑物内部造成破坏。

3. 雷暴日

雷电的大小、多少与气象条件有关，评价某地区雷电的活动频繁程度一般以雷暴日为单位。在一天内只要听到雷声或者看到雷闪就算一个雷暴日。由当地气象台站统计的多年雷暴日的年平均值称为年平均雷暴日数。年平均雷暴日数不超过 15 天的地区称为少雷区，超过 40 天的地区称为多雷区。

4. 雷电的危害

雷电的形成伴随着巨大的电流和极高的电压，在它的放电过程中会产生极大的破坏力。雷电的危害主要包括以下几方面。

1）雷电的热效应：雷电产生强大的热能使金属熔化，烧断输电导线，摧毁用电设备，甚至引发火灾和爆炸。

2）雷电的机械效应：雷电产生的强大的电动力可以击坏电杆，破坏建筑物，人畜亦不能幸免。

3）雷电的电气效应：雷电引起大气过电压，使得电气设备和线路的绝缘被破坏，产生闪络放电，以致开关掉闸，线路停电，甚至高压窜入低压，造成人身伤亡。高压冲击波还可能与附近金属导体或建筑物间发生反击放电，产生火花，造成火灾及爆炸事故。同时雷电电流流入地下或雷电侵入波进入室内时，在相邻的金属构架或地面上产生很高的对地电压，可能直接造成接触电压和跨步电压升高，导致电击危险。

5. 防雷装置

雷电所形成的高电压和大电流对供电系统的正常运行和人民的生命财产造成了极大的威胁，所以必须采取防护措施，通常采用防雷装置防止雷击。

防雷装置由接闪器、接地引下线和接地装置三部分组成。

（1）接闪器

接闪器是指接收雷电流的金属导体，就是通常说的避雷针、避雷带和避雷网。避雷针采用圆钢或焊接钢管制成，针尖加工成锥体，以利于放电。当避雷针较高时，则加工成多节，上细下粗，固定在建筑物或构筑物上。它适用于保护细高的建筑物或构筑物，如烟囱和水塔等。避雷带和避雷网一般采用镀锌的圆钢或扁钢，适用于宽大的建筑，通常在建筑顶部及其边缘处明装，主要是为了保护建筑物的表层不被击坏，古典建筑为了美观有时采用暗装。其他，如屋顶上的旗杆、栏杆、装饰物等，其规格不小于标准接闪器规定的尺寸，也可作为接闪器使用。明敷的避雷带和避雷网应沿屋面、屋脊、屋檐和檐角等易受雷击部位敷设；暗敷的避雷带和避雷网必须与避雷针配合沿屋面、屋脊、屋檐和檐角等易受雷击部位敷设。

（2）接地引下线

接地引下线是把雷电流由接闪器引到接地装置的金属导体，一般敷设在外墙面或暗敷于水泥柱子内，也可利用建、构筑物钢筋混凝土中的钢筋作为防雷引下线。引下线可采用圆钢或扁钢，外表面需镀锌，焊接处应涂防腐漆，建筑艺术水准较高的建筑物可采用暗敷，但截面要适当加大。引下线明敷时应沿建筑物或构筑物外墙敷设，暗敷时应将引下线埋于墙内或利用建筑物柱内的主筋可靠连接而成。

（3）接地装置

接地装置是埋设在地下的接地导体和垂直打入地内的接地体的总称，其作用是把雷电流疏散到大地中去。垂直埋设的接地体采用圆钢、钢管、角钢等；水平埋设的接地体采用扁钢、圆钢等。为了降低跨步电压，防直接雷的人工接地装置距建筑物入口处及人行道不应小于 3m，不得不小于 3m 时，应采取相应的措施。

6. 防雷分类

《建筑物防雷设计规范》（GB 50057—2010）中规定，根据建筑防雷系统的重要性、使用性质和类别、发生雷电事故的可能性和后果，将防雷建筑分为三类，即第一类防雷建筑物、第二类防雷建筑物和第三类防雷建筑物。

（1）第一类防雷建筑物

在可能发生对地闪击的地区，遇下列情况之一时，应划为第一类防雷建筑物。

1）凡制造、使用或贮存火炸药及其制品的危险建筑物，因电火花而引起爆炸、爆轰，会造成巨大破坏和人身伤亡者。

2）具有0区或20区爆炸危险场所的建筑物。

3）具有1区或21区爆炸危险场所的建筑物，因电火花而引起爆炸，会造成巨大破坏和人身伤亡者。

其中，《爆炸危险环境电力装置设计规范》（GB 50058—2014）中规定，根据爆炸性气体混合物出现的频繁程度和持续时间，应将爆炸性气体环境中，连续出现或长期出现爆炸性气体混合物的环境划分为0区；在正常运行时可能出现爆炸性气体混合物的环境划分为1区；在正常运行时不太可能出现爆炸性气体混合物的环境，或即使出现也仅是短时存在的爆炸性气体混合物的环境划分为2区。根据爆炸性粉尘环境出现的频繁程度和持续时间，应将爆炸危险区域中，空气中的可燃性粉尘云持续地或长期地或频繁地出现于爆炸性环境中的区域划分为20区；在正常运行时，空气中的可燃性粉尘云很可能偶尔出现于爆炸性环境中的区域划分为21区；在正常运行时，空气中的可燃性粉尘云一般不可能出现于爆炸性粉尘环境中的区域，即使出现，持续时间也是短暂的区域划分为22区。

（2）第二类防雷建筑物

在可能发生对地闪击的地区，遇下列情况之一时，应划为第二类防雷建筑物。

1）国家级重点文物保护的建筑物。

2）国家级的会堂、办公建筑物、大型展览和博览建筑物、大型火车站和飞机场、国宾馆，国家级档案馆、大型城市的重要给水泵房等特别重要的建筑物，其中，飞机场不含停放飞机的露天场所和跑道。

3）国家级计算中心、国际通信枢纽等对国民经济有重要意义的建筑物。

4）国家特级和甲级大型体育馆。

5）制造、使用或贮存火炸药及其制品的危险建筑物，且电火花不易引起爆炸或不致造成巨大破坏和人身伤亡者。

6）具有1区或21区爆炸危险场所的建筑物，且电火花不易引起爆炸或不致造成巨大破坏和人身伤亡者。

7）具有2区或22区爆炸危险场所的建筑物。

8）有爆炸危险的露天钢质封闭气罐。

9）预计雷击次数大于0.05次/a的部、省级办公建筑物和其他重要或人员密集的公共建筑物以及火灾危险场所，其中，"次/a"表示每年雷击的次数。

10）预计雷击次数大于0.25次/a的住宅、办公楼等一般性民用建筑物或一般性工业建筑物。

（3）第三类防雷建筑物

在可能发生对地闪击的地区，遇下列情况之一时，应划为第三类防雷建筑物。

1）省级重点文物保护的建筑物及省级档案馆。

2）预计雷击次数大于或等于0.01次/a，且小于或等于0.05次/a的部、省级办公建筑物和其他重要或人员密集的公共建筑物，以及火灾危险场所。

3）预计雷击次数大于或等于0.05次/a，且小于或等于0.25次/a的住宅、办公楼等一般性民用建筑物或一般性工业建筑物。

4）在平均雷暴日大于15d/a的地区，高度在15m及以上的烟囱、水塔等孤立的高耸建筑物;在平均雷暴日小于或等于 15d/a 的地区,高度在 20m 及以上的烟囱、水塔等孤立的高耸建筑物,其中"d/a"表示天/年。

1.1.5 安全用电和接地

1. 安全用电

电能广泛应用于国民经济的各个部门和人们日常生活中。违反规程操作,电气设备设计、安装、维修、使用不当,不但会使设备损坏,还会造成人身触电伤亡。因此,安全用电是极其重要的。

（1）触电的概念和形式

触电是人体接触带电体或人体与带电体之间产生闪络放电,并有一定电流通过人体,导致人体伤亡的现象。以是否解除带电体,触电可分为直接触电和间接触电。前者是人体不慎接触带电体或是过于靠近高压设备,后者是人体触及因绝缘损坏而带电的设备外壳或与之相连接的金属框架。

以电流对人体的伤害,可分为电击和电伤。电击主要是电流对人体内部的生理作用,表现为人体的肌肉痉挛、呼吸中枢麻痹、心室颤动、呼吸停止等;电伤主要是电流对人体外部的物理作用,常见的形式有电灼伤、电烙印以及皮肤中渗入熔化的金属物等。

按照人体触及带电体的形式,触电可分为以下几种情况。

1）单相触电:人体接触地面或其他接地导体的同时,人体另一部位触及某一相带电体所引起的电击,如图 1.29 所示。根据国内外的统计资料,单相触电事故占全部触电事故的70%以上。

2）两相触电:人体的两个部位同时触及两相带电体所引起的电击,如图 1.30 所示。在此情况下,人体所承受的电压为三相系统中的线电压,因电压相对较高,其危险性也较大。

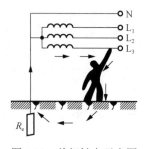
图 1.29 单相触电示意图

图 1.30 两相触电示意图

3）跨步电压触电:跨步电压指人体进入地面带电的区域时,两脚之间承受的电压。由跨步电压造成的电击称为跨步电压触电。当电源对地短路,电流经接地装置流入大地时,电流自接地体向四周流散,于是,接地点周围的土壤中将产生电压降,接地点周围地面将带有不同的对地电压。接地体周围各点对地电压与至接地体的距离大致保持反比关系。因此人站在接地点周围时,两脚之间可能承受一定的电压,遭受跨步电压电击。如图 1.31 所示,人 b 进入分布式电位区域,产生两脚之间的跨步电压差 U_{b1};人 c 进入分布式电位区域,产生两脚之间的跨步电压差 U_{b2}。当跨步电压超过安全值时,人发生触电。

4）接触电压触电：接触电压指电气设备的绝缘损坏时，在人体可同时触及的两部分之间出现的电位差。例如，人站在发生接地故障的设备旁边，手触及设备的金属外壳，则人手与脚之间所呈现的电位差即为接触电压。如图 1.31 所示，人 a 的手接触外壳绝缘被破坏的电气设备时，人手接触处的电压为外壳对地电位 U_d，电流为外壳对地电流 I_d，外壳对地电位与人 a 站立点电位之差即为接触电压 U_c，接触电压超过安全电压时，人体触电。

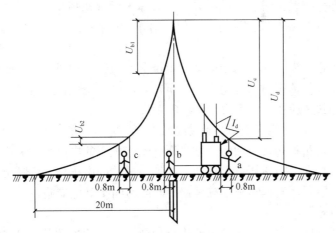

图 1.31 跨步电压和接触电压示意图

（2）人体触电事故原因

人体触电的情况比较复杂，其原因是多方面的，具体如下。

1）违反安全工作规程。例如，在全部停电和部分停电的电气设备上工作，未落实相应的技术措施和组织措施，导致误触带电部分；错误操作（带负荷分、合隔离开关等）以及使用工具和操作方法不正确等。

2）运行维护工作不及时。例如，架空线路断线导致误触电；电气设备绝缘破损使带电体接触外壳或铁芯，从而导致误触电；接地装置的接地线不符合标准或接地电阻太大等导致误触电。

3）设备安装不符合要求。主要表现在进行室内外配电装置的安装时不遵守国家电力规程有关规定，野蛮施工，偷工减料，采用假冒伪劣产品等。

（3）电流强度对人体的危害程度

触电时人体受伤的程度与许多因素有关，如通过人体的电流强度、持续时间、电压高低、频率高低、电流通过人体的途径以及人体的健康状况等。其中，最主要的因素是通过人体电流强度的大小。通过人体的电流强度越大，人体的生理反应越明显，危险性也就越大。按通过人体的电流强度对人体的影响，将电流大致分为三种。

1）感觉电流：人体有感觉的最小电流。

2）摆脱电流：人体触电后能自主地摆脱电源的最大电流。

3）致命电流：在较短的时间内，危及生命的最小电流。一般情况下通过人体的工频电流超过 50mA 时，心脏就会停跳，人就会发生昏迷，很快致死。

人体触电时，若电压一定，则通过人体的电流由人体的电阻值决定。不同类型、不同条件下的人体电阻不尽相同。一般情况下，人体电阻可高达几十千欧姆，而在最恶劣的情况下（如出汗且有导电粉尘）可能降至 1000Ω，而且人体电阻会随着作用于人体的电压升高而急剧下降。

（4）触电防护措施

1）直接触电防护。直接触电是指人体与正常工作中的裸露带电部分直接接触而遭受电击。主要防护措施有：将裸露带电部分包上适合的绝缘材料；设置遮拦或外护物以防止人体与裸露带电部分接触；设置阻挡物以防止人体无意识地触及裸露带电部分；将裸露带电部分置于人的伸臂范围以外；装设漏电保护器作为后备保护，其额定动作电流为 30mA以内。

另外，为了防止在操作和维修中触及带电部分，保证操作维修人员动作的功效或舒适性，在电气设备和部件的带电部分与人或与所在场所的墙壁之间，开关、手柄等操纵控制机构与墙壁之间等部位应留有符合安全要求的距离。

2）间接触电防护。因绝缘损坏，致使相线与 PE 线、外露可导电部分、装置外可导电部分以及大地间的短路称为接地故障。这时原来不带电压的电气装置外露可导电部分或装置外可导电部分将呈现故障电压，人体与之接触而导致的电击称为间接触电。因电气设备本身防电击类别的不同，工程实施中应采取不同的防间接触电措施。

（5）触电的急救

当发生和发现触电事故时，必须迅速进行抢救。触电的抢救关键是快，抢救的快慢与效果有极大的关系。

1）脱离电源：对低压触电，若触电地点附近有电源开关或插销，可立即断开开关或拔出插销，断开电源。当电线搭落在触电者身上或被压在身下时，可用干燥的衣服、手套、绳索、木板等绝缘物作为工具拉开触电者或挑开电线，使触电者脱离电源。对高压触电事故，应立即通知有关部门停电，或戴上绝缘手套、穿上绝缘衣，用相应电压等级的绝缘工具断开开关。

2）现场急救：触电者脱离电源后需积极进行抢救，越快越好。若触电者失去知觉，但仍能呼吸，应立即抬到空气流通、温暖舒适的地方平卧，并解开衣服，速请医生诊治。若触电者已停止呼吸，心脏也已停止跳动，这种情况往往是假死，一般不要打强心针，而应该通过人工呼吸和胸外心脏按压的急救方法，使触电者逐渐恢复正常。

2. 接地

接地是指将电力系统或建筑物电气装置、设施过电压保护装置用接地线与接地体连接。电力系统中接地的部分一般是中性点。电气装置的接地部分则是正常情况下不带电的金属导体，一般为金属外壳。

另外，为了安全保护的需要，把不属于电气装置的导体（也可称为电气装置外的导体），如水管、风管、输油管及建筑物的金属构件，和接地极相连，也称为接地；幕墙玻璃的金属立柱等和接地极相连，也称接地。

（1）地理地和电气地

地理地指大地，即地球的表面层。大地是一个电阻非常低，而电容量无限大的物体，它具有吸收无限电荷的能力，且吸收大量电荷后仍能保持电位不变，故设定其电位为零，因此大地适合作为电气系统中的参考电位体。

电气地是指电气系统接地的参考点，电气地均包含在地理地之中，但不等于地理地。电气地的范围随着所处地理地的结构组成，以及大地与电气带电体的情况而有所不同。

（2）接地装置

接地装置由接地体和接地线构成。

1）接地体。接地体又称接地极，是指埋入地下与大地土壤直接接触、作散流用的金属导体。接地体有自然接地体与人工接地体两类。按敷设方式不同，又可分为水平接地体与垂直接地体两种。

① 自然接地体：兼作接地用的直接与大地土壤接触的各种金属管道（输送易燃、易爆气体或液体的管道除外）、金属构件、金属井管、建筑物基础等。在众多的自然接地体中，利用钢筋混凝土内钢筋作为自然接地体在国内外已有相当丰富的经验，常作为自然接地体的首选。

② 人工接地体：按设计要求专门埋设的金属接地体。除临时接地装置外，接地装置应采用热镀锌钢材。

水平敷设的接地体可采用圆钢和扁钢，垂直敷设的接地体可采用角钢和钢管。腐蚀比较严重地区的接地装置，应适当加大截面面积，或采用阴极保护等措施。

2）接地线。接地线是指电气设备、杆塔等的接地端子与接地体或零线连接用的在正常情况下不载流的金属导体。接地线是接地电流由接地部位传导至大地的途径。接地线根据其作用可分为接地干线（有时称接地母线）和接地支线；根据其所用物件又可分为自然接地线和人工接地线。

① 自然接地线：是指兼作接地引下线的建筑物的金属结构（梁、柱等）及设计要求的混凝土结构内部的钢筋；生产用的起重机的轨道，走廊、平台、电梯竖井、起重机与升降机的构架，运输皮带的钢梁，电除尘器的构架等金属结构；除输送可燃、易燃液体或气体的管道以外的各种金属管道等。

② 人工接地线：是指按设计要求敷设的专用接地引下线。为保证连接可靠并有一定的机械强度，人工接地线一般选用（25mm×4mm）～（40mm×4mm）的热镀锌扁钢、ϕ10～ϕ13 的圆钢及按设计要求选定的缆线或铜带等。

（3）接地的类型

在工程中，为了保证各系统稳定可靠地工作，保护设备及人身安全，解决环境电磁干扰及雷电危害等，就必须有一个良好的接地系统。接地的种类很多，这些接地有着密切联系。根据各种接地系统的功能特点，常见的接地类型有以下几种。

1）工作接地：为保证电气设备在正常情况下可靠地工作而进行的接地。各种工作接地都有其各自的功能，如变压器、发电机的中性点直接接地是为了测量一次系统相对地的电压源，中性点经消弧线圈接地能防止系统出现过电压等。

2）保护接地：将电气设备的金属外壳、配电装置的构架、线路的塔杆等正常情况下不带电，但可能因绝缘损坏而带电的所有部分接地。

3）重复接地：在低压三相四线制采用接零保护的系统中，为了加强零线的安全性，在零线的一处或多处通过接地装置与大地再次连接的方式。

4）防静电接地：为了防止静电引起易燃易爆气体或液体发生火灾或爆炸，而对贮存气体或液体的管道、容器等设置的接地。

1.1.6 建筑弱电系统

1. 安全防范系统

（1）入侵报警系统

入侵报警系统是指利用传感器技术和电子信息技术探测并指示非法进入或试图非法进入设防区域（包括主观判断面临被劫持或遭抢劫或其他危急情况时，故意触发紧急报警装置）的行为、处理报警信息、发出报警信息的电子系统或网络。入侵报警系统通常由前端探测部分、信号传输部分、中心监控部分组成，如图 1.32 和图 1.33 所示。

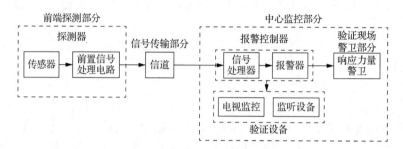

图 1.32　入侵报警系统基本构成

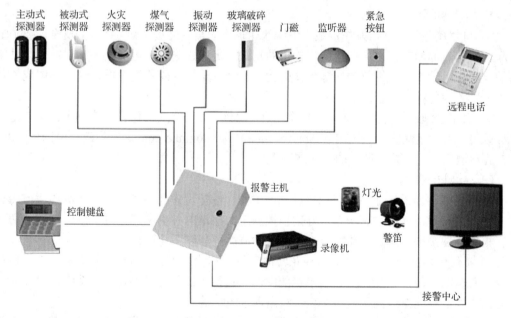

图 1.33　入侵报警系统结构图

1）探测器。探测器是主要的前端探测设备，是用来探测入侵者移动或其他动作的由电子及机械部件组成的装置。它通常由传感器和前置信号处理电路两部分组成。根据不同的防范场所选用不同的信号传感器，如气压、温度、振动、幅度传感器等，来探测和预报各种危险情况。例如，红外探测器中的红外传感器能探测出被测物体表面的热变化率，从而判断被测物体的运动情况而引起报警；振动电磁传感器能探测出物体的振动，把它固定在地面或保险柜上，就能探测出入侵者走动或撬保险柜的动作。前置信号处理电路将传感器输出的电信号处理后变成信道中传输的电信号，此信号常称为探测电信号。目前，比较典型的探测器有红外探测器、超声波探测器、微波探测器、红外-微波双技术探测器等。

① 红外探测器。

红外探测器（又称红外运动信号器）用它的光电变换器接收红外辐射能，假若有人进入信号器的接收范围，那么在一定的时间内到达信号器的红外辐射量就会发生变化，电子装置对此红外辐射量进行计值，然后启动警报，装在信号器内的红色发光二极管同时显示报警。

由于红外探测器能探知物体运动及温度变化两个方面，因此红外探测器成为十分可靠的入侵信号器，它耗电量很小，对缓慢运动的物体也能探知。它适用于探测整个房间，也适用于探测房间内的局部空间，常用于入门过道。红外线不能穿透一般材料，因此，在高大的物体或装置后面存在不可探测的阴影区。

主动式红外探测器由一个发送器和一个接收器组成。发送器产生红外区不可见光，经聚焦后呈束型发射出去，接收器拾取红外信号，由晶体管电路对所拾得的信号进行分析和计算，如光束被遮断超过 1/100s 以上或接收到的信号与发射的信号不一致，接收器便会报警。为了监视不在一条直线上的区域，可以用一块适当的转向镜反射至接收器。主动式红外探测器被优先用于过道走廊及保险库周围的巡道车间作长距离的监视，最长可达 800m。

被动式红外探测器的作用最长距离可达 10～60m，监视范围为一扇形区域，吸顶安装的探测器的监视范围为锥体形区域，地面面积一般为 100m²，垂直视角为 30°左右。不同型号的探测器的监视范围不同。红外探测器的工作电压为直流电压，由报警控制器提供，一般为 10～24V；其工作电流较小，约 10～50mA，因而其功耗较小。

② 超声波探测器。

超声波是一种频率（20MHz 以上）在人们听觉能力之外的声波，根据多普勒效应，超声波可以用来侦察闭合空间内的入侵者。超声波探测器由发送器、接收器及电子分析电路等组成。从发送器发射出去的超声波被监视区空间界限及监视区内的物体反射回来，并由接收器重新接收。如果在监视区域内没有物体运动，那么反射回来的信号频率正好与发射出去的频率相同，但如果有物体运动，则反射回来的信号频率就发生了变化。

超声多普勒仪发射一个椭圆形辐射场，调整其偏转角度得到向侧面移动的辐射场。在高的房间内超声多普勒仪可安装在天花板上。超声波探测器的工作电压及电流基本与红外探测器相同。在一个空间内可以安装多个超声波探测器，但必须指向同一方向，否则互相交叉会发生误报警。

③ 微波探测器。

微波探测器的工作方式同样以多普勒效应为基础，但使用的不是超声波而是微波；如果发射的频率与接收的频率不同，如有人进入监视区，高频多普勒仪便发出警报。人体在信号器的轴线上移动比横向移动更容易被觉察出来。高频电磁波遇到金属表面和坚硬的混凝土表面特别容易被反射，它对空气的扰动、温度的变化和噪声均不敏感，它能穿透许多建筑构件（如砖墙）、大多数隔墙（如木板墙）及玻璃板，因此其缺点是在监视区以外的运动物体可能导致错误的报警。

④ 红外-微波双技术探测器。

由于微波的穿透力很强，甚至监视区外的运动物体也能引起误报警；红外探测器的保护有可能出现阴影区，即存在没保护到的区域，因此为了提高报警的可靠性，将两种技术综合应用，便产生了红外-微波双技术探测器。它是将两种信号器放在一个机壳内，再加上一个"与门"电路构成，只有两种信号均有反应时，探测器才会输出报警信号。

2）传输系统：传输系统（信道）是探测电信号传送的通道，负责在探测器和报警控制中心之间传递信息（探测电信号）。传输信道的种类较多，通常分为有线信道和无线信道两类。有线信道常用双绞线、电力线、电话线、电缆或光缆等传输探测电信号。无线信道则是将探测电信号调制到规定的无线电频段上，用无线电波传输探测电信号。

3）控制器：控制器是报警控制中心的主要设备，也称为报警控制主机，是系统主要的处理/控制/管理/显示/记录设备。它由信号处理器和报警装置等设备组成，处理传输系统传来的各类探测电信号，以判断是否有危险信号，若有危险情况，控制器就控制报警装置，发出声、光报警信号，引起值班人员的注意，以采取相应的措施。

（2）视频监控系统

视频监控系统是指利用视频技术探测、监视设防区域并实时显示、记录现场图像的电子系统或网络，主要包括前端设备、传输设备、控制设备、图像处理与显示设备四部分。

1）前端设备：用于将系统所监视的区域中被摄目标的光、声信号变成电信号，然后输入到系统的传输分配部分进行传送，主要包括摄像机、云台、灯光、防护罩等。前端设备部分的核心是摄像机，它是光电信号转换的主体设备，是整个系统的"眼睛"，为系统提供信号源。

摄像机种类很多，按颜色划分有彩色摄像机和黑白摄像机；按摄像器件的类型划分有电真空摄像器件（即摄像管）摄像机和固体摄像器件［如电荷耦合器件（charge-coupled device，CCD）］摄像机两大类，其中CCD摄像机因体积小、灵敏度高、寿命长等特点，目前使用范围广泛，有取代摄像管摄像机的发展趋势。

2）传输设备：作用是将摄像机输出的视频（有时包括音频）信号馈送到监控中心或其他监视点。监控中心的控制信号也需通过传输设备送到现场，以控制现场的云台和摄像机等工作。传输设备主要包括以下组成部分。

① 馈线。馈线又称电缆线，在包括有线电视系统在内的多个领域中起传输信号的作用。

② 视频电缆补偿器。在长距离传输中，对长距离传输造成的视频信号损耗进行补偿放大，以保证信号的长距离传输而不影响图像质量。

③ 视频放大器。视频放大器用于系统的干线上，当传输距离较远时，对视频信号进行放大，以补偿传输过程中的信号衰减。具有双向传输功能的系统，必须采用双向放大器，这种双向放大器可以同时对下行和上行信号给予补偿放大。

3）控制设备：作用是在监控中心通过有关设备对系统的现场设备（摄像机、云台、灯光、防护罩等）进行远距离遥控、图像处理与显示。

4）图像处理与显示设备。

图像处理是指对系统传输的图像信号进行切换、记录、重放、加工和复制。图像显示则是使用监视器进行图像重放，有时还采用投影电视来显示其图像信号。图像处理与显示设备主要有视频切换器、监视器和录像机等。

视频切换器能对多路视频信号进行自动或手动切换，输出相应的视频信号，使一个监视器能监视多台摄像机信号。监视器的作用是把送来的摄像机信号重现成图像。在系统中，一般需配备录像机，尤其在大型的监控系统中，录像系统还应具备如下功能：在进行监视的同时，可以根据需要定时记录监视目标的图像或数据，以便存档；根据对视频信号的分析或在其他指令控制下，能自动启动录像机，如果设有伴音系统，应能同时启动。系统应设有时标装置，以便在录像带上打上相应时标，将事故情况或预先选定的情况准确无误地录制下来，以备分析处理。随着计算机技术的发展，图像处理、控制和记录多由计算机完成，计算机的硬盘代替了录像机，以完成对图像的记录。

视频矩阵主机是视频监控系统的核心设备，对系统内各设备的控制均可由视频矩阵主机实现，其主要作用有：①监视器能够任意显示多个摄像机摄取的图像信号；②单个摄像机摄取的图像可同时送到多台监视器上显示；③可通过主机发出的串行控制数据代码控制云台、摄像机等现场设备。有的视频矩阵主机还带有报警输入接口，可以接收报警探测器发出的报警信号，并通过报警输出接口控制相关设备，可同时处理多路控制指令，供多个使用者同时使用系统。

（3）出入口控制系统

出入口控制系统是基于凭证识别（如感应卡、密码等）或生物特征识别（如指纹、人脸）技术对出入口目标进行识别并控制出入口执行机构启闭的电子系统或网络，主要由识读部分、传输部分、管理/控制部分和执行部分以及相应的系统软件组成，如图1.34所示。

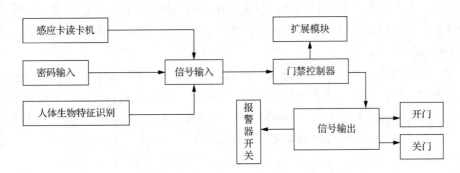

图 1.34　出入口控制系统的结构与原理

系统的控制原理是：按照人的活动范围，预先制作出各种层次的卡片、预定密码或利用人体生物特征，在相关的大门出入口、金库门、档案室门、电梯门等处安装识别设备，用户持有效卡或密码或通过生物特征，方能通过或进入。由识别设备接入人员信息，经解码后送控制器判断，如符合，门锁被开启，否则报警。

2. 火灾自动报警系统

（1）系统概述

火灾自动报警系统是探测伴随火灾产生和发展而出现的烟、光、温等参数，早期发现火情并及时发出声、光报警信号，以便人们迅速组织疏散和灭火的一种建筑安全防火系统，一般由火灾探测器、火灾报警控制器和联动控制装置三部分组成，如图 1.35 所示。

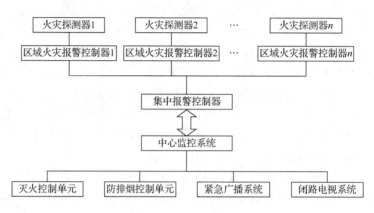

图 1.35　火灾自动报警系统

1）火灾探测器。火灾探测器是系统的"感官"，负责监测环境中的烟雾、温度或火焰等火灾征兆。一旦探测到异常情况，探测器会立即将信号传送到区域报警控制器。不同类型的探测器针对不同的火灾特点进行设计，如烟雾探测器对烟雾敏感，而温度探测器则会在温度异常升高时触发警报。

2）火灾报警控制器。火灾报警控制器是系统的"大脑"，它接收来自探测器的信号，并对这些信号进行处理和分析。区域报警控制器对火灾探测器送来的信号进行分析处理，如出现异常，传输至集中报警控制器，由集中报警控制器判断是火警、故障或正常三者中哪一种情况，从而决定是否报警，然后发出相应的声、光警报，并指出报警地址，完成火灾的探测与报警过程。

3）联动控制装置。如果确认存在火灾风险，集中报警控制器会在立即激活警报系统的同时，通过中心监控系统启动灭火控制、防排烟控制、紧急广播以及闭路电视记录等联动控制装置。联动控制装置是系统的"执行者"，在火灾发生时，它能够根据预设的程序自动启动或关闭相关设备，如启动喷淋系统、关闭通风口等，以控制火势的蔓延。这种自动化的响应机制可以大大减少人为干预的延迟，提高火灾应对的效率和安全性。

火灾自动报警系统的这三大组成部分相互协作，共同构成了一个高效、智能的火灾预防和应对体系。通过火灾自动报警系统，可以更好地保护人们的生命财产安全，减少火灾带来的损失。

（2）系统工作原理

系统的工作原理描述如下：当有火灾发生时，火灾探测器（或其他触发器件）将烟雾含量、温度（或其他火灾参数）转换成电信号，并反馈给报警控制器，报警控制器对收到的电信号与控制器内存储的整定值进行比较,判断确认是否发生火灾。当确认发生火灾时,在控制器上发出声光报警,现场发出火灾报警,显示火灾区域或楼层房号的地址编码,并打印报警时间、地址等信息。值班人员打开火灾应急广播通知火灾发生层及相邻两层人员疏散,各出入口应急疏散指示灯亮,指示疏散路线。为防止探测器或火警线路发生故障,现场人员发现火灾时应启动手动报警按钮或通过火警电话直接向消防控制室报警。

在火灾报警控制器发出报警信号的同时,控制室可通过手动或自动控制器来操作消防设备,如关闭风机、防火阀、非消防电源、防火卷帘门、迫降消防电梯;开启防排烟风机和排烟阀;打开消防泵,显示水流指示器、报警阀、闸阀的工作状态等。以上动作均有反馈信号传至消防控制柜。

为防止系统失控或执行器中元件、阀门失灵,贻误灭火时间,现场一般设有手动开关,用以手动操作,及时扑灭火灾。

(3) 系统组成

1) 火灾探测器:火灾自动报警系统的主要检测元件,它能将火灾发生初期所产生的烟、热、光等参数转变为相应电信号,通过传输介质送入火灾报警控制器。根据所探测火灾方法和原理的不同,按照所检测的火灾参数,火灾探测器可分为感烟探测器、感温探测器、感光探测器、可燃性气体探测器和复合式探测器等,而每种类型又可分为不同形式,其基本分类详见表 1.5。

表 1.5 火灾探测器分类

类型		形式	类型		形式
感烟火灾探测器	点型	离子式	感温火灾探测器	点型	定温式
		光电式			差温式
		电容式			差定温式
		半导体式		线型	定温式
	线型	激光型			差温式
		红外光束型	复合式火灾探测器		感温感烟型
感光火灾探测器		紫外火焰型			感温感光型
		红外火焰型			感烟感光型
可燃气体火灾探测器		气敏半导体型			感温感烟感光型
		铂丝型	其他		红外光束型
		铂锈型			微差压型
		光电型			静电感应型
		固体介质型			漏电流感应型

2) 火灾报警控制器:在火灾自动报警系统中,为火灾探测器供电,接收探测点火警电信号,以声、光信号发出火灾报警,同时显示及记录火灾发生的部位和时间,并向联动控制器发出联动信号,是整个火灾自动报警系统的"大脑"。同时它还具有以下功能。

① 自检或巡检,可以人工检测和自动检测火灾报警控制器内部及外部的元件和线路是否完好,提高系统的完好率。

② 故障报警，能对探测器的内部故障及线路故障报警，发出声光信号，并指示故障部位及种类。当故障与火灾报警先后或同时出现，应优先发出火灾报警信号。

③ 通过输出回路上的火灾显示盘，重复显示火警发生部位。

④ 电源监测及自动切换，主电源断电时能自动切换到备用电池上，主电源恢复后立即复位，并设有主电源、备用电池的状态指示及过电压、过电流和欠电压保护，并能对备用电池充电。

⑤ 通过编程器可进行现场编程，对探测点的编码地址与地址序号之间的对应关系可现场编程。对外控开关与控制模块对应关系可现场编程。

火灾报警控制器的控制方式有多线制和二总线制等，目前在建筑物中广泛采用二总线制火灾报警控制器。火灾报警控制器按照结构形式分有柜式、台式和壁挂式；按照用途分有区域、集中和通用火灾报警控制器；按照容量分有单路和多路火灾报警控制器。

3）联动控制器：有多线制控制方式和总线制控制方式，与火灾报警控制器配合，用于控制各类消防外控设备，可现场编辑控制逻辑、驱动方式等，可实施自动或手动控制，操作简便、安全、可靠。其结构形式有壁挂式、柜式和台式。

4）火灾显示器（重复显示屏）：位于每个楼层或消防分区，用以显示本区域内各探测点的报警和故障情况；在火灾发生时，指示火灾所处位置和范围等。

5）控制模块（编址输入/输出模块）：总线制联动控制的执行器件，直接与联动控制器的控制总线或火灾报警控制器的总线连接，是控制器与被控设备间的连接桥梁。发生火警时，经逻辑控制关系，由模块内的继电器触点的动作来启动或关闭外控设备。外控设备动作状态信号通过控制模块经总线反馈给主机。

6）双切换盒：是多线制联动控制器的执行器件，可将报警联动控制器发出的有源触点信号与消防外控设备的强电控制回路隔离，将外控设备强电回路中的反馈执行信号与联动控制器的弱电返回信号隔离，避免强电进入系统。

7）地址码中继器：如果一个区域内的探测器数量过多致使地址点不够用，可使用地址码中继器来解决。在系统中，一个地址码中继器最多可连接八个探测器，而只占用一个地址点。当其中的任意一个探测器报警或报故障时，都会在报警控制器中显示，但所显示的地址是地址码中继器的地址点，所以这些探测器应该监控同一个空间，而不能让监控不同空间的探测器受一个地址码中继器控制。

8）短路隔离器：安装在火灾自动报警系统的传输总线上，其作用是当系统的某个分支短路时，能自动将其两端呈高阻或开路状态，使之与整个系统隔离开，不损坏控制器，也不影响总线上其他部件的正常工作。当故障消除后，能自动恢复这部分的工作，即将被隔离的部分重新纳入系统。

9）总线驱动器：用来增强线路的驱动能力，一般在报警控制器监控的部件太多，所监控设备电流太大或总线传输距离过长时使用。

10）报警门灯及引导灯：报警门灯一般安装在巡视观察方便的地方，如会议室、餐厅、房间及每层楼的门上端，可与对应的探测器并联使用，并与该探测器的编码一致。当探测器报警时，门灯上的指示灯亮，使人们在不进入的情况下就可知道探测器是否报警。引导灯安装在疏散通道上,与控制器相连接。在有火灾发生时,消防控制中心通过手动操作打开有关的引导灯,引导人员尽快疏散。

11)声光报警器:是一种安装在现场的声光警报设备,分为编码形和非编码形两种。其作用是当发生火灾并被确认后,声光报警器由火灾报警控制器启动,发出声光信号以提醒人们注意。

12)火灾计算机图形显示系统:把所有与消防系统有关的平面图形及报警区域和报警点存入计算机内,火灾发生时能在显示屏上自动显示火灾位置及报警类型、发生时间等,并用打印机自动打印。

13)手动报警按钮:安装在公共场所,当人工确认火灾发生后,按下按钮上的有机玻璃片,向火灾报警控制器发出火灾报警信号。

14)电源:火灾自动报警及消防联动控制系统应设有主电源和直流备用电源。主电源应采用消防电源,且主电源的保护开关不应采用漏电保护开关,直流备用电源宜采用火灾报警控制器的专用蓄电池或集中设置的蓄电池。当直流备用电源采用消防系统集中设置的蓄电池时,火灾自动报警控制器及联动控制器应采用单独的供电回路,并应保证在消防系统处于最大负载状态时不影响火灾报警控制器的正常工作。

3. 综合布线系统

(1)系统概述

综合布线系统是建筑物或建筑群内部之间的传输网络。对于现代化的大楼来说,就如体内的神经,它采用了一系列高质量的标准材料,以模块化的组合方式,将语音、数据、图像和部分控制信号系统用统一的传输媒介进行综合,经过统一的规划设计,综合在一套标准的布线系统中,将办公自动化、通信自动化、电力、消防等安保监控系统结合,为现代建筑的系统集成提供了物理介质。

综合布线系统是智能化办公室建设数字化信息系统的基础设施,是将语音、数据等系统进行统一的规划设计的结构化布线系统,为办公提供信息化、智能化的物质介质,支持语音、数据、图文、多媒体等综合应用。

综合布线系统是由不同系列和规格的部件组成的,其中包括传输介质、相关连接硬件(如配线架、连接器、插座、插头、适配器)以及电气保护装置等。这些部件可用来构建各个子系统。

(2)技术特点

1)实用性:实施后,综合布线系统将能适应现代和未来通信技术的发展,并且实现语音、数据通信等信号的统一传输。

2)灵活性:综合布线系统能满足各种应用的要求,即任一信息点能够连接不同类型的终端设备,如电话、计算机、打印机、计算机终端、传真机、各种传感器以及图像监控设备等。

3)模块化:综合布线系统中除固定于建筑物内的水平缆线外,其余所有的接插件都是基本式的标准件,可互连所有语音、数据、图像、网络和楼宇自动化设备,以方便使用、搬迁、更改、扩容和管理。

4）扩充性：综合布线系统是可扩充的，以便将来需要增加新用途时，能够轻松接入新设备。

5）经济性：采用综合布线系统后可以使管理人员减少，同时，因为模块化的结构，工作难度降低，同时也降低了日后因更改或搬迁系统时的费用。

6）通用性：对符合国际通信标准的各种计算机和网络拓扑结构均能适应，对不同传递速度的通信要求均能适应，可以支持多种计算机网络的运行。

（3）系统组成

综合布线系统是一种开放结构的布线系统，一般采用星形拓扑结构，该结构下的每个分支子系统都是相对独立的单元，对每个分支单元系统改动都不影响其他子系统，只要改变节点连接，就可在星形、总线、环形等各种类型网络间进行转换。

为了便于设计和施工管理，综合布线系统一般逻辑性地分为七个部分，即工作区子系统、干线（垂直）子系统、配线（水平）子系统、建筑群子系统、设备间子系统、进线间子系统和管理子系统等。

1）工作区子系统：为综合布线系统的服务功能区，一个独立的需要设置终端（全称"终端设备"，terminal equipment，TE）的区域宜划分为一个工作区。工作区应由配线子系统的信息插座模块延伸到终端设备处的连接缆线及适配器组成。

2）干线（垂直）子系统：也称为垂直子系统，由设备间至电信间的干线电缆和光缆、安装在设备间的建筑物配线设备及设备缆线和跳线组成。干线电缆一般采用大对数双绞线，光缆一般采用多芯光缆，两端分别端接在设备间和楼层配线间的配线架上。

3）配线（水平）子系统：也称为水平子系统，由工作区的信息插座模块、信息插座模块至电信间配线设备的配线电缆和光缆、电信间的配线设备及设备缆线和跳线等组成。配线（水平）子系统通常处在同一楼层上，线缆一端接在配线间的配线架上，另一端接在信息插座上。

当水平工作面积较大时，在这个区域可设置二级交接间。这时干线线缆、水平线缆连接方式有所变化：一种情况是干线线缆端接在楼层配线间的配线架上，水平线缆一端接在楼层配线间的配线架上，另一端还要通过二级交接间的配线架连接后，再端接到信息插座上；另一种情况是干线线缆直接接到二级交接间的配线架上，这时水平线缆的一端接在二级交接间的配线架上，另一端接在信息插座上。

4）建筑群子系统：建筑群由两个及两个以上建筑物组成，这些建筑物之间要进行信息交流。建筑群子系统由连接多个建筑物之间的主干电缆和光缆、建筑群配线设备及设备缆线和跳线组成。建筑群综合布线所需的硬件包括电缆、光缆，以及防止电缆的浪涌电压进入建筑物的电气保护设备，相当于电话系统中电缆保护箱及各建筑物之间的干线电缆。

5）设备间子系统：设备间是在每幢建筑物的适当地点进行网络管理和信息交换的场地。对于综合布线系统工程设计，设备间主要安装建筑物配线设备。电话交换机、计算机主机设备及入口设施也可与配线设备安装在一起。为便于搬运，节省投资，设备间最好位于每一座大楼的第二层或第三层。在设备间内，可把公共系统用的各种设备，如电信部门的中继线和公共系统设备连接起来。设备间还包括建筑物入口区的设备或电气保护装置及其连接到符合要求的建筑物的接地装置。它相当于电话系统的机房内配线部分。

6）进线间子系统：进线间是建筑物外部通信和信息管线的入口部位，并可作为入口设施和建筑群配线设备的安装场地。建筑群主干电缆和光缆、公用网和专用网电缆、光缆及天线馈线等室外线缆进入建筑物时，应在进线间置换成室内电缆、光缆。进线间一般提供给多家电信业务经营者使用，通常设于地下一层。

7）管理子系统：管理子系统应对工作区、电信间、设备间、进线间的配线设备、缆线、信息插座模块等设施按一定的模式进行标识和记录。

（4）传输介质

传输介质分为有界介质（导线、电缆等）和无界介质（无线电、微波等）两类。综合布线系统通常使用有界介质，包括双绞线、同轴电缆和光导纤维电缆。

1）双绞线：是当前用于传输模拟和数字信号最普通的传输介质。它由两根绝缘的金属导线缠绕在一起而成，内含的导体是铜导体。

2）同轴电缆：是网络中常见的传输介质，包含两根相互平行的导线。在实际使用中，网络数据通过中心导体进行传输，电磁干扰被外部导体屏蔽，为了消除电磁干扰，同轴电缆的外部导体应接地。

3）光导纤维电缆：简称光纤电缆、光纤、光缆。它是一种传输光束的细软、柔韧的介质。光导纤维电缆通常由一捆纤维组成，使用光信号而不是电信号传输数据。

（5）发展方向

1）集成布线系统。集成布线系统主要是通过使用语音和数据系统的综合支持为人们带来启示，从而解决楼房中自动控制系统的综合布线问题，确保控制系统的即插即用。随着相关技术的发展，集成布线系统的应用范围不断扩大，通过采用双绞线、光缆以及同轴电缆作为传输介质，实现语音、数据的控制与传输，从而为楼宇提供高效的信息通道。

集成布线系统相对于传统的布线系统具有更加明显的优势。传统的布线系统通常设定的是独立的、分离的布线装置，拓展性较差，在管理方面也存在一定的难度，难以预见未来发展，因此不能实现对资源的充分利用。利用集成布线系统可以通过结构化布线解决电话和网络系统的综合布线问题，相互独立应用系统，使应用层面更加广泛，同时还能灵活配置。

当前，自动控制系统不断受到网络系统的影响，对以下几个方面的内容也应做出更多的考虑。第一，共享传感器需要灵活配置布线；第二，适应数字化趋势发展；第三，满足个人环境控制系统应用需求。

2）智能大厦布线系统。按照当前社会发展的需要，智能大厦的建立对于满足人们的工作需要，实现办公自动化具有非常重要的意义。办公自动化的普及对改善工作质量、提高工作效率具有非常积极的作用。智能大厦布线系统具体包括通信自动化系统、办公自动化系统、大厦管理自动化系统、安全保卫自动化系统和消防自动化系统等。主要系统的拓扑结构通常使用的是星形结构，因此在拓展和应用过程中具有较好的灵活性。

3）智能小区布线系统。智能小区布线系统的发展主要由相关技术和市场需求共同驱动。智能小区布线系统的发展主要是为了满足人们生活中的需要。人们在日常生活中使用

到的网络设备不断增加，因此需要一套完整的接线系统进行综合管理。智能小区的布线主要是针对当前的市场需求提出，因此其集成安装也是结构化布线发展的重要趋势。

任务训练 1

基于对建筑电气工程基础知识的学习，大家仔细观察周边的电气工程，完成以下任务。

1）想一想在生活、生产中哪些地方会用到电气。

2）拍取日常生活中的配电箱，分析配电箱型号、规格及安装高度。

3）查看日常生活中电路走向，拍取照片，标记其敷设位置及安装高度，并识别线路所连接的照明器具。

任务 *1.2* 建筑电气工程施工图

1.2.1 认识建筑电气工程施工图

建筑电气工程施工图是房屋设备施工图的一个重要组成部分，是识别建筑物内入户线位置、配电箱安装高度、电缆电线型号规格、照明器具敷设部位、建筑防雷与接地布置等具体信息的重要依据，主要由图纸目录，设计说明，主要材料、设备表，系统图，平面图，控制原理图，安装接线图，安装大样图（详图）等组成。

值得注意的是，建筑电气工程是依附建筑物或构筑物而安装敷设的，因此，建筑电气施工图中除了包含管道、附件、设备等构件信息外，还包含墙、门、窗等建筑信息。

1. 图纸目录

通过图纸目录可了解建筑设计整体情况，如图纸数量、图幅尺寸、工程号、建设单位及整个建筑物的主要功能等信息。

2. 设计说明

设计说明主要标注图中交代不清，不能表达或没有必要用图表示的要求、标准、规范、方法等，一般设计说明放在电气施工图纸的第一张，常与主要材料、设备表绘制在一起。设计说明内容包括图纸内容、数量、工程概况、设计依据、供电电源的来源、供电方式、电压等级、线路敷设方式、防雷接地、设备安装高度及安装方式、工程主要技术数据、施工注意事项等。

3. 主要材料、设备表

主要材料、设备表包括工程中所使用的各种设备和材料的名称、型号、规格、数量等，它是编制购置设备、材料计划的重要依据之一。

4. 系统图

系统图是表明供电分配回路分布和相互联系的示意图，具体反映配电系统和容量分配情况、配电装置、导线型号、导线截面、敷设方式及穿管管径、控制及保护电器的规格型号等。系统图包括供配电系统图（强电系统图）、弱电系统图。供配电系统图（强电系统图）用于表示供电方式、供电回路、电压等级及进户方式；标注回路个数、设备容量及启动方法、保护方式、计量方式、线路敷设方式。供配电系统图包括高压系统图、低压系统图、电力系统图、照明系统图等。弱电系统图用于表示元器件的连接关系，包括通信电话系统图、广播线路系统图、共用天线系统图、火灾报警系统图、安全防范系统图、微机系统图等。

5. 平面图

平面图是电气施工图中的重要图纸之一，如变、配电所电气设备安装平面图、照明平面图、防雷接地平面图等，用来表示电气设备的编号、名称、型号及安装位置、线路的起始点、敷设部位、敷设方式及所用导线型号、规格、根数、管径大小等。通过阅读系统图，了解系统基本组成之后，就可以依据平面图编制工程预算和施工方案，然后组织施工。

6. 控制原理图

控制原理图内容包括系统中所用电气设备的电气控制原理图，用以指导电气设备的安装和控制系统的调试运行工作。

7. 安装接线图

安装接线图内容包括电气设备的布置与接线，应与控制原理图对照阅读，进行系统的配线和调校。

8. 安装大样图（详图）

安装大样图（详图）是详细表示电气设备安装方法的图纸，对安装部件的各部位注有具体图形和详细尺寸，是进行安装施工和编制工程材料计划时的重要参考。

1.2.2　建筑电气制图标准

1. 建筑电气制图基本要求

（1）图线

建筑电气专业的图线宽度 b 宜为 0.5mm、0.7mm 和 1mm。电气总平面图和电气平面图宜采用三种及以上的线宽绘制，其他图样宜采用两种及以上的线宽绘制。建筑电气专业常用的制图图线、线型及线宽见表 1.6。

表1.6 制图图线、线型及线宽

图线名称		线型	线宽	用途示例
实线	粗		b	本专业设备之间电气通路连接线、本专业设备可见轮廓线、图形符号轮廓线
	中粗		0.7b	本专业设备可见轮廓线、图形符号轮廓线、方框线、建筑物可见轮廓线
	中		0.7b 0.5b	
	细		0.25b	非本专业设备可见轮廓线、建筑物可见轮廓线;尺寸、标高、角度等标注线及引出线
虚线	粗		b	本专业设备之间电气通路不可见连接线;线路改造中原有线路
	中粗		0.7b	本专业设备不可见轮廓线、地下电缆沟、排管区、隧道、屏蔽线、连锁线
	中		0.7b 0.5b	
	细		0.25b	非本专业不可见轮廓线及地下管沟、建筑物不可见轮廓线等
波浪线	粗		b	本专业软管、软护套保护的电气通路连接线、蛇形敷设线缆
	中粗		0.7b	
单点长划线			0.25b	定位轴线、中心线、对称线;结构、功能、单元相同围框线
双点长划线			0.25b	辅助围框线,假想或工艺设备轮廓线
折断线			0.25b	断开界线

（2）比例

电气总平面图、电气平面图的制图比例，宜与工程项目设计的主导专业一致，采用的比例宜符合表1.7，并优先采用常用比例。

表1.7 电气总平面图、电气平面图的制图比例

序号	图名	常用比例	可用比例
1	电气总平面图、规划图	1:500、1:1000、1:2000	1:300、1:5000
2	电气平面图	1:50、1:100、1:150	1:200
3	电气竖井、设备间、电信间、变配电室等平、剖面图	1:20、1:50、1:100	1:25、1:150
4	电气详图、电气大样图	10:1、5:1、2:1、1:1、1:2、1:5、1:10、1:20	4:1、1:25、1:50

（3）编号和参照代码

当同一类型或同一系统的电气设备、线路（回路）、元器件等的数量大于或等于2时，

应进行编号。当电气设备的图形符号在图样中不能清晰地表达其信息时，应在其图形符号附近标注参照代号。

（4）标注

1）电气设备的标注应符合下列规定。

① 宜在用电设备的图形符号附近标注其额定功率、参照代号。

② 对于电气箱（柜、屏），应在其图形符号附近标注参照代号，并宜标注设备安装容量。

③ 对于照明灯具，宜在其图形符号附近标注灯具的数量、光源数量、光源安装容量、安装高度、安装方式。

2）电气线路的标注应符合下列规定。

① 应标注电气线路的回路编号或参照代号、线缆型号及规格、根数、敷设方式、敷设部位等信息。

② 对于弱电线路，宜在线路上标注本系统的线型符号，具体线型符号见表 1.8。

③ 对于封闭母线、电缆梯架、托盘和槽盒宜标注其规格及安装高度。

表 1.8　图样中的电气线路线型符号

序号	线型符号		说明
	形式 1	形式 2	
1	—— S ——	—— S ——	信号线路
2	—— C ——	—— C ——	控制线路
3	—— EL ——	—— EL ——	应急照明线路
4	—— PE ——	—— PE ——	保护接地线
5	—— E ——	—— E ——	接地线
6	—— LP ——	—— LP ——	接闪线、接闪带、接闪网
7	—— TP ——	—— TP ——	电话线路
8	—— TD ——	—— TD ——	数据线路
9	—— TV ——	—— TV ——	有线电视线路
10	—— BC ——	—— BC ——	广播线路
11	—— V ——	—— V ——	视频线路
12	—— GCS ——	—— GCS ——	综合布线系统线路
13	—— F ——	—— F ——	消防电话线路
14	—— D ——	—— D ——	50V 以下的电源线路
15	—— DC ——	—— DC ——	直流电源线路
16			光缆，一般符号

2. 常用符号

图样中采用的图形符号应符合下列规定。

1）图形符号可放大或缩小。

2）当图形符号旋转或镜像时，其中的文字宜为视图的正向。

3）当图形符号有两种表达形式时，可任选其中一种形式，但同一工程应使用同一种表达形式。

4）当现有图形符号不能满足设计要求时，可按图形符号生成原则产生新的图形符号；新产生的图形符号宜由一般符号与一个或多个相关的补充符号组合而成。

5）补充符号可置于一般符号的里面、外面或与其相交。

强电图样的常用图形符号见表 1.9，弱电图样的常用图形符号见表 1.10～表 1.15，电气设备的标注方式见表 1.16，文字符号常用图样见表 1.17～表 1.21，常用电缆型号、绝缘导线的型号说明见表 1.22 和表 1.23。

表 1.9　强电图样的常用图形符号

序号	常用图形符号		说明	应用类别
	形式 1	形式 2		
1		3	导线组（示出导线数，如示出三根导线）	电路图、接线图、平面图、总平面图、系统图
2		软连接线		
3	○		端子	
4		端子板		电路图
5			T 型连接	电路图、接线图、平面图、总平面图、系统图
6			导线的双 T 连接	
7			跨接连接（跨越连接）	
8			阴接触件（连接器的）、插座	电路图、接线图、系统图
9			阳接触件（连接器的）、插头	电路图、接线图、平面图、系统图
10			定向连接	
11			进入线束的点（本符号不适用于表示电气连接）	电路图、接线图、平面图、总平面图、系统图
12			电阻器，一般符号	

序号	常用图形符号		说明	应用类别
	形式 1	形式 2		
13		⊣⊢	电容器，一般符号	
14		★（见注2）	电机，一般符号	电路图、接线图、平面图、系统图
15			双绕组变压器，一般符号（形式 2 可表示瞬时电压的极性）	电路图、接线图、平面图、总平面图、系统图（形式 2 只适用电路图）
16			三相变压器，星形-星形-三角形连接	电路图、接线图、系统图（形式 2 只适用电路图）
17			自耦变压器	电路图、接线图、平面图、总平面图、系统图（形式 2 只适用电路图）
18			断路器，一般符号	
19			继电器线圈，一般符号；驱动器件，一般符号	电路图、接线图
20			熔断器，一般符号	
21			避雷器	
22		Ⓥ	电压表	电路图、接线图、系统图
23		Wh	电度表（瓦时计）	
24		⊗（见注5）	信号灯，一般符号	
25			音箱信号装置，一般符号（电喇叭、电铃、单击电铃、电动汽笛）	电路图、接线图、平面图、系统图
26			蜂鸣器	

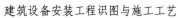

序号	常用图形符号		说明	应用类别
	形式 1	形式 2		
27	▨		发电站，运行的	总平面图
28	⊘		变电站、配电所，运行的	
29	●		接闪杆	接线图、平面图、总平面图、系统图
30	─○─		架空线路	总平面图
31	─▭─		电力电缆井/人孔	总平面图
32	─⊟─		手孔	
33	├┤		电缆梯架、托盘和槽盒线路	平面图、总平面图
34	┣╌╌┫		电缆沟线路	
35	─///-ı-┬─		带中性线和保护线的三相线路	电路图、平面图、系统图
36	─↗		向上配线或布线	
37	─↘		向下配线或布线	
38	─↗		由下引来配线或布线	
39	─↙		由上引来配线或布线	
40	⊙		连接盒、接线盒	
41	⊤		带保护极的电源插座	
42	⌀		开关，一般符号（单联单控开关）	平面图
43	⌀		双联单控开关	
44	⌀		三联单控开关	
45	⌀n		n 联单控开关	
46	⊗n		带指示灯的 n 联单控开关	
47	⌀		双控单极开关	

序号	常用图形符号		说明	应用类别
	形式 1	形式 2		
48	◎		按钮	
49	⊗（见注7）		灯，一般符号	
50	E		应急疏散指示标志灯	
51	→		应急疏散指示标志灯（向右）	
52	←		应急疏散指示标志灯（向左）	
53	⇄		应急疏散指示标志灯（向左、向右）	
54	✖		专用电路上的应急照明灯	
55	▣		自带电源的应急照明灯	平面图
56	⊢—		荧光灯，一般符号（单管荧光灯）	
57	⊨		二管荧光灯	
58	⊟		三管荧光灯	
59	n		多管荧光灯	
60	⊗		投光灯	
61	⊗→		聚光灯	
62	◐		风扇；风机	

注：1. 当电气元器件需要说明类型和敷设方式时，宜在符号旁标注下列字母：EX—防爆；EN—密闭；C—暗装。

2. 当电机需要区分不同类型时，符号"★"可采用下列字母表示：G—发电机；GP—永磁发电机；GS—同步发电机；M—电动机；MG—能作为发电机或电动机使用的电机；MS—同步电动机；MGS—同步发电机-电动机等。

3. 符号中加上端子符号（〇）表明是一个器件，如果使用了端子代号，则端子符号可以省略。

4. □作为电气箱（柜、屏）的图形符号，当需要区分其类型时，宜在□内标注下列字母：LB—照明配电箱；ELB—应急照明配电箱；PB—动力配电箱；EPB—应急动力配电箱；WB—电度表箱；SB—信号箱；TB—电源切换箱；CB—控制箱、操作箱。

5. 当信号灯需要指示颜色，宜在符号旁标注下列字母：YE—黄；RD—红；GN—绿；BU—蓝；WH—白。如果需要指示光源种类，宜在符号旁标注下列字母：Na—钠气；Xe—氙；Ne—氖；IN—白炽灯；Hg—汞；I—碘；EL—电致发光的；ARC—弧光；IR—红外线的；FL—荧光的；UV—紫外线的；LED—发光二极管。

6. 当电源插座需要区分不同类型时，宜在符号旁标注下列字母：IP—单相；3P—三相；1C—单相暗敷；3C—三相暗敷；1EX—单相防爆；3EX—三相防爆；1EN—单相密闭；3EN—三相密闭。

7. 当灯具需要区分不同类型时，宜在符号旁标注下列字母：ST—备用照明；SA—安全照明；LL—局部照明灯；W—壁灯；C—吸顶灯；R—筒灯；EN—密闭灯；G—圆球灯；EX—防爆灯；E—应急灯；L—花灯；P—吊灯；BM—浴霸。

表 1.10　通信及综合布线系统图样的常用图形符号

序号	常用图形符号		说明	应用类别
	形式 1	形式 2		
1	MDF		总配线架（柜）	系统图、平面图
2	ODF		光纤配线架（柜）	
3	IDF		中间配线架（柜）	
4	BD	BD	建筑物配线架（柜）（有跳线连接）	系统图
5	FD	FD	楼层配线架（柜）（有跳线连接）	系统图
6	CD		建筑群配线架（柜）	
7	BD		建筑物配线架（柜）	
8	FD		楼层配线架（柜）	
9	HUB		集线器	
10	SW		交换机	
11	CP		集合点	
12	LIU		光纤连接盘	平面图、系统图
13	TP	TP	电话插座	
14	TD	TD	数据插座	
15	TO	TO	信息插座	
16	nTO	nTO	n 孔信息插座，n 为信息孔数量	
17	MUTO		多用户信息插座	

表 1.11 火灾自动报警系统图样的常用图形符号

序号	常用图形符号		说明	应用类别
	形式 1	形式 2		
1	★（见注1）		火灾报警控制器	
2	★（见注2）		控制和指示设备	
3			感温火灾探测器（点型）	
4	N		感温火灾探测器（点型、非地址码型）	
5	EX		感温火灾探测器（点型、防爆型）	
6			感温火灾探测器（线型）	
7			感烟火灾探测器（点型）	
8	N		感烟火灾探测器（点型、非地址码型）	
9	EX		感烟火灾探测器（点型、防爆型）	
10			感光火灾探测器（点型）	
11			红外感光火灾探测器（点型）	平面图、系统图
12			紫外感光火灾探测器（点型）	
13			可燃气体探测器（点型）	
14			复合式感光感烟火灾探测器（点型）	
15			复合式感光感温火灾探测器（点型）	
16			线型差定温火灾探测器	
17			光束感烟火灾探测器（线型，发射部分）	
18			光束感烟火灾探测器（线型，接收部分）	
19			复合式感温感烟火灾探测器（点型）	
20			光束感烟感温火灾探测器（线型，发射部分）	
21			光束感烟感温火灾探测器（线型，接收部分）	

续表

序号	常用图形符号		说明	应用类别
	形式1	形式2		
22	Y		手动火灾报警按钮	
23	Y		消火栓启泵按钮	
24			火警电话	
25	⊚		火警电话插孔（对讲电话插孔）	
26	Y⊙		带火警电话插孔的手动报警按钮	
27			火警电铃	
28			火灾发声警报器	
29			火灾光警报器	
30			火灾声光警报器	平面图、系统图
31			火灾应急广播扬声器	
32	↗	Ⓛ	水流指示器（组）	
33	P		压力开关	
34	⊖ 70℃		70℃动作的常开防火阀	
35	⊖ 280℃		280℃动作的常开防火阀	
36	⏀ 280℃		280℃动作的常闭防火阀	
37	⏀		加压送风口	
38	⏀ SE		排烟口	

注：1. 当火灾报警控制器需要区分不同类型时，符号"★"可采用下列字母表示：C—集中型火灾报警控制器；Z—区域型火灾报警控制器；G—通用火灾报警控制器；S—可燃气体报警控制器。

2. 当控制和指示设备需要区分不同类型时，符号"★"可采用下列字母表示：RS—防火卷帘门控制器；RD—防火门磁释放器；I/O—输入/输出模块；I—输入模块；O—输出模块；P—电源模块；T—电信模块；SI—短路隔离器；M—模块箱；SB—安全栅；D—火灾显示盘；FI—楼层显示盘；CRT—火灾计算机图形显示系统；FPA—火警广播系统；MT—对讲电话主机；BO—总线广播模块；TP—总线电话模块。

表 1.12 有线电视及卫星电视接收系统图样的常用图形符号

序号	常用图形符号		说明	应用类别
	形式 1	形式 2		
1			天线，一般符号	电路图、接线图、平面图、总平面图、系统图
2			带馈线的抛物面天线	
3			有本地天线引入的前端（符号表示一条馈线支路）	平面图、总平面图
4			无本地天线引入的前端（符号表示一条输入和一条输出通路）	平面图、总平面图
5			放大器、中继器，一般符号（三角形指向传输方向）	电路图、接线图、平面图、总平面图、系统图
6			双向分配放大器	
7			均衡器	平面图、总平面图、系统图
8			可变均衡器	
9			固定衰减器	电路图、接线图、系统图
10			可变衰减器	
11		DEM	解调器	接线图、系统图（形式 2 用于平面图）
12		MO	调制器	
13		MOD	调制解调器	
14			分配器，一般符号（表示两路分配器）	
15			分配器，一般符号（表示三路分配器）	
16			分配器，一般符号（表示四路分配器）	
17			分支器，一般符号（表示一个信号分支）	电路图、接线图、平面图、系统图
18			分支器，一般符号（表示两个信号分支）	
19			分支器，一般符号（表示四个信号分支）	
20			混合器，一般符号（表示两路混合器，信号流从左到右）	
21	TV	TV	电视插座	平面图、系统图

表 1.13　广播系统图样的常用图形符号

序号	常用图形符号	说明	应用类别
1	◖	传声器，一般符号	系统图、平面图
2	◁ （见注1）	扬声器，一般符号	
3	⊙	嵌入式安装扬声器箱	平面图
4	◁ （见注1）	扬声器箱、音箱、声柱	平面图
5	◁	号筒式扬声器	系统图、平面图
6	⊤	调谐器、无线电接收机	接线图、平面图、总平面图、系统图
7	▷ （见注2）	放大器，一般符号	
8	M	传声器插座	平面图、总平面图、系统图

注：1. 当扬声器箱、音箱、声柱需要区分不同的安装形式时，宜在符号旁标注下列字母：C—吸顶式安装；R—嵌入式安装；W—壁挂式安装。

2. 当放大器需要区分不同类型时，宜在符号旁标注下列字母：A—扩大机；PRA—前置放大器；AP—功率放大器；

表 1.14　安全技术防范系统图样的常用图形符号

序号	常用图形符号		说明	应用类别
	形式 1	形式 2		
1	▱		摄像机	
2	▱		彩色摄像机	
3	▱		彩色转黑白摄像机	
4	▱		带云台的摄像机	
5	▱OH		有室外防护罩的摄像机	
6	▱IP		网络（数字）摄像机	
7	▱IR		红外摄像机	平面图、系统图
8	▱IR⊗		红外带照相灯摄像机	
9	▱ H	▱	半球形摄像机	
10	▱ R	⊙	全球摄像机	
11	▭		监视器	
12	⊡		彩色监视器	
13	▭		读卡器	

序号	常用图形符号		说明	应用类别
	形式 1	形式 2		
14	KP		键盘读卡器	
15			保安巡查打卡器	
16			紧急脚挑开关	
17			紧急按钮开关	
18			门磁开关	
19	B		玻璃破碎探测器	
20	A		振动探测器	
21	IR		被动红外入侵探测器	
22	M		微波入侵探测器	
23	IR/M		被动红外/微波双技术探测器	
24	Tx — IR — Rx		主动红外探测器（发射、接收分别为 Tx、Rx）	
25	Tx — M — Rx		遮挡式微波探测器	
26	□ — L — □		埋入线电场扰动探测器	平面图、系统图
27	□ — C — □		弯曲或振动电缆探测器	
28	□ — LD — □		激光探测器	
29			对讲系统主机	
30			对讲电话分机	
31			可视对讲机	
32			可视对讲户外机	
33			指纹识别器	
34	M		磁力锁	
35	E		电锁按键	
36	EL		电控锁	
37			投影机	

表 1.15　建筑设备监控系统图样的常用图形符号

序号	常用图形符号		说明	应用类别
	形式 1	形式 2		
1	T		温度传感器	
2	P		压力传感器	
3	M	H	湿度传感器	
4	PD	ΔP	压差传感器	
5	GE ＊		流量测量元件（＊为位号）	
6	GT ＊		流量变送器（＊为位号）	
7	LT ＊		液位变送器（＊为位号）	
8	PT ＊		压力变送器（＊为位号）	
9	TT ＊		温度变送器（＊为位号）	
10	MT ＊	HT ＊	湿度变送器（＊为位号）	
11	GT ＊		位置变送器（＊为位号）	
12	ST ＊		速率变送器（＊为位号）	
13	PDT ＊	ΔPT ＊	压差变送器（＊为位号）	电路图、平面图、系统图
14	IT ＊		电流变送器（＊为位号）	
15	UT ＊		电压变送器（＊为位号）	
16	ET ＊		电能变送器（＊为位号）	
17	A/D		模拟/数字变换器	
18	D/A		数字/模拟变换器	
19	HM		热能表	
20	GM		燃气表	
21	WM		水表	
22	M⧓		电动阀	
23	M⧓		电磁阀	

表 1.16　电气设备的标注方式

序号	标注方式	说明
1	$\dfrac{a}{b}$	用电设备标注 a—参照代号 b—额定容量（kW/kVA）
2	$-a+b/c$（见注 1）	系统图电气箱（柜、屏）标注 a—参照代号 b—位置信息 c—信号
3	$-a$（见注 1）	平面图电气箱（柜、屏）标注 a—参照代号
4	$a\quad b/c\quad d$	照明、安全、控制变压器标注 a—参照代号 b/c——一次电压/二次电压 c—额定容量
5	$a-b\dfrac{c\times d\times L}{e}f$　（见注 2）	灯具标注 a—数量 b—型号 c—每盏灯具的光源数量 d—光源安装容量 e—安装高度（m） "—"表示吸顶安装 L—光源种类 f—安装方式
6	$\dfrac{a\times b}{c}$	电缆梯架、托盘和槽盒标注 a—宽度（mm） b—高度（mm） c—安装高度（m）
7	$a/b/c$	光缆标注 a—型号 b—光纤芯数 c—长度
8	$a\,b-c(d\times e+f\times g)$ $i-jh$　（见注 3）	线缆的标注 a—参照代号 b—型号 c—电缆根数 d—相导体根数 e—相导体截面面积（mm^2） f—N、PE 导体根数 g—N、PE 导体截面面积（mm^2） i—敷设方式和管径（mm） j—敷设部位 h—安装高度（m）
9	$a-b(c\times 2\times d)\quad e-f$	电话线缆的标注 a—参照代号 b—型号 c—导体对数 d—导体直径（mm） e—敷设方式和管径（mm） f—敷设部位

注：1. 前缀"—"在不会引起混淆时可省略。

2. 对于照明灯具，宜在其图形符号附近标注灯具的数量、光源数量、光源安装容量、安装高度、安装方式。

3. 当电源线缆 N 和 PE 分开标注时，应先标注 N 后标注 PE（线缆规格中的电压值在不会引起混淆时可省略）。

表 1.17　线缆敷设方式标注的文字符号

序号	名称	标注符号
1	穿低压流体输送用焊接钢管（钢导管）敷设	SC
2	穿普通碳素钢电线套管敷设	MT
3	穿可挠金属电线保护套管敷设	CP
4	穿硬塑料导管敷设	PC
5	穿阻燃半硬塑料导管敷设	FPC
6	穿塑料波纹电线管敷设	KPC
7	电缆托盘敷设	CT
8	电缆梯架敷设	CL
9	金属槽盒敷设	MR
10	塑料槽盒敷设	PR
11	钢索敷设	M
12	直埋敷设	DB
13	电缆沟敷设	TC
14	电缆排管敷设	CE

表 1.18　线缆敷设部位标注的文字符号

序号	名称	标注符号
1	沿或跨梁（屋架）敷设	AB
2	沿或跨柱敷设	AC
3	沿吊顶或顶板面敷设	CE
4	吊顶内敷设	SCE
5	沿墙面敷设	WS
6	沿屋面敷设	RS
7	暗敷设在顶板内	CC
8	暗敷设在梁内	BC
9	暗敷设在柱内	CLC
10	暗敷设在墙内	WC
11	暗敷设在地板或地面下	FC

表 1.19　灯具安装方式标注的文字符号

序号	灯具安装方式	标注符号
1	线吊式	SW
2	链吊式	CS
3	管吊式	DS
4	壁装式	W
5	吸顶式	C
6	嵌入式	R
7	吊顶内安装	CR
8	墙壁内安装	WR

续表

序号	灯具安装方式	标注符号
9	支架上安装	S
10	柱上安装	CL
11	座装	HM

表 1.20 供配电系统设计文件标注的文字符号

序号	文字符号	名称	单位
1	U_n	系统标称电压，线电压（有效值）	V
2	U_r	设备的额定电压，线电压（有效值）	V
3	I_r	额定电流	A
4	f	频率	Hz
5	P_r	额定功率	kW
6	P_n	设备安装功率	kW
7	P_c	计算有功功率	kW
8	Q_c	计算无功功率	kvar
9	S_c	计算视在功率	kVA
10	S_r	额定视在功率	kVA
11	I_c	计算电流	A
12	I_{st}	启动电流	A
13	I_p	尖峰电流	A
14	I_s	整定电流	A
15	I_k	稳态短路电流	kA
16	$\cos\varphi$	功率因数	—
17	u_{kr}	阻抗电压	%
18	i_p	短路电流峰值	kA
19	S_{KQ}''	短路容量	MVA
20	K_d	需要系数	

表 1.21 设备端子和导体的标志和标识

序号	导体		文字符号	
			设备端子标志	导体和导体终端标识
1	交流导体	第 1 线	U	L1
		第 2 线	V	L2
		第 3 线	W	L3
		中性导体	N	N
2	直流导体	正极	＋或 C	L^+
		负极	一或 D	L^-
		中间点导体	M	M
3	保护导体		PE	PE
4	PEN 导体		PEN	PEN

表1.22　常用电缆型号说明

型号	名称	适用范围
YJV	铜芯交联聚乙烯绝缘聚氯乙烯护套电力电缆	敷设在室内、隧道及管道中，电缆不能承受压力及机械外力作用
YJV22	铜芯聚乙烯绝缘钢带铠装聚乙烯护套电力电缆	敷设在室内、隧道及直埋土壤中，电缆能承受压力和其他外力作用
VV32	铜芯聚氯乙烯绝缘细钢丝铠装聚氯乙烯护套电力电缆	敷设在室内、矿井中，电缆能承受相当的拉力
VLV32	铝芯聚氯乙烯绝缘细钢丝铠装聚氯乙烯护套电力电缆	
VV42	铜芯聚氯乙烯绝缘粗钢丝铠装聚氯乙烯护套电力电缆	敷设在室内、矿井中，电缆能承受相当的轴向拉力
VLV42	铝芯聚氯乙烯绝缘粗钢丝铠装聚氯乙烯护套电力电缆	
ZR-VV	阻燃铜芯聚氯乙烯绝缘聚氯乙烯护套电力电缆	敷设在室内、隧道及管道中，电缆不能承受压力及机械外力作用
ZR-VLV	阻燃铝芯聚氯乙烯绝缘聚氯乙烯护套电力电缆	

表1.23　常用绝缘导线的型号、名称和适用范围

型号	名称	适用范围
BL（BLX） BXF（BLXF） BXR	铜（铝）芯橡皮绝缘线 铜（铝）芯氯丁橡皮绝缘线 铜芯橡皮绝缘软线	适用于交流500V及以下，或直流1000V及以下的电气设备及照明装置
BV（BLV） BVV（BLVV） BVVB（BLVVB） BVR BV-105	铜（铝）芯聚氯乙烯绝缘线 铜（铝）芯聚氯乙烯绝缘聚氯乙烯护套圆型电线 铜（铝）芯聚氯乙烯绝缘聚氯乙烯护套平型电线 铜芯聚氯乙烯绝缘软电线 铜芯耐热105℃聚氯乙烯绝缘电线	适用于各种交流、直流电器装置，电工仪表、仪器，电信设备，动力及照明线路固定敷设
RV RVB RVS RV-105 RSX RX	铜芯聚氯乙烯绝缘软线 铜芯聚氯乙烯绝缘平行软线 铜芯聚氯乙烯绝缘绞型软线 铜芯耐热105℃聚氯乙烯绝缘软电线 铜芯橡皮绝缘棉纱纺织绞型软电线 铜芯橡皮绝缘棉纱纺织圆型软电线	适用于各种交流、直流电器、电工仪器、家用电器、小型电动工具、动力及照明装置的连接

读一读：

1）YJV－0.6/1kV－2（3×150＋2×70）SC80－WS3.5中YJV－0.6/1kV表示电缆型号规格，2根电缆并联连接，五芯电缆，其中三芯截面面积150mm²，二芯截面面积70mm²，穿 DN80的焊接钢管，沿墙面明敷，高度距地3.5m。

2）BV（3×50＋1×25）SC50－FC表示线路是铜芯聚氯乙烯绝缘导线，其中三根截面面积50mm²，一根截面面积25mm²，穿管径为50mm的钢管，沿地面暗敷设。

练一练：

BLV（3×60＋2×35）SC70－WC。

1.2.3　建筑电气工程施工图的识读

1. 建筑电气施工图识读的基本方法

（1）识图顺序

针对一套电气施工图，一般应先按以下顺序阅读，然后再对某部分内容进行重点识读。

1）看标题栏及图纸目录：了解工程名称、项目内容、设计日期及图纸内容、数量等。

2）看设计说明：了解工程概况、设计依据等，了解图纸中未能表达清楚的各有关事项。

3）看材料、设备表：了解工程中所使用的设备、材料的型号、规格和数量。

4）看系统图：了解系统基本组成，主要电气设备、元件之间的连接关系以及它们的规格、型号、参数等，掌握该系统的组成概况。

5）看平面图：如照明平面图、插座平面图、防雷接地平面图等。了解电气设备的规格、型号、数量及线路的起始点、敷设部位、敷设方式和导线根数等。平面图的阅读可按照以下顺序进行：电源进线→总配电箱干线→支线→分配电箱→电气设备。

6）看控制原理图：了解系统中电气设备的电气自动控制原理，以指导设备安装调试工作。

7）看安装接线图：了解电气设备的布置与接线。

8）看安装大样图：了解电气设备的具体安装方法、安装部件的具体尺寸等。

（2）识图原则

对建筑电气施工图而言，一般遵循"六先六后"的原则：先强电后弱电、先系统后平面、先动力后照明、先下层后上层、先室内后室外、先简单后复杂。

（3）读图注意事项

1）注意阅读设计说明，尤其是施工注意事项及各分部分项工程的做法，特别是一些暗敷设线路、电气设备的基础及各种电气预埋件与土建工程密切相关，读图时要结合其他专业图纸阅读。

2）注意系统图与系统图对照看。例如，供配电系统图与电力系统图、照明系统图对照看，核对其对应关系；系统图与平面图对照看，电力系统图与电力平面图对照看，照明系统图与照明平面图对照看，核对有无不对应的错误。看系统的组成与平面对应的位置，看系统图与平面图线路的敷设方式、线路的型号、规格是否保持一致。

3）注意看平面图的水平位置与其空间位置。

4）注意线路的标注，注意电缆的型号规格、导线的根数及线路的敷设方式。

5）注意核对图中标注的比例。

2. 建筑电气工程施工图识读案例

建筑电气工程施工图图纸通过 www.abook.cn 网站下载得到。

任务训练 2

基于对建筑电气工程施工图图纸识读的学习，请大家搜索一套电气工程施工图，完成电气工程施工图图纸的识读任务，并形成汇报文件，汇报具体内容如下。

1）工程概况。

2）电气系统图。

3）配管、配线规格、材质、走向及根数。

4）照明器具及其他。

任务 *1.3* 建筑电气工程施工

1.3.1 室外配电线路施工

1. 架空配电线路的结构与施工程序

架空线路是电力网的重要组成部分，其作用是输送和分配电能。架空配电线路是采用电杆将导线悬空架设，直接向用户供电的配电线路。一般按电压等级分，1kV 及以下的为低压架空配电线路，1kV 以上的为高压架空配电线路。架空线路具有架设简单，造价低，材料供应充足，分支、维修方便，便于发现和排除故障等优点；缺点是易受外界环境的影响，供电可靠性较差，影响环境的整洁美观等。

（1）架空配电线路的结构

架空配电线路主要由电杆、横担、导线、拉线、绝缘子及金具等组成，其结构示意图如图 1.36 所示。

1）电杆基础：对电杆地下设备的总称，主要由底盘、卡盘和拉线盘等组成。其中，底盘用于减少杆根底部地基承受的下压力，防止电杆下沉；卡盘用于增加杆塔的抗倾覆力，防止电杆倾斜；拉线盘用于增加拉线的抗拔力，防止拉线上拔。

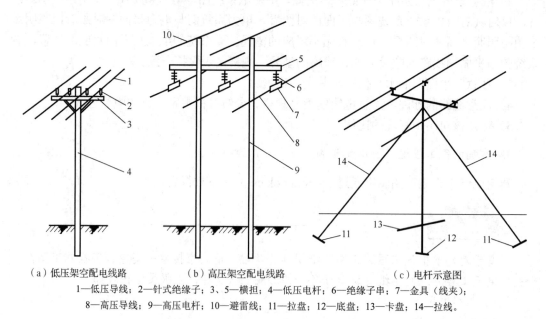

（a）低压架空配电线路　　（b）高压架空配电线路　　（c）电杆示意图

1—低压导线；2—针式绝缘子；3、5—横担；4—低压电杆；6—绝缘子串；7—金具（线夹）；
8—高压导线；9—高压电杆；10—避雷线；11—拉盘；12—底盘；13—卡盘；14—拉线。

图 1.36　架空配电线路的结构示意图

2）电杆及杆型：电杆是架空配电线路的重要组成部分，是用来安装横担、绝缘子和架设导线的，其截面有圆形和方形两种。按材质不同，电杆可分为金属杆、木杆和钢筋混凝土电杆。金属杆一般使用在线路的特殊位置；木杆由于木材供应紧张且易腐烂，除部分地区个别线路外，新建线路已不再使用；普遍使用的是钢筋混凝土电杆，钢筋混凝土电杆具有经久耐用及抗腐蚀等优点，但比较笨重。电杆在线路中所处的位置不同，它的作用和受力情况就不同，杆顶的结构形式也就有所不同。

3）导线：由于架空配电线路经常受到风、雨、雪、冰等各种荷载及气候的影响，以及空气中各种化学杂质的侵蚀，因此要求导线应具有一定的机械强度和耐腐蚀性能。架空配电线路中常用裸绞线有裸铜绞线（TJ）、裸铝绞线（LJ）、钢芯铝绞线（LGJ）和铝合金绞线（LHAJ）。低压架空配电线路也可采用绝缘导线。导线在电杆上的排列为：高压线路一般为三角排列，导线间水平距离为1.4m；低压线路一般为水平排列，导线间水平距离为0.4m。

4）横担：架空配电线路的横担较为简单，它装设在电杆的上端，用来安装绝缘子、固定开关设备、电抗器及避雷器等，因此要求有足够的机械强度和长度。架空配电线路的横担，按材质可分为木横担、铁横担和陶瓷横担三种；按使用条件或受力情况可分为直线横担、耐张横担和终端横担。架空配电线路普遍使用角钢横担。横担的选择与杆型、导线规格及线路档距有关。

5）绝缘子：俗称瓷瓶，是用来固定导线，并使导线与导线、导线与横担、导线与电杆间保持绝缘。此外，绝缘子还承受导线的垂直荷载和水平拉力，所以选用时应考虑绝缘强度和机械强度。架空配电线路常用的绝缘子有针式绝缘子、碟式绝缘子、悬式绝缘子和拉线绝缘子。

6）拉线：用于平衡电杆各方向的拉力，防止电杆弯曲或倾倒。因此，在承力杆（终端杆和转角杆）上，均需装设拉线。为了防止电杆被强大的风力刮倒或受冰凌荷载的破坏影响，或在土质松软的地区，为增强线路电杆的稳定性，有时也在直线杆上每隔一定距离装设防风拉线（两侧拉线）或四方拉线。

7）金具：在架空配电线路中用来固定横担、绝缘子、拉线及导线的各种金属连接件统称为金具。金具品种较多，常用的有U字形抱箍、挂板、线夹、心形环等。

（2）架空配电线路施工程序

架空配电线路施工的一般步骤如下。

1）熟悉设计图纸，明确施工要求。

2）按设计要求准备材料和机具。

3）测量定位：按图纸要求，结合施工现场的情况，确定电杆的杆位。

4）挖坑：根据杆位进行基础施工。

5）组装电杆：将横担及其附属绝缘子、金具、电杆组装在一起。

6）立杆。

7）制作并安装拉线或撑杆。

8）架空线架设与驰度观察。

9）杆上设备安装。

10）接户线安装。

11）架空线路的竣工验收。

2. 架空配电线路的竣工验收

架空配电线路工程的验收工作一般分为隐蔽工程验收、中间验收及竣工验收三个阶段。

（1）隐蔽工程验收

隐蔽工程是指在竣工后无法检查的工程部分，其内容大致有以下几项。

1）基础坑深，包括电杆坑、拉线坑。

2）预制基础埋设，如底盘、卡盘、拉线盘的规格与安装位置。

3）各种连接管的规格、压接前的内外径、长度及压接装置。

4）接地装置的安装。

（2）中间验收

中间验收是指施工班组完成一个或数个分项（基础、杆塔、接地等）成品后进行的验收检查。对架空线路施工来讲，大致有以下几项。

1）电杆及拉线。检查的内容包括：电杆焊口弯曲度及焊接质量；杆身高度及扭偏情况；横担及金具安装情况（应平整、紧密、牢固、方向正确）；拉线的连接方法及受力情况；回填土况。

2）接地。检查内容是实测接地电阻值，看其是否符合设计的规定值。

3）架线。检查内容包括导线及绝缘子的型号及规格是否符合设计要求、金具的规格及连接情况、压接管的位置及数量、导线的驰度、导线对各部分的电气距离、电杆在架设导线后的挠度、线位、导线连接的质量、线路与地面及建筑物之间的距离等。

（3）竣工验收

竣工验收是在工程全部结束后进行的验收检查，其检查项目具体如下。

1）采用器材的型号、规格应符合设计要求。

2）线路设备标志应齐全。

3）电杆组立的各项误差应符合规定，不能超过标准。

4）拉线的制作和安装符合要求。

5）导线的弧垂、相间的距离、对地距离、交叉跨越距离及对建筑物接近距离符合要求。

6）电器设备外观应完整无缺损。

7）线位正确、接地装置符合要求。

8）基础埋深、导线连接、补修质量应符合设计要求。

9）沿线的障碍物、应砍伐的树及树枝等应清理完毕。

（4）竣工试验

工程在竣工验收合格后，应进行下列电气试验。

1）测定线路的绝缘电阻。1kV 以下线路绝缘电阻值应不小于 $0.5M\Omega$；10kV 线路绝缘电阻值不作规定，但要求每个绝缘子的绝缘电阻值不小于 $300M\Omega$。

2）测定线路的相位。

3）冲击合闸试验（低压线路不要求）。在额定电压下对空载线路冲击合闸三次，合闸过程中线路绝缘子不应有损坏。

若以上试验结果均合格、正常，符合设计要求，则竣工检查结束。最后，将规定应提交的技术资料和文件全部移交使用单位。

（5）在验收时应提交的资料和文件

1）竣工图。

2）变更设计的证明文件（包括施工内容明细表）。

3）安装设计记录（包括隐蔽工程记录）。

4）交叉跨越距离记录及有关的协议文件。

5）原材料和器材出厂证明书和试验记录。

6）代用材料清单。

7）接地电阻实测值记录。

8）调整试验记录。

9）有关的批准文件。

1.3.2　电缆线路施工

1. 电缆敷设的一般规定

电缆敷设过程中，一般按下列程序进行：先敷设集中的电缆，再敷设分散的电缆；先敷设电力电缆，再敷设控制电缆；先敷设长电缆，再敷设短电缆；先敷设难度大的电缆，再敷设难度小的电缆。电缆敷设的一般规定如下。

1）施工前应对电线进行详细检查；规格、型号、截面、电压等级均符合设计要求，外观无扭曲、坏损及漏油、渗油等现象。

2）每轴电缆上应标明电缆规格、型号、电压等级、长度及出厂日期。电缆盘应完好无损。

3）电缆外观完好无损，铠装无锈蚀、无机械损伤，无明显皱褶和扭曲现象。油浸电缆应密封良好，无漏油及渗油现象。橡套及塑料电缆外皮及绝缘层无老化及裂纹。

4）电缆敷设前进行绝缘测定。如工程采用 1kV 以下电缆，用 1kV 摇表摇测线间及对地的绝缘电阻不低于 10MΩ。摇测完毕，应将芯线对地放电。

5）冬季电缆敷设，温度达不到规范要求时，应将电缆提前加温。

6）电缆短距离搬运，一般采用滚动电缆轴的方法。滚动时应按电缆轴上箭头指示方向滚动。如无箭头，可按电缆缠绕方向滚动，切不可反缠绕方向滚运，以免电缆松弛。

7）电缆支架的架设地点应选好，以敷设方便为准，一般应在电缆起止点附近为宜。架设时，应注意电缆轴的转动方向，电缆引出端应在电缆轴的上方，敷设方法可用人力或机械牵引。

8）有麻皮保护层的电缆，进入室内部分，应将麻皮剥掉，并涂防腐漆。

9）电缆穿过楼板时，应装套管，敷设完成后应将套管用防火材料封堵严密。

10）电缆两端头处的门窗安装好，并加锁、防止电缆丢失或损毁。

11）三相四线制系统中必须采用四芯电力电缆，不可采用三芯电缆加一根单芯电缆或以导线、电缆金属护套等作中性线，以免损坏电缆。

12）电缆敷设时，不应破坏电缆沟、隧道、电缆井和人孔井的防水层。

13）并联使用的电力电缆，应使用型号、规格及长度都相同的电缆。

14）电缆敷设时，不应使电缆过度弯曲，电缆的最小弯曲半径应符合相应规范的规定。

15）电缆进入电缆沟、隧道、竖井、建筑物、盘（柜）以及穿入管子时，出入口应封闭，管口应密封。

2. 电缆终端头和中间接头的制作

电缆线路两末端的接头称为终端头，中间的接头称为中间接头，终端头和中间接头又统称为电缆头。电缆头一般是在电缆敷设就位后在现场进行制作。它的主要作用是使电缆保持密封，使线路畅通，并保证电缆接头处的绝缘等级，使其能够安全可靠地运行。电缆头制作的方法很多，但目前大多使用的是冷缩式和热缩式两种方法。冷缩式电缆头与热缩式电缆头相比，具有制作简便、受人为因素影响小、冷缩电缆附件会随着电缆的热胀冷缩和电缆始终保持良好的结合状态等优点，但成本高。热缩式电缆头与冷缩式电缆头相比主要优点是成本低，所以，目前在 10kV 以上应用中，广泛使用冷缩式电缆头。

（1）电缆头施工的基本要求

1）施工前应做好一切准备工作，如熟悉安装工艺；对电缆、附件以及辅助材料进行验收和检查；施工用具配备到位。

2）当周围环境及电缆本身的温度低于 5℃时，必须采暖和加温，对塑料绝缘电缆则应在 0℃ 以上。

3）施工现场周围应不含导电粉尘及腐蚀性气体，操作中应保持材料工具的清洁，环境应干燥，霜、雪、露、积水等应清除。当相对湿度高于 70% 时，不宜施工。

4）操作时，应严格防止水和其他杂质浸入绝缘层材料，尤其在天热时，应防止汗水滴落在绝缘材料上。

5）用喷灯封铅或焊接地线时，操作应熟练、迅速，防止过热，避免灼伤铅包及绝缘层。

6）从剖铅开始到封闭完成，应连续进行，且要求时间越短越好，以免潮气进入。

7）切剥电缆时，不允许损伤线芯和应保留的绝缘层，且使线芯沿绝缘表面至最近接地点（金属护套端部及屏蔽）的最小距离应符合下列要求：1kV 电缆为 50mm，6kV 电缆为 60mm，10kV 电缆为 125mm。

（2）15kV 三芯电缆户外冷缩式终端的制作

1）电缆预处理：把电缆置于预定位置，剥去外护套、铠装及衬垫层。开剥长度按说明书要求，再向下剥 25mm 的护套，留出铠装，并擦洗开剥处向下 50mm 长护套表面的污垢，护套口向下 15mm 处绕包两层防水胶带，在顶部绕包 PVC 胶带，将铜屏蔽带固定。

2）钢带接地线安装：用恒力弹簧将第一条接地线固定在钢铠上，绕包配套胶带两个来回将恒力弹簧及衬垫层包覆；先在三芯铜屏蔽带根部缠绕第二条接地线，并将其向下引出，并用恒力弹簧将第二条接地线固定；半重复绕包配套胶带将恒力弹簧全部包覆；在第一层防水胶带的外部再绕包第二层防水带，把接地线夹在当中，以防水气沿接地线空隙渗入；在整个接地区域及防水带外面绕包几层 PVC 胶带，将它们全部覆盖。

3）安装分支手套：把冷缩式电缆分支手套套入电缆根部，逆时针抽掉芯绳，先收缩颈部，然后按同样方法分别收缩三芯，用PVC胶带将接地编织线固定在电缆护套上。

4）安装绝缘套管：将冷缩式套管分别套入三芯，使套管重叠在手套分支上15mm处，逆时针抽掉芯绳，将其收缩；在冷缩式套管口上留15mm的铜屏蔽带，其余的切除；铜屏蔽带口向上留5mm的半导体层，其余的全部剥去，剥离时切勿划伤绝缘；按接线端子孔深加上10mm切除顶部绝缘；套管口向下25mm处，绕包PVC胶带作一标识，此处为冷缩式终端安装基准。

5）安装冷缩式终端头：半重叠绕包半导电带，从铜屏蔽带上5mm处开始，绕包至5mm主绝缘上然后到开始处；套入接线端子，对称压接，并挫平打光，仔细清洁接线端子；用清洁剂将主绝缘擦拭干净；在半导电带与主绝缘搭接处，涂上少许硅脂，将剩余的涂抹在主绝缘表面，并用半导电带填平接线端子与绝缘之间的空隙；套入冷缩式终端，定位于PVC胶带标识处，逆时针抽掉芯绳，使终端收缩；从绝缘管开始，半重叠来回绕包配套胶带至接线端子上。

值得注意的是，如果接线端子的宽度大于冷缩终端的直径，那么应先安装冷缩终端，最后压接线端子。

（3）15kV三芯电缆冷缩式中间接头的制作

1）电缆预处理：把电缆置于预定位置，严格按图纸规定尺寸将需连接的两端电缆开剥处理，切除钢带时，用扎线将钢带绑扎住，切割后用PVC胶带将端口锐边包覆；绕包两层配套半导电胶带，将电缆铜屏蔽带端口包覆加以固定。

2）安装冷缩接头主体：按1/2接管长加5mm的尺寸切除电缆主绝缘；从开剥长度较长的一端装入冷缩接头主体，较短的一端套入铜屏蔽编织网套；参照连接管供应商的指示装上接管，进行压接；压接后如有尖角、毛刺，应对接管表面挫平打光并且清洗；按常规方法清洗电缆主绝缘，待其干燥后方可进行下一步操作；将专用混合剂涂抹在半导体屏蔽层与主绝缘交界处，然后把其余剂料均匀涂在主绝缘表面及接管上；测量绝缘端口之间的尺寸 C，按尺寸 $1/2C$ 在接管上确定实际中心点 D，然后按300mm在一边的铜屏蔽带上找出一个尺寸校验点 E；距离半导电屏蔽层端口某处（按图纸尺寸规定）做一记号，此处为接头收缩起始点；将冷缩接头对准定位标记，逆时针抽掉芯绳使接头收缩，在接头完全收缩后5min内校验冷缩接头主体上的中心标记到校验点 E 的距离是否为300mm，如有偏差，尽快左右抽动接头以进行调整。照此步骤完成第二、第三个接头的安装。

3）恢复金属屏蔽：在装好的接头主体外部套上铜编织网套；用PVC胶带把铜网套绑扎在接头主体上；用两只恒力弹簧将铜网套固定在电缆铜屏蔽带上；将铜网套的两端修整齐，在恒力弹簧前各保留10mm。按同样方法完成另两相的安装。

4）防水处理：用PVC胶带将三芯电缆绑扎在一起；绕包一层配套防水带，涂胶黏剂的一面朝外，将电缆衬垫层包覆。

5）安装铠装接地编织线：在编织线两端各80mm的范围将编织线展开；将编织线展开的部分贴附在配套胶带和钢铠上并与电缆外护套搭接20mm；用恒力弹簧将编织线的一端固定在钢铠上，搭接在外护套上的部分反折回来一起固定在钢铠上。同样，编织线的另一端也照此步骤安装；半重叠绕包两层 PVC 胶带将弹簧连同铠装一起覆盖，不要包在配套的防水带上；用配套防水带做接头的防潮密封层，从一端护套上距离为 60mm 开始半重叠绕包（涂胶黏剂一面朝里），绕至另一端护套上 60mm 处。

6）恢复外护层：如果为得到一个整齐的外形，可先用防水胶带填平两边的凹陷处，在整个接头外绕包装甲带，以完成整个安装工作，从一端电缆护套 60mm 防水带上开始，半重叠绕包装甲带至对面另一端 60mm 防水带上。为达到最佳的效果，30min 内不得移动电缆。

3. 电缆线路的竣工验收

（1）电力电缆的试验

橡塑电力电缆试验的内容包括测量绝缘电阻、交流耐压试验、测量金属屏蔽层电阻和导体电阻比、检查电缆线路两端的相位、交叉互联系统试验等。具体电力电缆试验的规定如下。

1）对电缆的主绝缘做耐压试验或测量绝缘电阻时，应分别在每一相上进行。对一相进行试验或测量时，其他两相导体、金属屏蔽或金属套和铠装层一起接地。

2）对金属屏蔽或金属套一端接地，另一端装有护层过电压保护器的单芯电缆主绝缘做耐压试验时，必须将护层过电压保护器短接，使这一端的电缆金属屏蔽或金属套临时接地。

3）对额定电压为 0.6/1kV 的电缆线路应用 2500V 兆欧表测量导体对地绝缘电阻代替耐压试验，试验时间 1min。

4）测量各电缆导体对地或对金属屏蔽层间和各导体间的绝缘电阻，应符合下列规定。

① 耐压试验前后，绝缘电阻测量应无明显变化。

② 橡塑电缆外护套、内衬层的绝缘电阻不低于 $0.5M\Omega/km$。

③ 0.6/1kV 电缆用 1000V 兆欧表；0.6/1kV 以上电缆用 2500V 兆欧表；6kV 及以上电缆也可用 5000V 兆欧表；橡塑电缆外护套、内衬层的测量用 500V 兆欧表。

5）交流耐压试验相关要求应符合下列规定。

① 橡塑电缆优先采用 20～300Hz 交流耐压试验。20～300Hz 交流耐压试验电压和时间见表 1.24，其中 U_0 表示相电压，U 表示线电压。

表 1.24　橡塑电缆 20～300Hz 交流耐压试验电压和时间

额定电压 U_0/U(kV/kV)	试验电压	时间/min
18/30 及以下	2.5 U_0（或 2 U_0）	5（或 60）
21/35～64/110	2 U_0	60
127/220	1.7 U_0（或 1.4 U_0）	60
190/330	1.7 U_0（或 1.3 U_0）	60
290/500	1.7 U_0（或 1.1 U_0）	60

② 不具备上述试验条件或有特殊规定时，可采用施加正常系统相对地电压 24h 方法代替交流耐压试验。

6）测量金属屏蔽层电阻和导体电阻比。测量相同温度下的金属屏蔽层和导体的直流电。

7）检查电缆两端的相位应一致，并与电网相位相符合。

8）电力电缆的交叉互联系统试验主要包括以下几个方面。

① 交叉互联系统的对地绝缘的直流耐压试验。

② 非线性电阻型护层过电压保护器测试。

③ 交叉互联性能检验。

④ 互联箱检验。

（2）电缆线路的竣工验收

电缆线路竣工后的验收，应由有监理、设计、使用和安装单位的代表参加验收小组来进行。验收要求如下。

1）在验收时，施工单位应将全部资料交给电缆运行单位。

2）电缆运行单位对要投入运行的电缆进行的电气验收项目如下：

① 电缆各导电芯线必须完好连接。

② 按《电气装置安装工程 电力变压器、油浸电抗器、互感器施工及验收规范》（GB 50148—2010）、《电气装置安装工程 母线装置施工及验收规范》（GB 50149—2010）等中的有关规定进行绝缘测定和直流耐压试验。

③ 校对电缆两端相位，应与电力系统的相位一致。

3）电缆的标志应齐全，其规格、颜色应符合规程规定的统一标准要求。

1.3.3 室内照明线路施工

室内照明线路安装工程一般指由电源的进户装置到各照明用电器具及中间环节的配电装置、配电线路和开关控制设备的电气安装工程，主要包括控制设备、配管配线、照明器具及其控制开关的安装，以及插座、电扇、电铃等小型电器的安装，其中以配电箱、配线、照明设备安装施工为典型。

1. 配电箱安装

1）配电箱的金属框架及基础型钢必须接地（PE）或接零（PEN）可靠；装有电器的可开启门，门和框架的接地端子间应用裸编织铜线连接且有标识。

2）低压照明配电箱应有可靠的电击保护。

3）配电箱间线路的线间和线对地间绝缘电阻值，馈电线路必须大于 $0.5M\Omega$，二次回路必须大于 $1M\Omega$。

4）配电箱内配线整齐，无绞接现象，导线连接紧密，不伤芯线，小断股。垫圈下螺丝两侧压的导线截面面积相同，同一端子上导线连接不多于两根，防松垫圈等零件齐全。

5）配电箱内开关动作灵活可靠，带有漏电保护的回路，漏电保护装置动作电流不大于 30mA，动作时间不大于 0.1s。

6）配电箱内，分别设置零线（N）和保护地线（PE）汇流排（接线端子板），零线和保护地线经汇流排配出。

7）配电箱安装垂直度允许偏差不大于 1.5‰。

8）控制开关及保护装置的规格、型号符合设计要求。

9）二次回路连线应成束绑扎，不同电压等级、交流、直流线路及计算机控制线路应分别绑扎且有标识。

10）配电箱安装高度如无设计要求时，一般暗装配电箱底边距地面为 1.5m，明装配电箱底边距地不小于 1.8m。

2. 配线安装

室内照明线路有干线与支线之分。其中，干线指的是总配电箱到各分配电箱的线路，支线指的是分配电箱到用户配电箱、分配电箱到各照明电箱以及用户配电箱到各照明电器之间的线路。干线线路的敷设方式有封闭式母线配线和电缆桥架配线两种。封闭式母线适用于额定工作电压 660V、额定工作电流 250～2500A、频率 50Hz 的三相供配电线路。封闭式母线应用的场所是低电压、大电流的供配电干线系统，一般安装在电气竖井内，使用其内部的母线系统向每层楼内供配电；具有结构紧凑、绝缘强度高、传输电流大、易于安装维修、寿命时间长等特点，被广泛地应用在工矿企业、高层建筑和公共建筑等供配电系统中。

电缆桥架配线是架空电缆敷设的一种支持构架，通过电缆桥架把电缆从配电室或控制室送到用电设备。电缆桥架可以用来敷设电力电缆、控制电缆等，适用于电缆数量较多或较集中的室内外及电气竖井内等场所架空敷设，也可在电缆沟和电缆隧道内敷设。电缆桥架按材料分为钢制电缆桥架、铝合金制电缆桥架和玻璃钢质电缆桥架；按形式分为托盘式、梯架式等类型。

（1）封闭式母线配线施工

封闭式母线配线施工步骤为：母线槽检查→母线槽测量定位→支吊架制作安装→绝缘测试→母线槽拼接→相位验证。

1）母线槽检查：应严格检查母线槽的质量，重点关注以下几点。

① 母线槽外壳应完好无损。母线槽和配电箱的型号和规格满足设计要求。配件搭配正确，数量充足。

② 母线连接器的连接面平整，连接孔对称，与边缘的距离相同。

③ 母线之间的绝缘板不能损坏或断裂。

④ 用 500V 兆欧表测量各母线槽相间、相与中性排、PE 排、相与壳之间的绝缘，不小于 20MΩ。施工现场应保持清洁，尽量减少现场搁置时间。做好防水、防潮工作。

2）母线槽测量定位：母线槽方向应根据设计图和实际工程综合确定。原则是不与大口径管道和桥梁发生冲突。尽量铺设最短的直线路径。与地面的距离不应小于 2.5m。与建筑物表面、其他电气线路和各种管道的最小净距符合现行国家标准。水平安装母线槽的支吊架间距一般为 2～3m，由每米母线槽的重量决定。

3）支吊架制作安装：支吊架的类型由母线槽的安装位置和重量决定，一般由槽钢、角钢、全螺纹吊杆和扁钢制成，并经过防腐处理。支吊架间距均匀，支吊架水平度应满足母线槽水平偏差要求。

弯母线槽垂直安装，一般采用母线槽厂家的异型弹簧支架。

4）绝缘测试：在每节母线组对之前，必须进行绝缘电阻测试，且测试结果合格（绝缘电阻值大于 20MΩ）后方可进行安装组对。同时，每节母线安装完毕后，需与续接前的整条母线进行绝缘测试，确保绝缘电阻大于 10MΩ。

5）母线槽拼接：具体要求如下。

① 吊装和拼接时必须注意不要损坏母线槽。吊装时应使用尼龙绳，钢丝绳必须套上橡胶或塑料套。接缝处应包扎好，防止杂物、垃圾落入。

② 装配顺序可根据母线槽布置图和母线槽编号顺序进行。组装连接时，垫好配套的绝缘板，插入绝缘套和连接螺栓，加垫圈和弹簧垫圈，用手拧上螺母。拧紧前调整水平度和垂直度，使水平度和垂直度不超过公差，总长度误差不超过 10mm。用扭矩扳手拧紧至规定值，装上盖板和接地带（板）。

③ 为防止意外降低绝缘性的情况，应对每个装配和连接段重新测量绝缘电阻，发现问题及时处理。

④ 弹簧支架上的弹簧应处于可上下自由伸缩的状态。母线槽转弯与配电箱交界处应加支架。

6）相位验证。母线槽拼接后，必须检查相位，供电系统的相位必须一致。封闭式母线安装地点不宜超过海拔 2000m；周围空气温度不高于 40℃，不低于 5℃；产品 24h 内平均温度不超过 35℃；空气相对湿度：在 40℃时不超过 50%，在 20℃时不超过 90%。周围空气洁净无尘，无腐蚀绝缘的气体。

（2）电缆桥架配线施工

电缆桥架配线施工步骤为：定位放线→预埋铁件或膨胀螺栓→支、吊、托架安装→桥架安装→保护接地安装。

1）定位放线：根据施工图确定始端到终端位置，沿图纸标定走向，找好水平、垂直、弯通，用粉线袋沿桥架走向在墙壁、顶棚、地面、梁、板、柱等处弹线或通过画线，并均匀档距画出支、吊、托架位置。

2）预埋铁件或膨胀螺栓：具体要求如下。

① 预埋铁件的自制加工尺寸不应小于 120mm×80mm×6mm，其锚固圆钢的直径不小于 10mm。

② 紧密配合土建结构的施工，将预埋铁件平面紧贴模板，将锚固圆钢用绑扎或焊接的方法固定在结构内的钢筋上；待混凝土模板拆除后，预埋铁件平面外露，将支架、吊架或托架焊接在上面进行固定。

③ 根据支架承受的荷重，选择相应的膨胀螺栓及钻头；埋好螺栓后，可用螺母配上相应的垫圈将支架或吊架直接固定在金属膨胀螺栓上。

3）支、吊、托架安装：支架与吊架用扁钢制作时，规格一般不应小于 30mm×3mm；用角钢制作时，规格一般不小于 25mm×25mm×3mm。

4）桥架安装。

① 直线段钢制电缆桥架长度超过 30m、铝合金或玻璃钢制电缆桥架长度超过 15m 应设伸缩节，跨越伸缩缝处设置补偿装置，可用带伸缩节的桥架。

② 桥架与支架间螺栓、桥架连接板螺栓紧固无遗漏，螺母位于桥架外侧，当铝合金桥架与钢支架固定时，有相互间绝缘防电化措施、腐蚀措施，一般可垫石棉垫。

③ 敷设在竖井内和穿越不同防火区的桥架，应按设计要求位置采取防火隔离措施，电缆桥架在电气竖井内敷设可采用角钢固定，见图1.37。

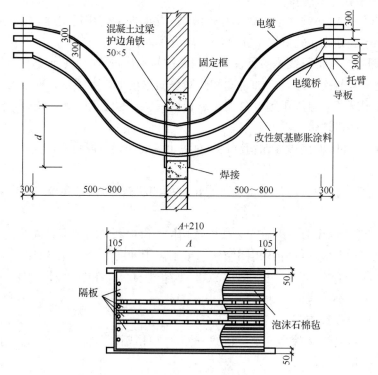

图 1.37　防火隔离段安装图（单位：mm）

④ 电缆桥架在穿过防火墙及防火楼板时，应采取防火隔离措施，防止火灾沿线路延燃；防火隔离墙、板，应配合土建施工预留洞口，在洞口处预埋好护边角钢，施工时根据电缆敷设的层数和根数用 L50×50×5 角钢作固定框，同时将固定柜焊在护边角钢上；也可以预先制作好固定框，在土建施工中砌筑砌体或浇灌混凝土时安装在墙、板中。

5）保护接地安装：当设计允许利用桥架系统构成接地干线回路时，应符合下列要求。

① 金属电缆桥架及其支架引入或引出的金属电缆导管必须接地（PE）或接零（PEN）可靠，金属电缆桥架及其支架全长与接地（PE）或接零（PEN）干线相连接不少于两处，使整个桥架为一个电气通路；非镀锌电缆桥架间连接的两端跨接铜芯接地线截面面积不小于 4mm²。镀锌电缆桥架间连接板的两端可不跨接接地线，但连接板两端设不少于 2 个带有防松螺帽或防松垫圈的连接固定螺栓。

② 盘、梯架端部之间连接电阻不应大于 0.00033Ω 并应用等电位联结测试仪（导通仪）或微欧姆表测试，测试应在连接点的两侧进行，对整个桥架全长的两端连接电阻不应大于 0.5Ω 或由设计决定，否则应增加接地点，以满足要求。接地孔应消除涂层，与涂层接触的螺栓有一侧的平垫应使用带爪的专用接地垫圈。

③ 伸缩缝或软连接处需采用编织铜线连接。沿桥架全长另敷设接地干线时，每段（包括非直线段）托盘、梯架应至少有一点与接地干线可靠连接；在接地部位的连接处应装置弹簧垫圈，以免松动。

3. 照明设备安装

（1）开关

开关安装要求如下。

1）灯具电源的相线必须经开关控制。

2）开关连接的导线宜在圆孔接线端子内折回头压接。

3）多联开关不允许拱头连接，应采用缠绕或 LC 型压接帽压接总头后，再进行分支连接。

4）安装在同一建筑物的开关应采用同一系列的产品，开关的通断方向一致，操作灵活，导线压接牢固，接触可靠。

5）翘板式开关距地面高度设计无要求时，应为 1.3m，距门口为 150～200mm；开关不得置于单扇门后。

6）开关位置应与灯位相对应，并列安装的开关高度一致。

7）在易燃、易爆和特别潮湿的场所，开关应分别采用防爆型、密闭型，或安装在其他场所进行控制。

（2）插座

插座安装要求如下。

1）单相两孔插座有横装和竖装两种。横装时，面对插座的右极接相线（L 线），左极接中性线（N 线）；竖装时，面对插座的上极接相线（L 线），下极接中性线（N 线）。

2）单相三孔、三相四孔及三相五孔插座的保护（PE）线或接零（PEN）线均应接在上孔，插座的接地端子不应与零线端子连接。

3）不同电源种类或不同电压等级的插座安装在同一场所时，外观与结构应有明显区别，不能互相代用，使用的插头与插座应配套。同一场所的三相插座，接线的相序一致。

4）插座箱内安装多个插座时，导线不允许拱头连接，宜采用接线帽或缠绕形式接线。

5）车间及实验室等工业用插座，除特殊场所设计另有要求外，距地面不应低于 0.3m。

6）在托儿所、幼儿园及小学学校等儿童活动场所应采用安全插座。采用普通插座时，其安装高度不应低于 1.8m。

7）同一室内安装的插座高度应一致；成排安装的插座高度应一致。

8）地面安装插座应有保护盖板；专用盒的进出导管及导线的孔洞，用防水密闭胶严密封堵。

9）在特别潮湿和有易燃、易爆气体及粉尘的场所不应装设插座，如有特殊要求应安装防爆型的插座且有明显的防爆标志。

任务训练 3

　　基于对建筑电气工程施工工艺的学习，请大家对照任务训练 2 中的电气工程施工图，完成电气工程图纸的施工工艺要点汇总的任务，并形成汇报文件，汇报具体内容如下。

　　1）引入管安装及检验。

　　2）室内燃气管道安装及检验。

　　3）燃气计量表安装及检验。

　　4）家用、商业用及工业企业用燃具或用气设备或商业用燃气锅炉和冷热水机组燃气系统的安装及检验。

拓 展 练 习

一、单选题

　　1. 在日常生活中，人们根据安全电压的习惯，通常将建筑电气分成强电与弱电两大类。其中，强电的处理对象是能源，以下属于强电特点的是（　　　）。

　　　　A. 电压低　　　　B. 电流小　　　　C. 功率大　　　　D. 频率高

　　2. 我国电气设备中最普遍的工作电压属于（　　　）。

　　　　A. 第一类额定电压（安全电压）　　　B. 第二类额定电压（低压）

　　　　C. 第三类额定电压（高压）　　　　　D. 第四类额定电压（超高压）

　　3. TN 系统因 N 线与 PE 线的不同连接形式，可分为 TN-C、TN-S、TN-C-S 三种系统。其中，N 线和 PE 线合用一根导线的是（　　　）。

　　　　A. TN-C　　　　B. TN-S　　　　C. TN-C-S　　　　D. 都不是

　　4. 在正常照明因事故熄灭后，保障事故情况下继续工作、人员安全或顺利疏散的照明，称为（　　　）。

　　　　A. 正常照明　　　B. 应急照明　　　C. 工作照明　　　D. 疏散照明

　　5. 以下不属于电气平面图的常用比例的是（　　　）。

　　　　A. 1：50　　　　B. 1：100　　　　C. 1：150　　　　D. 1：200

二、多选题

　　1. 以下选项属于建筑强电的是（　　　）。

　　　　A. 供配电系统　　　　　　　　　　B. 照明动力系统

　　　　C. 防雷与接地系统　　　　　　　　D. 火灾自动报警系统

　　　　E. 安全防范系统

2．由各种电压的电力线路将发电厂、变电所和电力用户联系起来的一个（　　　）的整体，统称电力系统。

    A．发电　　　　　　B．输电　　　　　　C．变电　　　　　　D．配电

    E．用电

3．在建筑工程中使用的基本供电系统有三相三线制、三相四线制等，国际电工委员会统一的规定分为（　　　）。

    A．II 系统　　　　　B．NN 系统　　　　　C．TN 系统　　　　　D．TT 系统

    E．IT 系统

4．能保证完成正常工作、看清周围物体等的照明，叫作工作照明。工作照明又分（　　　）。

    A．安全照明　　　　B．一般照明　　　　C．局部照明　　　　D．混合照明

    E．备用照明

5．防雷装置由（　　　）三部分组成。

    A．接闪器　　　　　B．避雷器　　　　　C．接地引下线　　　　D．接线卡子

    E．接地体

三、简答题

1．什么是电力网？

2．为了便于设计和施工管理，综合布线系统一般逻辑性地分为哪几个系统？

3．建筑电气系统图绘制包括哪些内容？

4．导线在绝缘子上的固定方法有哪几种？

5．室内照明配线的施工要点有哪些？

项目

建筑给排水工程

■ 项目概述

建筑给水系统是将城镇给水管网或自备水源给水管网的水引入室内，经配水管送至生活、生产和消防用水设备，并满足各用水点对水量、水压和水质要求的冷水供应系统。建筑给排水系统实际上包含两个方面的内容：建筑给水系统和建筑排水系统。本项目主要介绍建筑给排水基础知识，参照《建筑给水排水制图标准》（GB/T 50106—2010）、《房屋建筑制图统一标准》（GB/T 50001—2017）介绍建筑给排水识图、制图方法及施工工艺。

建筑给水系统主要由引入管、水表节点、给水管网、配水或用水设备以及给水附件（阀门等）五大部分组成。建筑给水系统的给水方式即建筑内部的给水方案，是根据建筑物的性质、高度、配水点的布置情况以及室内所需水压、室外管网水压和水量等因素决定的。常见的给水方式有以下几种：直接给水方式、设水箱或水泵的给水方式、仅设水泵（或水箱）的给水方式、气压给水方式、分区给水方式。此外，还有一种分质给水方式，即根据不同用途所需要的不同水质，分别设置独立的给水系统。建筑排水系统用于排除居住建筑、公共建筑和生产建筑内的污水。建筑内部的排水系统一般由卫生器具或生产设备的受水器、排水管道、清通设施、通气管道、污废水的提升设备和局部处理构筑物组成。建筑内部的排水系统按排水立管和通气管的设置情况分为单立管排水系统、双立管排水系统和三立管排水系统。建筑排水系统所排出的污水应满足国家相关规范、标准规定的排放条件。

■ 学习目标

知识目标	能力目标	素质目标
1. 掌握各类建筑给排水系统构成与工作原理； 2. 熟悉常用给水管材、设备及配件的特性； 3. 掌握建筑给排水系统施工图识读要点； 4. 熟悉建筑给排水系统安装方法、验收要点、成品保护采取的措施方法	1. 掌握各类建筑给排水系统构成与工作原理； 2. 熟悉常用给排水管材、设备及配件的特性； 3. 能够完成建筑给排水系统施工图识读； 4. 能够安全、正确地使用建筑给排水系统施工机具设备； 5. 能够合理安排建筑给排水系统施工，进行系统验收； 6. 能够按要求维护建筑设备系统安装成品； 7. 能够做好各工种之间的协调配合工作	1. 培养学生的爱国精神、遵纪守法意识、团队协作精神； 2. 培养学生的独立分析能力和应变能力； 3. 锻炼学生的沟通交流能力，培养学生的书面表达能力； 4. 培养学生自我学习的能力和新技术跟踪能力； 5. 培养学生的细心、耐心和责任心，使之具有良好的职业素质

■ **课程思政**

党的二十大报告强调人与自然和谐共生。在建筑给排水工程中，水资源的合理利用与废水处理是关键。通过本课程引导学生认识到，设计高效节水的给排水系统，如雨水收集回用、中水系统等，能减少对新鲜水资源的依赖，降低污水排放量，助力城市绿色发展。再如，讲解雨水花园的设计时，让学生明白其对雨水净化、调蓄的作用，领悟生态环保在专业中的实践意义。

坚持以人民为中心是党的二十大报告的重要思想。建筑给排水系统直接关乎居民生活品质，学生在学习给排水设计中要充分考虑用户需求，保障供水安全稳定，优化排水系统以避免内涝和污水倒灌等问题。例如，在讲解二次供水设施时，强调其对高层用户用水的重要性，引导学生树立为人民服务的意识，精心设计可靠的给排水方案。

创新发展理念在本课程中也有深刻体现。随着科技进步，建筑给排水领域不断涌现新技术、新材料。通过本课程鼓励学生关注行业前沿，如智能水表、新型管材等，培养学生的创新思维与探索精神，以创新驱动行业发展，提升建筑给排水工程的质量与效率。

通过将党的二十大精神融入建筑给排水工程课程，能让学生在掌握专业技能的同时，树立正确的价值观与使命感，为推动建筑给排水行业朝着绿色、人本、创新的方向发展贡献力量。

■ **任务发布**

1）图纸：某住宅楼给排水工程，工程图纸通过 www.abook.cn 网站下载得到。

2）图纸识别范围：①地下室给排水平面图；②标准层给排水平面图；③给水系统图；④排水系统图。

3）参考规范、图集：

《建筑给水排水设计标准》（GB 50015—2019）；

《建筑给水排水及采暖工程施工质量验收规范》（GB 50242—2002）；

《给水排水标准图集　给水设备安装（一）（2014 年合订本）》[S1（一）]；

《给水排水标准图集　给水设备安装（热水及开水部分）（2004 年合订本）》[S1（二）]；

《给水排水标准图集　排水设备及卫生器具安装（2010 年合订本）》（S3）；

《给水排水标准图集　室内给水排水管道及附件安装（一）（2004 年合订本）》[S4（一）]；

《给水排水标准图集　室内给水排水管道及附件安装（二）（2012 年合订本）》[S4（二）]；

《给水排水标准图集　室内给水排水管道及附件安装（三）（2011 年合订本）》[S4（三）] 等。

4）成果文件。

建筑设备安装工程识图与施工工艺

【拍一拍】

拍一拍生活中我们经常遇到的建筑给排水系统设备设施，如图2.1和图2.2所示。

图2.1 建筑给排水管道

图2.2 建筑卫生器具

【想一想】

在生活中我们打开水龙头就能得到干净的自来水，使用后废水就能通过排水管道排到市政的排水管道中去，这些管道都是怎样安装的呢？

任务*2.1* 建筑给排水工程简介

2.1.1 认识建筑给排水工程

建筑给水工程的任务就是经济合理地将城镇给水管网或自备水源给水管网的水引入室内，经配水管送至生活、生产和消防用水设备，并满足各用水点对水量、水压和水质的要求。建筑排水工程的任务就是将建筑物内部产生的污废水，以及降落在屋面上的雨雪水，通过建筑排水系统排到市政排水管道中去。

【拓展知识】

在我国城市排水工程建设历史悠久，秦代已有用以排除城市雨水的管渠。历代帝王的京都大多建造了较为完整的排水系统。北宋时期绍圣三年（1096年）苏东坡等人在广州引山洞水入城，这是我国最早的"自来水"雏形。

1. 建筑给排水系统的组成和内容

建筑给排水工程包含建筑内部给水系统、建筑消防给水系统、建筑内部污废水排水系统、屋面雨水排水系统、建筑热水供应系统、建筑中水系统。

（1）建筑内部给水系统

建筑内部给水系统的作用是将市政给水管道中的水引入建筑物内部各用水点，因此其由管道、各类阀门、配水龙头、水池、增压设备等部分组成。

（2）建筑消防给水系统

建筑物发生火灾时，根据建筑物的性质、燃烧物的特点，可以将水、泡沫、干粉、气体等作为灭火剂来灭火。一般建筑常用水来灭火，因此建筑内需设消防给水系统，保证在建筑物发生火灾时能将水送达着火点以进行有效的灭火。建筑消防给水系统包括建筑消火栓给水系统、自动喷水灭火系统、水幕消防系统等，其由消防给水管道、各类阀门、消火栓、喷嘴、贮水池、增压设备及其他灭火设备等组成。

（3）建筑内部污废水和屋面雨水排水系统

建筑内部污废水排水系统的作用是将建筑内部产生的污废水通过污废水收集器收集后，由建筑内部的排水管道排出建筑物。同样，屋面雨水通过屋面雨水斗及雨水管道排至建筑物外部，保证建筑内部的正常使用。

（4）建筑热水供应系统

随着人们生活水平的提高，部分建筑（如宾馆、住院楼等）需要提供热水，这时就需将冷水加热到一定温度，然后经过可靠、安全的技术措施输配到建筑内各用水点。建筑热水供应系统由冷水加热设施、输配水设施和安全控制设施三部分组成。

（5）建筑中水系统

建筑中水系统是将建筑或建筑小区内使用后的生活污废水经适当处理后用于建筑或建筑小区作为杂用水的供水系统，其由中水原水系统、中水处理系统、中水输配管道系统等组成。设有中水系统的建筑排水系统一般采用污废水分流的排水体制，中水的原水一般为杂排水和雨水。

2. 建筑给排水工程技术的发展

建筑给排水工程技术的发展呈现出多方面的进步趋势。在技术创新上，新型管材不断涌现，如塑料管材以其耐腐蚀、节能等优势应用广泛，同时智能节水设备与系统日益普及，有效提高了水资源利用效率。在设计理念上，从单纯满足基本用水需求，转向更加注重绿色环保、与建筑整体功能的融合以及用户体验的提升。此外，随着 BIM 等数字化技术的应用，给排水工程的设计、施工和管理更加精准高效，减少了误差与资源浪费，推动建筑给排水工程朝着智能化、绿色化、高效化的方向持续发展。

（1）建筑给水技术现状

目前我国建筑给水技术发展主要表现在以下几个方面。

1）分区分质给水。在社会经济不断发展的环境下，水污染治理变得更重要，不同建筑分区分质给水也就显得十分重要。在实现这一功能时，我国所使用的设备为比例式减压阀，这一设备操作起来十分简便，所以被广泛应用。

2）节水技术。当前，水资源短缺与污染问题严峻，建筑给水中节水技术的应用极为重要。在节水器具方面，瓷芯、充气等节水龙头逐渐普及，节水量达 20%～50%，延时自闭和光电控制水龙头也开始应用。热水供应循环系统中，存在放掉无效冷水的浪费现象，应综合考虑节水与成本，选择合适循环方式。在给水系统压力控制上，现行规范在防止超压出流方面有所欠缺，建议高层超 0.15MPa 压力时减压。在中水与雨水利用领域，中水可替代自来水，虽初期投资大，但前景广阔；雨水收集处理后也有多种用途，处理技术也在不断发展。

3）增压设施。目前，建筑给水中增压设施常见类型有水泵和气压给水设备。水泵应用广泛，具有高效节能、运行稳定等特点，在不同规模建筑中，根据用水需求和管网压力，合理选型的水泵能有效满足供水压力要求。气压给水设备则凭借占地少、安装方便的优势，常用于小型建筑或对供水连续性要求高的场所。不过，部分老旧建筑中的增压设施存在能耗高、维护成本大等问题。随着技术发展，智能化、节能型增压设施不断涌现，逐步成为市场主流。

（2）建筑排水技术现状

目前我国建筑排水技术发展主要表现在以下几个方面。

1）排水设施。建筑排水管材种类丰富，如塑料管材因其耐腐蚀、重量轻、安装方便等优点，在建筑排水中得到广泛应用，常见的有 PVC-U 管、HDPE 管等。同时，铸铁管因强度高、隔音性能好，在一些对噪声控制要求较高的建筑中仍有一定市场。

排水系统中污废水合流与分流系统并存。在新建建筑中，越来越多采用分流制，将生活污水和雨水等分别排放，有利于后续的处理和利用。此外，同层排水技术逐渐普及，它能有效减小卫生间渗漏和排水噪声对下层住户的影响。

2）卫生器具。随着节水意识的提高，卫生器具的节水性能不断提升。例如，新型的节水马桶采用了双冲、虹吸式等技术，能有效控制用水量；感应式水龙头也广泛应用，通过自动感应控制水流，减少了水资源浪费。除了基本的排水功能，卫生器具还朝着智能化、人性化方向发展，如智能马桶具备加热、按摩、除臭等功能，提升了用户体验。

3）通气系统。伸顶通气管仍然是最基本的通气方式，能保证排水管道内的空气流通，维持气压平衡，防止水封破坏。一些复杂建筑或对排水要求较高的场所，开始采用专用通气立管、环形通气管等更完善的通气系统。还有的采用了吸气阀等新型通气装置，在保证通气效果的同时，节省了空间，提高了建筑的美观度。

（3）建筑消防技术现状

近年来，建筑消防行业发展态势良好，市场规模持续增长。截至 2023 年，我国消防设施市场规模已达 1315 亿元，预计未来几年将以 15%～20%的年增长率快速增长，有望在2030 年达到 2800 亿元。2022 年新建建筑的消防工程市场规模超 7400 亿元，存量建筑的消防维保市场规模超 1000 亿元，预计到 2028 年，新建建筑的消防工程市场规模在 7000 亿元左右，存量建筑的消防维保市场规模将超 1100 亿元。

随着科技进步，物联网、大数据、人工智能等技术在建筑消防系统中广泛应用，推动了建筑消防系统向智能化、数字化方向发展。智能火灾报警系统能快速精准探测火灾，自动灭火设备可在火灾初期有效控制火势，大大提高了火灾防控的效率和准确性。

在政策法规方面，国家陆续出台一系列消防安全相关法规，如《高层民用建筑消防安全管理规定》，对建筑消防提出明确要求，提升了各类建筑和设施对消防产品的需求，推动了建筑消防行业的规范化发展。相关部门也在不断加强监管，如住房和城乡建设部出台多项政策文件规范高层建筑消防设计审查验收管理，加强工程质量检测行业和检测活动管理；各地公安派出所配合消防部门持续开展高层建筑火灾隐患排查整治等工作。

同时，建筑消防系统仍存在一些问题。部分建设单位消防安全意识不足，施工单位管理不到位、人员消防知识欠缺，监理单位审查施工设计时不够严格。未来，还需进一步强化各方责任，提升全民消防意识，持续推动技术创新，以不断完善建筑消防系统，保障人民生命财产安全。

（4）管材与连接技术的发展

在建筑给排水领域，管材与连接技术不断发展革新。

管材方面，传统的金属管材如镀锌钢管，因易腐蚀、使用寿命短等问题，逐渐被新型管材替代，塑料管材成为主流。其中，无规共聚聚丙烯（polypropylene random，PP-R）管凭借良好的耐腐蚀性、保温性和安装便捷性，广泛应用于冷热水供应系统；PVC-U 管则以其成本低、耐化学腐蚀性强的特点，在排水系统中占据重要地位。此外，复合管材也崭露头角，如钢塑复合管结合了金属与塑料的优点，既有金属的强度，又有塑料的耐腐蚀和卫生性能，适用于对水质要求较高的建筑给排水系统。

连接技术同样取得显著进步。热熔连接技术在塑料管材中应用广泛，通过加热管材和管件使其熔融后连接，连接强度高、密封性好，能有效防止漏水。电熔连接技术则利用电加热元件使管材与管件连接部位的塑料熔融，自动化程度高，连接质量稳定可靠。对于金属管材，沟槽连接技术取代了部分传统焊接和螺纹连接方式，它操作简便、施工速度快，且能适应不同管径的管材连接。

尽管发展成果显著，但仍存在一些问题。部分新型管材的性能稳定性有待进一步验证，不同品牌、批次的管材质量参差不齐。在连接技术方面，施工人员的操作水平对连接质量影响较大，操作不当易引发漏水隐患。未来，需不断研发性能更优的管材，规范连接技术标准，加强施工人员培训，以推动建筑给排水中管材与连接技术持续发展。

（5）热水供应技术的发展

在建筑给排水领域，热水供应技术不断发展。传统的集中式热水供应系统，凭借大型锅炉或热交换器供热，通过管网输送热水，常见于大型建筑，能统一管理热水供应，热效率较高。但因管网长，存在热损失大、水温不稳定等问题。

随着环保理念普及，太阳能热水供应技术兴起，利用太阳能集热器转化热能，节能且成本低，不过受天气制约，常需辅助热源。空气源热泵技术也崭露头角，依逆卡诺循环从空气中吸热，能效比高，不受天气影响，在住宅和小型商业建筑中应用渐广。此外，智能化控制技术被广泛运用，可根据用水习惯等精准调控，提升体验与节能效果。尽管已取得进步，但仍面临成本高、维护难等挑战。

2.1.2　建筑给水系统

1. 建筑给水系统的分类

建筑给水系统是建筑物内的所有给水设施的总体，按其用途不同基本上可分为以下三类。

（1）生活给水系统

供给人们饮用、烹饪、盥洗、淋浴、冲洗卫生器具等生活上的用水的给水系统，称为生活给水系统。生活给水系统中与人体直接接触或饮用、淋浴等部分的水的水质必须符合国家标准《生活饮用水卫生标准》（GB 5749—2022）中的规定；而其他如洗涤、冲洗卫生器具的生活用水，可以用非饮用水水质标准的水，在淡水资源缺乏的地区，更应积极采取这一措施。但通常为了节省投资、便于管理，也将符合《生活饮用水卫生标准》（GB 5749—2022）的水用于洗涤或冲洗卫生器具。

（2）生产给水系统

供给生产设备冷却、原料加工、洗涤，以及各类产品制造过程中所需的生产用水的给水系统，统称为生产给水系统。由于生产用水对水质、水量、水压以及安全方面的要求不同，生产给水系统种类繁多，差异很大。

（3）消防给水系统

消防给水系统是指供给消火栓、消防软管卷盘、自动喷水灭火系统等消防设施扑灭火灾、控制火势用水的给水系统。消防用水对水质的要求不高，但必须按照《建筑设计防火规范（2018年版）》（GB 50016—2014）保证供应足够的水量和水压。

上述三类系统可独立设置，也可根据实际条件和需要相互组合。在选择给水系统时，应根据生活、生产、消防等对水质、水量和水压的要求，结合室外给水系统等综合因素，经过技术、经济比较后确定。近年来，模糊综合评判法在各个领域多因素的综合评判方面应用广泛。具体可以组合成生活、消防给水系统，生产、消防给水系统，生活、生产给水系统，生活、生产、消防给水系统等共用给水系统。

根据供水用途的不同和系统功能的差异，有时将上述三类基本给水系统再划分为饮用水给水系统、杂用水给水系统（中水系统）、消火栓给水系统、自动喷水灭火系统和循环或重复使用的生产给水系统、纯水给水系统等。

2. 建筑给水系统的组成

通常情况下，建筑给水系统由水源、引入管、水表节点、给水管网（建筑内水平干管、立管和支管）、配水装置与附件、增压和贮水设备以及给水局部处理设施组成，如图 2.3 所示。

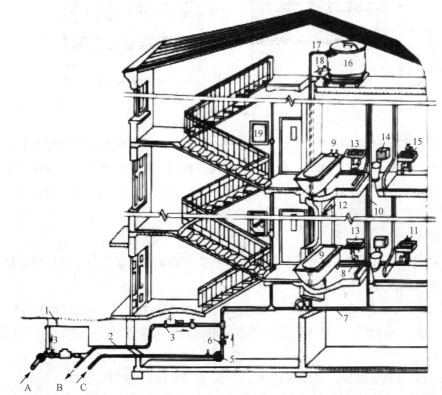

1—阀门井；2—引入管；3—闸阀；4—水表；5—水泵；6—止回阀；7—干管；8—支管；9—浴缸；10—立管；
11—水嘴；12—淋浴器；13—洗脸盆；14—大便器；15—洗涤盆；16—水箱；17—进水管；18—出水管；
19—消火栓；A—从室外管网进水；B—进入贮水池；C—来自贮水池。

图 2.3　建筑给水系统组成

（1）水源

水源是指室外给水管网供水或自备水源。

（2）引入管

引入管是指从室外给水管网的接管点引至建筑物内的管段，一般也称进户管，是室外给水管网与室内给水管网之间的联络管段。引入管上一般设置水表、阀门等附件。

（3）水表节点

水表节点是安装在引入管上的水表及其前后设置的阀门和泄水装置的总称。水表用以计量该幢建筑物的用水量。水表前后的阀门用于水表检修、拆换时关闭管路。水表节点一般设在水表井中，如图 2.4 所示。温暖地区的水表井一般设在室外；寒冷地区为避免水表及管道冻裂，可将水表井设在采暖房间内或设置保温措施。

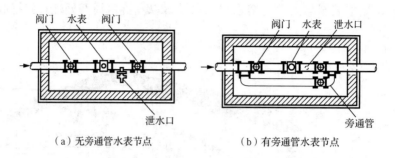

（a）无旁通管水表节点 （b）有旁通管水表节点

图 2.4 水表节点

某些建筑内部给水系统中，需计量水量的某些部位和设备的配水管上也要安装水表。住宅建筑每户均应安装分户水表。分户水表以前大都设在每户住宅之内，现在基本上都采取水表出户，将分户水表或分户水表的数字显示器设置在户门外的管道井内、走道的壁龛内、水箱间，或集中设在户外，以便于查表。

（4）给水管网

给水管网是指由建筑内部水平干管、立管和支管组成的管道系统，其作用是将水输送和分配至建筑内部各个用水点。

1）干管：又称总干管，是指将水从引入管输送至建筑物各个区域立管的管段。

2）立管：又称竖管，是指从干管接纳水并沿垂直方向输送至各楼层、各不同标高处的管段。

3）支管：又称分配管，是指将水从立管输送至各房间内的管段。

4）分支管：又称配水支管，是指将水从支管输送至各用水设备处的管段。

（5）配水装置与附件

配水装置与附件包括配水嘴、消火栓、喷头等配水装置与各类阀门、水锤消除器、过滤器、减压孔板等管路给水附件。

（6）增压和贮水设备

当室外给水管网的水量、水压不能满足建筑用水要求，或建筑内对供水可靠性、水压稳定性有较高要求时，给水系统应设置增压和贮水设备，如水泵、水池、水箱、吸水井、气压给水装置等。

（7）给水局部处理设施

当用户对给水水质的要求超出我国现行《生活饮用水卫生标准》（GB 5749—2022）或因其他原因造成水质不能满足要求时，就需要设置一些设备、构筑物进行给水深度处理。

3. 建筑给水系统给水方式

室内给水方式是指建筑内部给水系统的供水方案。它是由建筑功能、建筑高度、配水点的布置情况、室内所需的水压和水量及室外管网的水压和水量等因素，通过综合评判法确定的。合理的给水方式应综合考虑工程涉及的各种因素，如技术因素（供水可靠性、水质对城市给水系统的影响、节水节能效果、操作管理、自动化程度等）、经济因素（初期建设成本、运行维护成本、后期改造及升级成本等）、社会和环境因素（对建筑立面和城市观瞻的影响、对结构和基础的影响、占地对环境的影响、建设难度和建设周期、抗寒防冻性能、分期建设的灵活性、对使用带来的影响等）。

（1）建筑给水系统水压

在设计初始阶段，必须先进行一定的室内供水压力估算和室外管道供水压力调查，通过估算出的水压初步确定供水方案，以便为建筑、结构等专业的设计提供必要的设计数据。

生活饮用水管网的供水压力可根据建筑物的层数和管网阻力损失计算确定。普通住宅的生活饮用水管网的供水压力，也可采用特定方法进行估算。

在进行方案的初步设计时，对层高不超过 3.5m 的民用建筑，给水系统所需的压力可用以下经验法估算：1 层为 100kPa（10m），2 层为 120kPa（12m），3 层及以上每增加 1 层增加 40kPa（4m）。

估算值是指从室外地面算起的最小压力保证值，没有计入室外干管的埋深，也没有考虑消防用水，适用于房屋引入管、室内管路不太长和流出水头不太大的情况。当室内管道比较长，或层高超过 3.5m 时，应适当增加估算值。

（2）建筑给水方式选择的原则

建筑给水方式的选择应按以下原则进行。

1）在满足用户要求的前提下，应力求给水系统简单，管道长度短，以降低工程费用和运行管理费用。

2）应充分利用室外给水管网的水压直接供水，当室外给水管网的水压（或水量）不足时，应根据卫生安全、经济节能的原则选用贮水调节和加压供水方案。

3）根据建筑物用途、层数、使用要求、材料设备性能、维护管理、节约用水、能耗等因素综合确定。供水应安全可靠、管理维修方便。

4）不同使用性质或计费的给水系统，应在引入管道后分成各自独立的给水管网。

5）生产给水系统应优先设置循环给水系统或重复利用给水系统，并应充分利用其余压。

6）生产、生活和消防给水系统中的管道、配件和附件所承受的水压，均不得大于产品标准规定的允许工作压力。

7）卫生器具给水配件承受的最大工作压力不得大于 0.6MPa；居住建筑入户管道给水压力不应大于 0.35MPa。

8）对于建筑物内部的生活给水系统，当卫生器具给水系统配件处的静水压力超过规定值时，宜采取减压限流措施。

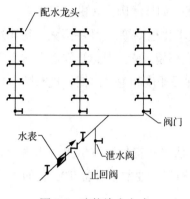

图 2.5　直接给水方式

（3）给水方式

给水方式又称供水方案，是根据用户对水质、水量、水压的要求，考虑市政给水管网设置条件，对给水系统进行的设计实施方案。

1）直接给水方式。当室外给水管网提供的水量、水压在一天内任何时间均能满足建筑室内管网最不利配水点的用水要求时，可利用室外给水管网直接给水。直接给水方式简单、经济，如图 2.5 所示，一般单层和层数较少的多层建筑采用这种给水方式。

直接给水方式的特点是可充分利用室外管网水压、节约能源、减少水质受污染的可能性，同时给水系统简单、投资少；但室外管网一旦停水，室内立即断水，供水可靠性差。

2）单设水箱的给水方式。当室外给水管网供水压力大部分时间满足要求，仅在用水高峰时段由于用水量增加，室外管网中水压降低而不能保证建筑上层用水时；或者建筑内部要求水压稳定，并且该建筑具备设置高位水箱的条件时，可采用这种方式。该方式在非用水高峰时段，利用室外给水管网直接供水并向水箱充水；在用水高峰时段，水箱出水供给给水系统，从而达到调节水压和水量的目的。单设水箱的给水方式一般有下行上给式和上行下给式两种做法，如图 2.6 所示。

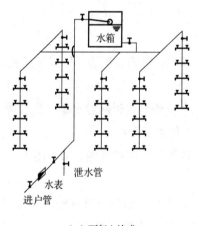

（a）下行上给式

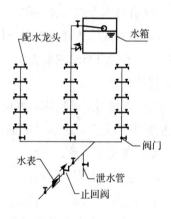

（b）上行下给式

图 2.6　单设水箱给水方式

3）增压给水方式。增压给水方式可细分为设水泵的给水方式，设水泵和水箱的给水方式，设贮水池、水泵和水箱的给水方式和气压给水方式四种。

① 当室外给水管网水压经常性不足时，可采用设水泵的给水方式，如图 2.7 所示。当建筑内部用水量大且较均匀时，可采用恒速水泵供水；当建筑内部用水不均匀时，宜采用多台水泵联合运行供水，以提高水泵的效率。

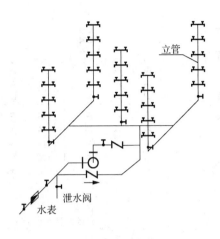

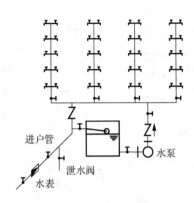

（a）设置水泵　　　　　　　　　　　（b）设置水泵与贮水池

图 2.7　设水泵的给水方式

为充分利用室外管网压力，节约电能，可将水泵直接与室外管网连接，这时应设旁通管，如图 2.7（a）所示。值得注意的是，因水泵直接从室外管网抽水，有可能使外网压力降低，影响外网上其他用户用水，严重时还可能造成外网局部负压，在管道接口不严密处，其周围土壤中的水会吸入管内，造成水质污染。采用这种方式，必须征得供水部门的同意，并在管道连接处采取必要的防护措施，以防污染。为避免上述问题，可在系统中增设贮水池，采用水泵与室外管网间接连接的方式，如图 2.7（b）所示。但是采用这种方式时，水泵从贮水池吸水，水泵扬程不能利用外网水压，电能消耗较大。

在无水箱的供水系统中，目前大都采用变频调速水泵。这种水泵的构造与恒速水泵一样，也是离心式水泵，不同的是配用变速配电装置，其转速可随时调节，从而改变水泵的流量、扬程和功率，使水泵的出水量随时与管网的用水量一致，对不同的流量都可以在较高效率范围内运行，以节约电能。

控制变频调速水泵的运行需要一套自动控制装置，在高层建筑供水系统中常采取水泵出水管处压力恒定的方式来控制变频调速水泵。其原理是：在水泵的出水管上装设压力输出传感器，将此压力值信号输入压力控制器，并与压力控制器内原先给定的压力值相比较，根据比较的差值信号来调节水泵的转速。

这种方式一般适用于生产车间、住宅楼或居住小区的集中增压供水系统，水泵开停采用自动控制或采用变速电动机。

②　当室外给水管网的水压低于或经常不满足建筑内部给水管网所需的水压，且室内用水不均匀，允许直接从外网抽水时，可采用设水泵和水箱的给水方式，如图 2.8 所示。该方式中的水泵能及时向水箱供水，可减小水箱容积；水箱具有调节作用，水泵出水量稳定，能保证水泵在高效区运行。

③　当建筑用水可靠性要求高，室外管网水量、水压经常不足，不允许直接从外网抽水，或外网不能保证建筑的高峰用水且用水量较大，再或是要求贮备一定容积的消防水量时，应采用设贮水池、水泵和水箱的给水方式，如图 2.9 所示。

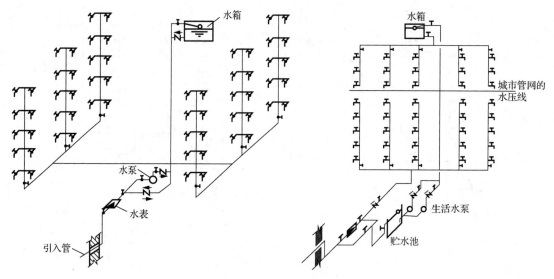

图 2.8　设水泵、水箱的供水方式　　　图 2.9　设贮水池、水泵和水箱的给水方式

④ 当室外给水管网压力低于或经常不能满足室内所需水压，室内用水不均匀且不宜设置高位水箱时，可采用气压给水方式。该方式即在给水系统中设置气压给水设备，利用该设备中气压水罐内气体的可压缩性，协同水泵增压供水，如图 2.10 所示。气压给水设备可分为变压式和定压式两种。当用水量需求小于水泵出水量时，多余的水泵出水进入气压水罐内，空气因被压缩而增压，至高限（相当于最高水位）时，压力继电器会发出指令自动停泵，依靠罐内水表面上的压缩空气的压力将水输送至用户。当罐内水位下降至设计最低水位时，罐内空气因膨胀而减压，压力继电器又会发出指令自动启泵。罐内的气压是与压缩空气的体积成反比变化的，故称为变压式气压给水设备。它常用于中小型给水工程，可不设空气压缩机（在小型工程中，气和水可合用一罐），设备较定压式气压给水设备简单，但因压力有波动，对保证用户用水的舒适性和泵的高效运行均是不利的。

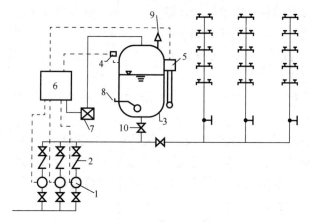

1—水泵；2—止回阀；3—气压水罐；4—压力信号器；5—液位信号器；
6—控制器；7—补气装置；8—排气阀；9—安全阀；10—阀门。

图 2.10　气压给水方式

定压式气压给水装置的气压水罐内部加设气囊，气囊内充入高压空气或氮气，并在补气装置与气囊之间设有自动调压阀，当用户用水，气压水罐内的水位下降时，气囊体积膨胀，内压减小，空气压缩机即通过自动调压阀自动向气囊内补气，保持气囊内气压为恒定值。当水位降至设计最低水位时，泵即自动开启向水罐充水，水量增加，气囊压缩气压超压，气囊通过自动排气阀排气。定压式气压给水装置既能保证水泵始终稳定在高效范围内运行，又能保证管网始终以恒压向用户供水，但需专设空气压缩机，并且启动较频繁。

气压给水设备灵活性大，施工安装方便，便于扩建、改建和拆迁，可以设在水泵房内，且设备紧凑，占地面积较小，便于与水泵集中管理；供水可靠且水在密闭系统中流动不会受到污染，但其调节能力小，日常运行费用高。

地震设防区建筑、临时性建筑，因建筑艺术等要求不宜设高位水箱或水塔的建筑，以及有隐蔽要求的建筑，都可以采用气压给水设备；但对于压力要求稳定的建筑不宜采用。

4）分区给水方式。对于高层建筑来说，室外给水管网的压力往往只能满足建筑下部若干层的供水要求，此时，可以采用分区给水方式。为了节约能源，有效地利用外网的水压，常将建筑物设置成低区由室外给水管网直接供水，高区由增压贮水设备供水，如图 2.11所示。为保证供水的可靠性，可将低区与高区的一根或几根立管相连接，在分区处设置阀门，以备低区进水管发生故障或外网压力不足时，打开阀门由高区向低区供水。

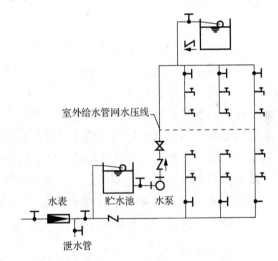

图 2.11　分区给水方式

对于高层建筑需要增压供水的上部楼层，可采取设置高位水箱分区和无水箱分区两类给水方式。其中，设置高位水箱分区给水方式有并联水泵、水箱给水方式，串联水泵、水箱给水方式，减压水箱给水方式和减压阀给水方式；无水箱分区给水方式有并联水泵分区给水方式、串联水泵分区给水方式和减压阀分区给水方式。

① 设置高位水箱分区给水方式。这种给水方式是在建筑上部设置高位水箱，向下供水。水箱除具有保证管网正常水压的作用外，还兼具贮存、调节、减压作用。

并联水泵、水箱给水方式是指每一分区分别设置一套独立的水泵、高位水箱，向各分区供水。其中，水泵一般集中设置在建筑的地下室或底层，如图 2.12（a）所示。其优点是各区自成一体，互不影响；水泵集中，管理维护方便；运行动力费用较低。其缺点是水泵数量较多，管材消耗较多，设备费用偏高；分区水箱占用楼层空间多；需设高压水泵和高压管道。

建筑设备安装工程识图与施工工艺

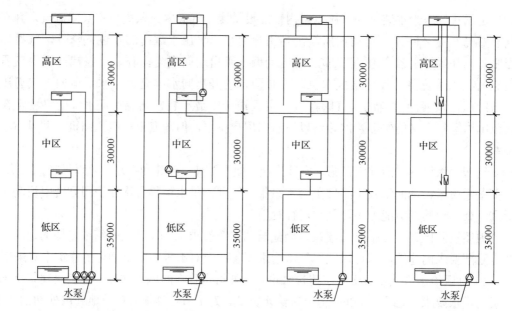

（a）并联水泵、水箱给水方式 （b）串联水泵、水箱给水方式 （c）减压水箱给水方式 （d）减压阀给水方式

图2.12 设置高位水箱分区给水方式（单位：mm）

串联水泵、水箱给水方式是指水泵分散设置在各区的楼层中，下一区的高位水箱兼作上一区的贮水池，如图2.12（b）所示。其优点是无须设置高压水泵和高压管道；运行动力费用经济。其缺点是水泵分散设置，连同水箱所占楼层的平面空间较大；水泵设在楼层中，防震、隔声要求高；管理维护不便；若下部发生故障，将影响上部供水。

减压水箱给水方式是指由设置在底层（或地下室）的水泵将整栋建筑的用水量提升至屋顶水箱，然后再分送给各分区水箱，分区水箱起到减压的作用，如图2.12（c）所示。其优点是水泵数量少，水泵房面积小，设备费用低，管理维护简单，各分区减压水箱容积较小。其缺点是水泵运行动力费用高；屋顶水箱容积大；建筑高度大、分区时，下区减压水箱中浮球阀承压过大，易造成关闭不严现象；上区某些管道部位发生故障，将影响下区供水。

减压阀给水方式的工作原理和减压水箱给水方式相同，其不同之处是用减压阀代替减压水箱，如图2.12（d）所示。

② 无水箱分区给水方式。由于设置水箱的分区给水方式往往需要在建筑中设置多个水箱，占用过多建筑面积，设备布置分散，维护、管理较为不便，并且水箱需要定期清洗，影响正常供水，现在很多建筑尤其是居住类建筑，往往倾向于使用无水箱的分区给水方式。

并联水泵分区给水方式：各给水分区分别设置水泵或调速水泵，各分区水泵采用并联方式供水，如图2.13（a）所示。其优点是供水可靠，设备布置集中，便于维护、管理，省去水箱占用面积，能量消耗较少；缺点是水泵数量多，扬程各不相同。

减压阀分区给水方式：不设高位水箱，通过水泵和减压阀减压分区给水，如图2.13（b）

所示。其优点是供水可靠,设备与管材少,投资少,设备布置集中,省去水箱占用面积;缺点是下区水压损失大,能量消耗多。

气压罐并联分区给水方式:各分区分别设置气压给水装置,各分区气压给水装置采用并联给水方式,如图 2.13(c)所示。其优点是灵活性大,可设置在任何高度,施工安装方便,便于扩建、改建和拆迁;水质不易污染;投资少,建设周期短,土建费用较低;便于实现自动控制,不需要专人值班管理,便于集中管理;气压给水设备可以设置在任何高度,对于防震有一定的意义。其缺点是水压力变化幅度大;调节容积小,运行费用高;加工制造困难。

气压罐串联分区给水方式:具有同气压罐并联分区给水方式的优缺点,其还有一缺点,供水安全性差。

分区供水不仅是为了防止损坏给水配件,而且可避免过高供水压力造成不必要的浪费。我国现行标准《建筑给水排水设计标准》(GB 50015—2019)规定,高层建筑生活给水系统应竖向分区,竖向分区压力应符合下列要求:各分区最低卫生器具配水点处的静水压力不宜大于 0.45MPa。静水压力大于 0.35MPa 的入户管(或配水横管),宜设置减压或调压设施,如图 2.13(d)所示,住宅套内分户用水点的给水压力不应小于 0.05MPa。各分区最不利配水点的水压,应满足用水水压要求。居住建筑入户管(生活给水管道进入住户至水表的管段)给水压力不应大于 0.35MPa。

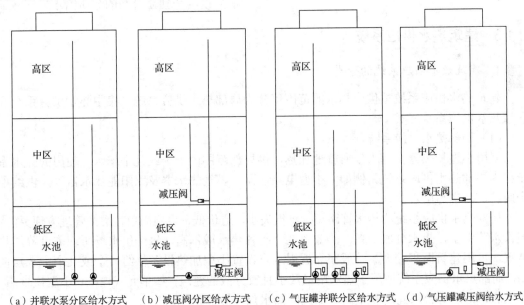

（a）并联水泵分区给水方式　　（b）减压阀分区给水方式　　（c）气压罐并联分区给水方式　　（d）气压罐减压阀给水方式

图 2.13　无水箱分区给水方式

对于住宅及宾馆类高层建筑,由于卫生器具数量较多,布局分散,用水量较大,用户对隔声避震的要求较高,其分区给水压力一般不宜太高,如高层居住建筑,要求入户管给水压力不应大于 0.35MPa。对于办公楼等非居住建筑,卫生器具数量相对较少,布局较为集中,用水量较小,其分区压力可允许稍高一些。

在分区中要避免产生过大的水压，同时还应满足分区给水系统中最不利配水点的出流要求，一般分区给水压力不宜小于 0.1MPa。

此外，高层建筑竖向分区的最大水压并不是卫生器具正常使用的最佳水压，常用卫生器具正常使用的最佳水压宜为 0.2～0.35MPa。为节省能源和投资，在进行给水分区时要考虑充分利用城镇管网水压。高层建筑的裙房及附属建筑（洗衣房、厨房、锅炉房等）由城镇管网直接供水，这对建筑节能有重要意义。

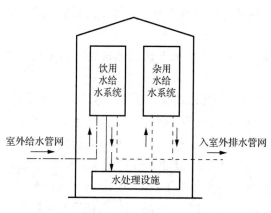

图 2.14　分质给水方式

5）分质给水方式。

分质给水方式即根据不同用途所需的不同水质，分别设置独立的给水系统。如图 2.14 所示，饮用水给水系统供饮用、烹饪、盥洗等生活用水，水质应符合《生活饮用水卫生标准》（GB 5749—2022）的要求；杂用水给水系统水质较差，仅符合《城市污水再生利用　城市杂用水水质》（GB/T 18920—2020）的要求，只能用于建筑内冲洗便器、绿化、洗车、卫生扫除等用水。近年来为确保用水水质，有些国家还采用了饮用水与盥洗、沐浴等生活用水分设两个独立管网的分质给水方式。

2.1.3　建筑热水供应系统

1. 建筑热水供应系统的分类

建筑热水供应系统按供应热水的范围可分为局部热水供应系统、集中热水供应系统和区域热水供应系统三类。

（1）局部热水供应系统

采用小型加热器在用水场所就地加热，供局部范围内一个或几个配水点使用的热水系统称为局部热水供应系统。例如，小型电热水器、燃气热水器及太阳能热水器等，供给单个厨房、浴室等用水。

局部热水供应系统的热水管路短，热损失小，造价低，设施简单，维护管理方便灵活；但供水范围小，热水分散制备，热效率低，制备热水成本高，每个用水场所均需设置加热装置，占用建筑面积较大。一般在靠近用水点设置小型加热设备供给一个或几个用水点使用。局部热水供应系统适用于热水用量较小且较分散的建筑，如单元式住宅、小型饮食店、理发店、诊所等公共建筑和车间、卫生间热水点分散的建筑。

（2）集中热水供应系统

在锅炉房或热交换站将水集中加热后，通过热水管网输送到整幢楼或几幢建筑的热水供应系统称为集中热水供应系统。

集中热水供应系统的特点是：供水范围大，加热器及其他设备集中，可集中管理，加热效率高，热水制备成本低，占地面积小，设备容量小，使用较为方便、舒适，但系统复杂，管线长，热损失大，投资较大，需要专门的维护管理人员，建成后改建、扩建较困难。

集中热水供应系统适用于热水用量较大、用水点比较集中的建筑，如标准较高的住宅、高级宾馆、医院、公共浴室、疗养院、体育馆、游泳池、大酒店等公共建筑和用水点布置较集中的工业建筑。

（3）区域热水供应系统

区域热水供应系统是指以集中供热的热网作为热源来加热冷水或直接从热网取水，以满足一个建筑群或一个区域（小区或厂区）的热水用户需要的供应系统。因此，它的供应范围比集中热水供应系统还要大得多，而且热效率高，便于统一维护管理和热能的综合利用。对于建筑布置比较集中、热水用水量较大的城市和工业企业，有条件时应优先采用此系统。

区域热水供应系统便于统一维护管理和热能的综合利用；有利于减少环境污染；设备热效率和自动化程度较高；热水成本低，设备总容量小，占用面积少；使用方便舒适，保证率高。其缺点是：设备、系统复杂，建设投资高；需要较高水平的维护管理；改建、扩建困难。

2. 建筑热水供应系统的组成

建筑热水供应系统的组成因建筑类型和规模、热源情况、用水要求、加热和贮存设备的情况、建筑对美观和噪声的要求等不同而异。一个比较完善的热水供应系统，通常由热源、加热设备、热水管网及其他设备和附件组成，下面以集中热水供应系统为例进行具体介绍。

（1）热媒系统（第一循环系统）

热媒系统由热源、水加热器和热媒管网组成。如图 2.15 所示，热源为蒸汽，加热设备为容积式水加热器。由锅炉生产的蒸汽通过热媒管网输送到水加热器加热冷水，经过热交换，蒸汽变成冷凝水，靠余压经疏水器流到冷凝水池，冷凝水和新补充的软化水经冷凝水循环，再送回锅炉加热为蒸汽，如此循环完成热的传递作用。区域性热水供应系统不需要设置锅炉，水加热器的热媒管道和冷凝水管道直接与热力网连接。

（2）热水配水管网和循环管网（第二循环系统）

热水配水管网将在水加热器中加热到一定温度的热水送到各配水点，冷水由高位水箱或给水管网补给。为保证用水点的水温，支管和干管设循环管网，用于使一部分水回到加热器重新加热，以补充管网所散失的热量。

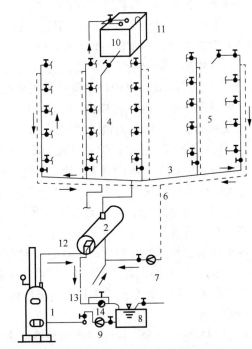

1—锅炉；2—水加热器；3—配水干管；4—配水立管；5—回水立管；6—回水干管；7—循环泵；8—冷凝水池；9—冷凝水泵；10—冷水箱；11—透气管；12—热媒蒸汽管；13—冷凝水管；14—疏水器。

图 2.15　热媒为蒸汽的集中热水供应系统

建筑设备安装工程识图与施工工艺

（3）附件和仪表

为满足热水供应系统中控制和连接的需要，常使用的附件包括各种阀门、水嘴、补偿器、疏水器、自动温度调节器、温度计、水位计、膨胀罐和自动排气阀等。

3. 热水供应系统的加热设备和器材

（1）局部热水加热设备

局部热水加热设备有燃气热水器、电热水器、太阳能热水器。

1）燃气热水器按其构造分为直流快速式和容积式两种。直流快速式燃气热水器一般安装在用水点就地加热，可随时点燃立刻取得热水，供一个或几个配水点使用，常用于厨房、浴室、医院手术室等局部热水供应。容积式燃气热水器是能贮存一定容积热水的自动水加热器，使用前应预先加热。

2）电热水器通常以成品形式在市场上销售，分为快速式和容积式两种。快速式电热水器无贮水容积，使用时不需要预先加热，通水通电后即可得到热水，具有体积小、质量轻、热损失少、效率高、安装方便、易调节水量和水温等优点，但耗电量大，在缺电地区使用受到一定限制。容积式电热水器具有一定的贮水容积，其容积大小不等，在使用前需要预先加热到一定温度，可同时供应几个热水用水点在一段时间内使用，具有耗电量小、使用方便等优点，但热损失较大，适用于局部热水供应系统。

3）太阳能作为一种取之不尽、用之不竭且无污染的能源，越来越受到人们的重视。利用太阳能集热器集热是太阳能利用的一个主要方面。太阳能热水器具有结构简单、维护方便、使用安全、费用低廉等特点，但受天气、季节等影响不能连续稳定运行，需要配备贮热和辅助电加热设施，而且占地面积较大。

（2）集中热水供应系统的加热设备

1）燃煤热水锅炉。集中热水供应系统采用的小型燃煤热水锅炉分立式和卧式两种。燃煤锅炉燃料价格低，运行成本低，但存在烟尘和煤渣，会对环境造成污染，目前许多城市已开始限制或禁止在市区内使用燃煤锅炉。

2）燃油（燃气）热水锅炉。燃油（燃气）热水锅炉通过燃烧器向正在燃烧的炉膛内喷射雾状油或烟加热水，具有燃烧迅速、完全，构造简单，体积小，热效率高，排污总量少，管理方便等优点，目前燃油（燃气）热水锅炉的使用越来越广泛。

3）容积式水加热器。容积式水加热器是一种间接加热设备，内设换热管束并具有一定的贮热容积，既可加热水又可贮备热水，常用热媒为饱和蒸汽或高温水，分立式和卧式两种。容积式水加热器的主要优点是具有较大的贮存和调节能力，被加热水流速低，压力损失小，出水压力平稳，水温较稳定，供水较安全。但该加热器传热系数小、热交换效率较低、体积庞大。常用的容积式水加热器有传统的 U 形管型容积式水加热器和导流型容积式水加热器。

4）快速式水加热器。快速式水加热器是热媒与被加热水通过较大速度的流动进行快速换热的间接加热设备。根据加热导管的构造不同，快速式水加热器分为单管式、多管式、板式、管壳式、波纹板式及螺旋板式等多种形式。单管式汽-水快速式水加热器，可多组并联或串联。快速式水加热器体积小、安装方便、热效率高，但不能贮存热水，水头损失大，出水量少。

5）半容积式水加热器。半容积式水加热器是带有适量贮存与调节容积的内藏式容积式水加热器。我国研制的 HRV 型半容积式水加热器装置的特点是取消了内循环泵，被加热水进入快速换热器迅速加热，然后由下降管强制送到贮热水罐的底部，再加热后向上流动，以保持整个贮罐内的热水温度相同。

6）半即热式水加热器。半即热式水加热器是带有超前控制，具有少量贮水容积的快速式水加热器。半即热式水加热器具有传热系数大、热效率高、体积小、加热速度快、占地面积小、热水贮存容量小（仅为半容积式水加热器的 1/5）的特点，适用于各种机械循环热水供应系统。

7）加热水箱和热水贮水箱（罐）。加热水箱是一种直接加热的热交换设备，在水箱中安装蒸汽穿孔管或蒸汽喷射器，给冷水直接加热，也可以在水箱内安装排管或盘管给冷水间接加热。加热水箱常用于公共浴室等用水量大且均匀的定时热水供应系统。热水贮水箱（罐）是专门调节热水量的设施，常设在用水不均匀的热水供应系统中，用以调节水量、稳定出水温度。

（3）热水供应系统的附件

1）自动温度调节装置。热水供应系统中为实现节能节水、安全供水，在水加热设备的热媒管道上应装设自动调温装置来控制出水温度。自动调温装置有直接式和电动式两种类型。直接式自动调温装置由温包、感温元件和自动调节阀组成，如图 2.16 所示。温度调节阀必须垂直安装，温包内装有低沸点液体，插装在水加热器出口的附近，感受热水温度的变化，产生压力升降，并通过毛细导管传至调节阀，通过改变阀门开启度来调节进入加热器的热媒流量，起到自动调温的作用。

电动式自动调温装置由温包、电触点压力式温度计、电动调节阀和电气控制装置组成，如图 2.17 所示。温包插装在水加热器出口的附近，感受热水温度的变化，产生压力升降，并传导到电触点压力式温度计。电触点压力式温度计内装有所需温度控制范围内的上下两个触点，如 60～70℃。当加热器的出水温度过高时，电触点压力式温度计指针与 70℃触点接通，电动调节阀门调小。当水温降低时，电触点压力式温度计指针与 60℃触点接通，电动调节阀门调大。如果水温在规定范围内，电触点压力式温度计指针处于上下触点之间，电动调节阀门停止动作。

2）疏水器。热水供应系统以蒸汽作为热媒时，为保证凝结水及时排放，同时又防止蒸汽漏失，在用气设备（如水加热器、开水器等）的凝结水回水管上应设疏水器，当水加热器的换热能确保凝结水回水温度不大于 80℃时，可不装疏水器。蒸汽立管最低处、蒸汽管下凹处的下部宜设疏水器。疏水器按其工作压力有低压和高压之分，热水系统通常采用高压疏水器，一般可选用浮桶式或热动力式疏水器。倒置浮桶式疏水器工作原理图如图 2.18 所示。

3）减压阀。热水供应系统中的加热器常以蒸汽为热媒，若蒸汽管道供应的压力大于水加热器的承压能力，则应设减压阀将蒸汽压力降到所需值，以保证设备使用安全。减压阀是利用流体通过阀瓣产生阻力而减压并达到所需值的自动调节阀，其阀后压力可在一定范围内进行调整。减压阀按其结构形式可分为薄膜式、活塞式和波纹管式三类。Y43H-16 型活塞式减压阀如图 2.19 所示。

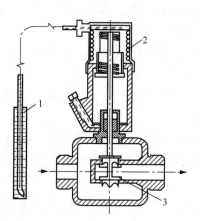

1—温包；2—感温元件；3—自动调节阀。

图 2.16 直接式自动调温装置

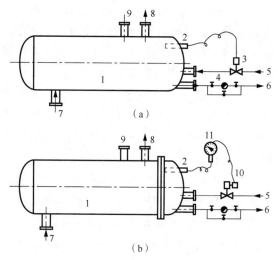

1—加热设备；2—温包；3—自动调节阀；4—疏水器；
5—蒸汽；6—凝结水；7—冷水；8—热水；9—安全阀；
10—电动调节阀；11—电触点压力式温度计。

图 2.17 电动式自动调温装置

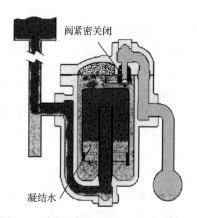

图 2.18 倒置浮桶式疏水器工作原理图

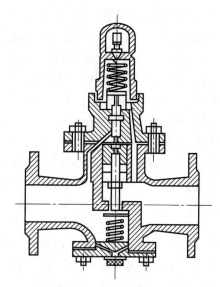

图 2.19 Y43H-16 型活塞式减压阀

4）自动排气阀。为排除热水管道系统中热水气化产生的气体（溶解氧和二氧化碳），以保证管内热水畅通，防止管道腐蚀，上行下给式系统的配水干管最高处应设自动排气阀。图 2.20（a）为自动排气阀的构造示意图，图 2.20（b）为其装设位置。

5）膨胀管、膨胀水罐和安全阀。在集中热水供应系统中，冷水被加热后，水的体积膨胀，如果热水系统是密闭的，在卫生器具不用水时，必然会增加系统的压力，有胀裂管道的危险，因此需要设置膨胀管、安全阀或膨胀水罐。膨胀管用于由高位冷水箱向水加热器供应冷水的开式热水系统。闭式热水供应系统的日用热水量>10m³ 时，应设压力膨胀水罐

（隔膜式或胶囊式）以吸收贮热设备及管道内水升温时的膨胀量，防止系统超压，保证系统安全运行。闭式热水供应系统的日用热水量≤10m³时，可采取设安全阀泄压的措施。承压热水锅炉应设安全阀，并由制造厂配套提供。

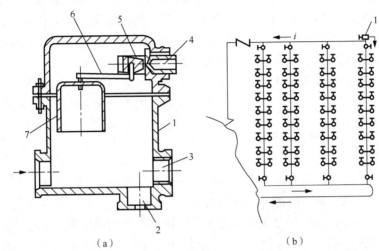

（a）　　　　　　　　　　　　　　（b）

1—排气阀体；2—直角安装出水口；3—水平安装出水口；4—阀座；5—滑阀；6—杠杆；7—浮钟。

i—坡度。

图 2.20　自动排气阀及其安装位置

6）自然补偿管道和伸缩器。热水供应系统中管道因受热膨胀而伸长，为保证管网使用安全，在热水管网上应采取补偿管道温度伸缩的措施，以避免管道因承受了超过自身所许可的内应力而导致弯曲甚至破裂。

补偿管道热伸长技术措施有两种，即自然补偿和设置伸缩器补偿。自然补偿即利用管道敷设自然形成的 L 型或 Z 型弯曲管段，来补偿管道的温度变形。通常的做法是在转弯前后的直线段上设置固定支架，使管道能伸缩，以在弯头处补偿，如图 2.21 所示。

当直线管段较长，不能依靠管路弯曲的自然补偿作用时，每隔一定的距离应设置不锈钢波纹管、多球橡胶软管等伸缩器来补偿管道伸缩量。热水管道系统中使用最方便、效果最佳的是波纹伸缩器，即由不锈钢制成的波纹管，用法兰或螺纹连接，具有安装方便、节省面积、外形美观及耐高温、耐腐蚀、寿命长等优点，如图 2.22 所示。另外，近年来也有在热水管中采用可曲挠橡胶接头代替伸缩器的做法，但必须注意采用耐热橡胶。

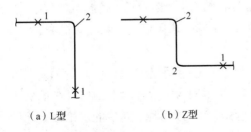

（a）L型　　　　　　　（b）Z型

1—固定支架；2—热煨弯管。

图 2.21　自然补偿管道

图 2.22　波纹伸缩器

2.1.4 建筑消防系统

建筑业快速发展，各种住宅小区、高层建筑群大量出现。如果没有合理、安全的消防设施，一旦发生火灾，损失将难以估计。我国《建筑设计防火规范（2018年版）》（GB 50016—2014）和《自动喷水灭火系统设计规范》（GB 50084—2017）等对需要设置消防系统的建筑物作了若干规定，以防止和减少火灾的危害。

建筑消防系统根据使用灭火剂的种类和灭火方式可分为消火栓给水系统、自动喷水灭火系统、其他使用非水灭火剂的固定灭火系统（如二氧化碳灭火系统、干粉灭火系统和其他气体灭火系统等）。

1. 建筑消防给水系统的分类

按我国目前消防登高设备的工作高度和消防车的供水能力，建筑消防给水系统可分为低层建筑消防给水系统和高层建筑消防给水系统。9层及9层以下的住宅及建筑高度小于24m的低层民用建筑，属低层建筑消防给水系统。室内消火栓系统主要是扑灭建筑物的初期火灾，后期火灾可依靠消防车扑救。10层及10层以上的住宅建筑（包括底层设有服务网点的住宅）和建筑高度24m以上的其他民用和工业建筑，属高层建筑消防给水系统。对于高层建筑而言，因为我国目前登高消防车的工作高度约为24m，消防云梯一般为30～48m，普通消防车通过水泵接合器向室内消防系统输水的供水高度约为50m，发生火灾时建筑的高层部分已无法依靠室外消防设施协助救火，所以高层建筑消防给水系统要立足于自救，即立足于用室内消防设施来扑救火灾。

按消防给水系统的灭火方式，建筑消防给水系统分为消火栓给水系统、自动喷水灭火系统。消火栓给水系统简单、工程造价低，是我国目前各类建筑普遍采用的消防给水系统。自动喷水灭火系统由喷头喷水灭火，该系统自动喷水并发出报警信号，灭火、控火成功率高，是当今世界上广泛采用的固定灭火设施，但因其工程造价高，目前我国主要用于建筑内消防要求高、火灾危险性大的场所。

按消防给水压力，建筑消防给水系统分为高压、临时高压和低压消防给水系统。

按供水范围，建筑消防给水系统分为独立消防给水系统和区域集中消防给水系统。

2. 室内消火栓给水系统

室内消火栓给水系统主要由室内消火栓、水带、水枪、消防卷盘（消防水喉设备）、水泵接合器，以及消防管道（进户管、干管、立管）、水箱、增压设备、水源等组成。

（1）室内消火栓

室内消火栓分为单阀和双阀两种，图2.23（a）、（b）所示为单阀，（c）所示为双阀。单阀消火栓又分为单出口、双出口和直角双出口三种。双阀消火栓为双出口。在低层建筑中多采用单阀单出口消火栓，消火栓口直径有$DN50$、$DN65$两种，对应的水枪最小流量分别为5L/s和25L/s。双出口消火栓口直径为$DN65$，对应的每支水枪最小流量为5L/s。高层建筑消火栓口直径一般选择$DN65$。消火栓进口端与管道相连接，出口与水带相连接。

（a）　　　　　　　（b）　　　　　　　（c）

图 2.23　消火栓

（2）水带

水带有麻质和化纤两种，有衬胶与不衬胶之分，衬胶水带阻力小。口径有 50mm、65mm 两种，长度有 15m、20m、25m 三种，选择时根据水力计算确定，如图 2.24 所示。

（3）水枪

室内一般采用直流式水枪，喷口直径有 13mm、16mm、19mm 三种。喷嘴口径 13mm 水枪配 $DN50$ 接口；喷嘴口径 16mm 水枪配 $DN50$ 或 $DN65$ 两种接口；喷嘴口径 19mm 水枪配 $DN65$ 接口，如图 2.25 所示。

（4）消防卷盘（消防水喉设备）

消防卷盘由 $DN25$ 的小口径消火栓、内径不小于 19mm 的橡胶胶带和口径不小于 6mm 的消防卷盘喷嘴组成，胶带缠绕在卷盘上，如图 2.26 所示。

图 2.24　水带　　　　　　图 2.25　水枪　　　　　　图 2.26　消防卷盘

在高层建筑中，由于水压及消防水量大，对于没有经过专业训练的人员，使用 $DN65$ 口径的消火栓较为困难，因此可使用消防卷盘进行有效的自救灭火。

（5）水泵接合器

水泵接合器是消防车或移动式水泵向室内消防管网供水的连接口。水泵接合器的接口直径有 $DN65$ 和 $DN80$ 两种，分地上式、地下式、墙壁式三种类型，如图 2.27 所示。

（a）地上式　　　　　　（b）地下式　　　　　　（c）墙壁式

图 2.27　水泵接合器

3. 自动喷水灭火系统

自动喷水灭火系统是一种在火灾发生时，能自动打开喷头喷水灭火并同时发出火警信号的消防灭火设施。据资料统计，自动喷水灭火系统扑灭初期火灾的效率在 97% 以上，因此一些国家的公共建筑都要求设置自动喷水灭火系统。鉴于我国的经济发展状况，目前要求在人员密集不易疏散，外部增援灭火与救生较困难或火灾危险性较大的场所设置自动喷水灭火系统。

（1）自动喷水灭火系统的基本形式及工作原理

自动喷水灭火系统根据组成构件、工作原理及用途可以分成若干种基本形式。按喷头平时开闭情况分为闭式和开式两大类。属于闭式自动喷水灭火系统的有湿式系统、干式系统、预作用系统、重复启闭预作用系统、自动喷水泡沫联用灭火系统。属于开式自动喷水灭火系统的有水幕系统、雨淋系统和水雾系统。

（2）湿式自动喷水灭火系统

该系统由闭式喷头、湿式报警阀、报警装置、管网及供水设施等组成，如图 2.28 所示。由于该系统在准备状态时报警阀的前后管道内始终充满压力水，故称湿式自动喷水灭火系统。

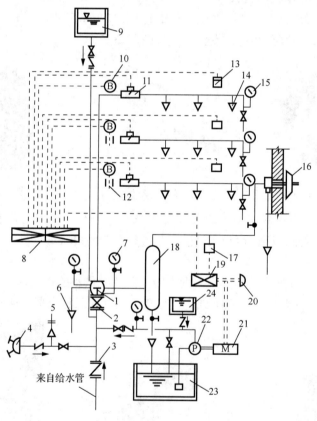

1—湿式报警阀；2—闸阀；3—单向阀；4—水泵接合器；5—安全阀；6—排水漏斗；7—压力表；8—火灾收信机；9—高位水箱；10—火灾报警装置；11—水流报警器；12—节流孔板；13—感烟探测器；14—闭式喷水头；15—压力表；16—水力报警器；17—压力继电器；18—延迟器；19—电气自控箱；20—按钮；21—电动机；22—水泵；23—蓄水池；24—水泵充水箱。

图 2.28 湿式自动喷水灭火系统

湿式自动喷水灭火系统工作原理为：火灾发生的初期，建筑物的温度随之不断上升，当温度上升到以闭式喷头温感元件爆破或熔化脱落时，喷头即自动喷水灭火。此时，管网中的水由静止变为流动，水流指示器感应并送出电信号，在报警控制器上指示某一区域已在喷水。持续喷水造成报警阀的上部水压低于下部水压，与其压力差值达到一定值时，原来处于关闭状态的报警阀自动开启。同时，消防水通过湿式报警阀，流向干管和配水管供水灭火。同时一部分水械沿着报警阀的环节槽进入延迟器、压力开关及水力警铃等设施发出火警信号。此外根据水流指示器和压力开关的信号或消防水箱的水位信号，控制箱内控制器能自动启动消防泵向管网加压供水，达到持续自动供水的目的。

（3）干式自动喷水灭火系统

该系统是闭式系统，由闭式喷头、管道系统、干式报警阀、干式报警控制装置、充气设备、排气设备和供水设施等组成，如图 2.29 所示。

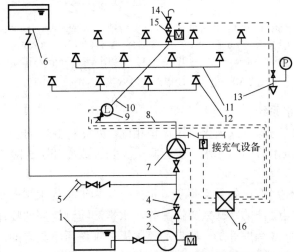

1—水池；2—水泵；3—闸阀；4—止回阀；5—水泵接合器；6—消防水箱；7—干式报警阀组；
8—配水干管；9—水流指示器；10—配水管；11—配水支管；12—闭式喷头；13—末端试水装置；
14—快速排气阀；15—电动阀；16—报警控制器。

图 2.29 干式自动喷水灭火系统

该系统与湿式自动喷水灭火系统类似，只是控制信号阀的结构和作用原理不同，配水管网与供水管间设置干式控制信号阀将它们隔开，而在配水管网中平时充满有压气体用于系统的启动。发生火灾时，喷头首先喷出气体，致使管网中压力降低，供水管道中的压力水打开控制信号阀而进入配水管网，接着从喷头喷出灭火。

4. 开式自动喷水灭火系统

开式自动喷水灭火系统包括雨淋式喷水灭火系统、水幕消防给水系统和水喷雾灭火系统。

（1）雨淋式喷水灭火系统

雨淋式喷水灭火系统由火灾探测报警装置控制雨淋阀，该探测报警装置可以是光感、烟感、温感元件。火灾发生时，火灾探测器向控制箱发出信号，确认火灾发生后，打开雨淋阀，保证区域内的喷头同时喷水灭火。电动启动雨淋式喷水灭火系统如图 2.30 所示。

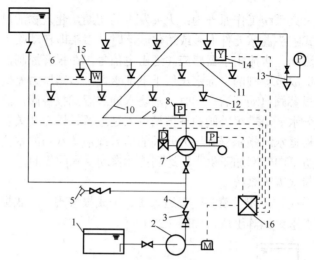

1—水池；2—水泵；3—闸阀；4—止回阀；5—水泵接合器；6—消防水箱；7—雨淋报警阀组；
8—压力开关；9—配水干管；10—配水管；11—配水支管；12—开式洒水喷头；
13—末端试水装置；14—感烟探测器；15—感温探测器；16—报警控制器。

图 2.30　电动启动雨淋式喷水灭火系统示意图

（2）水幕消防给水系统

水幕消防给水系统与雨淋式灭火系统原理相同。火灾发生时，由火灾探测器感知火灾，启动控制阀，系统通过水幕喷头喷水，进行阻火、隔火或冷却防火隔断物。

（3）水喷雾灭火系统

水喷雾灭火系统使用专用的水雾喷头将水流分解为细小的水雾滴来灭火。灭火时，细小的水雾气化可以获得最佳的冷却效果；另外，水雾滴喷到燃烧的物体表面时，可以在物体表面形成乳化层。这些特性都是一般自动喷水灭火系统所不具有的，但是由于水喷雾灭火系统要求系统有较高的压力和较大的水量，所以其使用范围受到一定限制。

5. 其他常用灭火系统

其他常用灭火系统有以下几种。

（1）二氧化碳灭火系统

二氧化碳灭火系统适用于扑救液体或可熔化的固体火灾、固体表面火灾及部分固体深位火灾、电气火灾、气体火灾。

二氧化碳灭火系统由储存装置（含储存容器、单向阀、容器阀、集流管及称重检漏装置等）、管道、管件、二氧化碳喷头及选择阀组成。

（2）蒸汽灭火系统

蒸汽灭火系统有固定式和半固定式两种。固定式蒸汽灭火系统为全淹没式灭火系统，用于扑救整个房间、舱室的火灾；半固定式蒸汽灭火系统用于扑救局部火灾。

（3）干粉灭火系统

干粉灭火系统按其安装方式的不同可分为固定式和半固定式；按喷射方式的不同可分为全淹没式和局部应用式；按其控制启动方式的不同可分为自动启动控制和手动启动控制。

干粉灭火剂按成分不同可分为钠盐干粉、钾盐干粉、氨基干粉和金属干粉等。

（4）泡沫灭火系统

泡沫灭火系统主要由消防泵、泡沫比例混合装置、泡沫产生装置及管道等组成。泡沫灭火系统按发泡倍数的不同可分为低倍数泡沫灭火系统、中倍数泡沫灭火系统和高倍数泡沫灭火系统；按使用方式的不同可分为全淹没式泡沫灭火系统、局部应用式泡沫灭火系统和移动式泡沫灭火系统；按泡沫喷射方式的不同可分为液上喷射、液下喷射和喷淋喷射三种形式。

2.1.5　建筑排水系统

建筑物内的排水系统设计水平关系到整个建筑物的设计质量，污水能否顺利、迅速排出，能否有效地防止污水管中的有毒有害气体进入室内等，是体现设计质量的重要内容，同时也是建筑内部排水系统的基本要求。

1. 排水系统的组成

民用建筑排水主要是排出生活废水、生活污水及屋面雨（雪）水。一般民用建筑物如住宅、办公楼等可将生活污（废）水合流排出，雨水管单独设置。现以排除生活污水为例，说明建筑排水系统的主要组成，如图 2.31 所示。

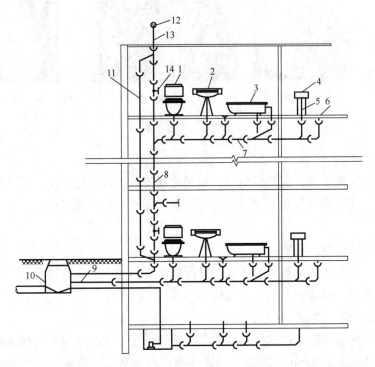

1—大便器；2—洗脸盆；3—浴盆；4—洗涤盆；5—支管；6—清扫口；7—横支管；8—立管；
9—排出管；10—检查井；11—通气立管；12—网罩；13—伸顶通气管；14—检查口。

图 2.31　建筑内部排水系统的组成

（1）卫生器具和生产设备受水器

卫生器具是建筑内部排水系统的起点，用以满足人们日常生活或生产过程中各种卫生要求，并收集和排出污废水。设置卫生器具时，要求不透水、表面光滑、耐腐蚀、耐磨损、耐冷热、便于清扫等。

（2）排水管道系统

排水管道系统由器具排水管、横支管、立管、埋地横干管和排出管等部分组成。

（3）通气管道系统

建筑内部排水系统是水气两相流动，当卫生器具排水时，需向排水管道内补给新鲜空气，以减小气压变化，防止卫生器具水封被破坏，使水流通畅，同时也需将排水管道内的有毒有害气体排放到一定空间的大气中去，减缓金属管道的腐蚀。

（4）清通设备

清通设备一般包括检查口、清扫口、检查井以及带有清通门（盖板）的 90°弯头或三通接头等设备，作为疏通排水管道之用，如图 2.32 所示。

（a）检查口　　　　（b）清扫口　　　　　　　（c）检查井　　　（d）带有清通门（盖板）的 90°弯头

图 2.32　清通设备

（5）抽升设备

民用建筑中的地下室、人防建筑物、高层建筑的地下技术层、某些工业企业车间地下室或半地下室、地下铁道等地下建筑物内的污水、废水不能自流排至室外时，必须设置污水抽升设备。

（6）污水局部处理构筑物

当建筑内部污水未经处理不允许直接排入城市下水道或污染水体时，必须设局部处理构筑物，如化粪池、隔油井（池）、降温池等。

（7）地漏的设置

地漏是一种内有水封、用来排除地面水的特殊排水装置，一般由铸铁或塑料制成。地漏有 50mm、75mm、100mm 三种规格，卫生间及盥洗室一般设置直径为 50mm 的地漏，地漏一般设在地面，如图 2.33 所示。

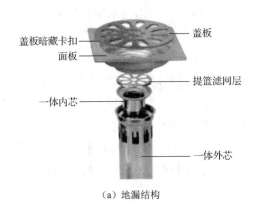

（a）地漏结构

（b）普通地漏

（c）洗衣机地漏

图 2.33　地漏

（8）水封装置

水封装置是设置在污废水收集器具的排水口下方处，与排水横支管相连的一种存水装置，俗称存水弯。其作用是阻挡排水管道中的臭气和其他有害气体、虫类等通过排水管进入室内，污染室内环境。

存水弯一般有 S 形和 P 形两种。水封高度不能太大，也不能太小，若水封高度太大，污水中固体杂质容易沉积，太小则容易被破坏，因此水封高度一般在 50～100mm 之间。水封底部应设清通口，以利于清通。存水弯水封原理及形式如图 2.34 所示。

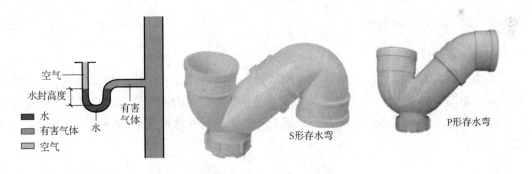

图 2.34　存水弯水封原理及形式

2. 雨水排水系统

屋面雨水排水系统的任务是汇集和排除降落在建筑物屋面上的雨（雪）水。降落在屋面上的雨水和融化的雪水，如果不能及时排除，会对房屋的完好性和结构造成不同程度的损坏，并影响人们的生活和生产活动。因此需要设置专门的雨水排水系统，系统地、有组织地将屋面雨（雪）水及时排除。

（1）雨水排水系统分类

屋面雨水排水系统按雨水管道的位置可分为两种形式，即外排水系统和内排水系统。外排水系统又分檐沟外排水系统（重力流）和天沟外排水系统（单斗压力流）。根据建筑结

建筑设备安装工程识图与施工工艺

构形式、气候条件及生产使用要求，在技术经济合理的情况下，屋面雨水应尽量采用外排水系统。

（2）雨水外排水系统

1）檐沟外排水系统（重力流）。檐沟外排水系统由檐沟、雨水斗、承雨斗和立管组成，如图 2.35 所示。

2）天沟外排水系统（单斗压力流）。天沟外排水系统是利用屋面构造上所形成的坡度和天沟，使雨（雪）水向建筑物两端（山墙、女儿墙方向）汇集进入雨水斗，并经墙外立管排至地面或雨水道。天沟外排水系统由天沟、雨水斗和排水立管组成，如图 2.36 所示。

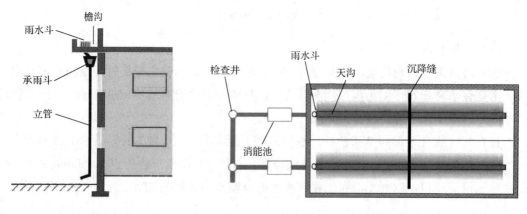

图 2.35　檐沟外排水系统　　　　　图 2.36　天沟外排水系统

（3）雨水内排水系统

雨水内排水系统由天沟、雨水斗、连接管、悬吊管、立管、排出管、埋地干管和检查井组成，如图 2.37 所示。内排水的单斗或多斗系统可按重力流或压力流设计，大屋面工业厂房和公共建筑宜按多斗压力流设计，雨水斗的选型与外排水系统相同，需要分清重力流或压力流。

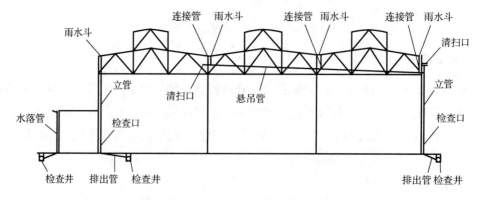

图 2.37　雨水内排水系统组成示意图

任务训练 1

　　基于对建筑给排水工程基础知识的学习，大家仔细观察周边的给排水系统，完成以下任务。

　　1）想一想在生活、生产中给水的用途有哪几类，分别列举各类用水实例。

　　2）概述给排水系统由哪些子系统组成，各子系统包含哪些设施。

任务2.2　建筑给排水工程施工图

2.2.1　认识建筑给排水工程施工图

1. 给排水工程施工图绘制的一般规定

（1）图线

　　图线的宽度应根据图纸的类别、比例和复杂程度，按《房屋建筑制图统一标准》（GB/T 50001—2017）中规定选用。线宽 b 宜为 0.7mm 或 1.0mm。给排水专业制图常用的各种线型宜符合表 2.1 的规定。

表 2.1　给排水专业制图常用的各种线型

名称	线型	线宽	用途
粗实线	——————	b	新设计的各种排水和其他重力流管线
粗虚线	▪▪▪▪▪▪▪▪	b	新设计的各种排水和其他重力流管线的不可见轮廓线
中粗实线	——————	$0.75b$	新设计的各种给水和其他压力流管线；原有的各种排水和其他重力流管线
中粗虚线	▪▪▪▪▪▪▪	$0.75b$	新设计的各种给水和其他压力流管线及原有的各种排水和其他重力流管线的不可见轮廓线
中实线	——————	$0.50b$	给水排水设备、零（附）件的可见轮廓线；总图中新建的建筑物和构筑物的可见轮廓线；原有的各种给水和其他压力流管线
中虚线	- - - - - - -	$0.50b$	给水排水设备、零（附）件的不可见轮廓线；总图中新建的建筑物和构筑物的不可见轮廓线；原有的各种给水和其他压力流管线的不可见轮廓线
细实线	——————	$0.25b$	建筑物的可见轮廓线；总图中原有的建筑物和构筑物的可见轮廓线；制图中的各种标注线
细虚线	- - - - - - - -	$0.25b$	建筑物不可见轮廓线；总图中原有的建筑和构筑物的不可见轮廓线
单点长画线	—·—·—·—	$0.25b$	中心线、定位轴线
折断线	—— /\/ ——	$0.25b$	断开界限
波浪线	～～～～	$0.25b$	平面图中水面线

（2）比例

给排水专业制图常用的比例宜符合表 2.2 的规定。

表 2.2　给排水专业制图常用的比例

名称	比例
区域规划图、区域位置图	1∶50000、1∶25000、1∶10000、1∶5000、1∶2000
总平面图	1∶1000、1∶500、1∶300
管道纵断面图	纵向：1∶200、1∶100、1∶50；横向：1∶1000、1∶500、1∶300
水处理厂（站）平面图	1∶500、1∶200、1∶100
水处理构筑物、设备间、卫生间、泵房平、剖面图	1∶100、1∶50、1∶40、1∶30
建筑给排水平面图	1∶200、1∶150、1∶100
建筑给排水轴测图	1∶150、1∶100、1∶50
详图	1∶50、1∶30、1∶20、1∶10、1∶5、1∶2、1∶1、2∶1

（3）标高

1）标高符号及一般标注方法应符合《房屋建筑制图统一标准》（GB/T 50001—2017）的规定。

2）室内工程应标注相对标高；室外工程宜标注绝对标高，当无绝对标高资料时，可标注相对标高，但应与总图专业一致。

3）压力管道应标注管中心标高；沟渠和重力流管道宜标注沟（管）内底标高。平面图中管道标高标注方式如图 2.38 所示。平面图中沟渠标高标注方式如图 2.39 所示。

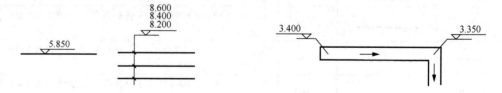

图 2.38　平面图中管道标高标注法（单位：m）　　图 2.39　平面图中沟渠标高标注法（单位：m）

4）在下列部位应标注标高。沟渠和重力流管道的起点、转角点、连接点、变坡点、变尺寸（管径）点和交叉点，以及压力流管道中的标高控制点；管道穿外墙、剪力墙和构筑物的壁及底板等处；不同水位线处；建（构）筑物中土建部分的相关标高。

（4）管径

1）管径应以 mm 为单位。

2）管径的表达方式应符合下列规定。

水煤气输送钢管（镀锌或非镀锌）、铸铁管等管材，管径宜以公称直径 *DN* 表示（如 *DN*15、*DN*50）。

无缝钢管、焊接钢管（直缝或螺旋缝）、铜管、不锈钢管等管材，管径宜以外径 $D×$壁厚表示（如 $D108×4$、$D159×4.5$ 等）。

钢筋混凝土（或混凝土）管、陶土管、耐酸陶瓷管、缸瓦管等管材，管径宜以内径 d 表示（如 $d230$、$d380$ 等）。

塑料管材，管径宜按产品标准的方法表示。

当设计均用公称直径 DN 表示管径时，应有公称直径 DN 与相应产品规格对照表。

3）管径的标注方法应符合下列规定：水平管道的管径尺寸应标注在管道上方；斜管道（指轴测图中前后方向的管道）的管径尺寸应标注在管道的斜上方；竖管的管径尺寸应标注在左侧。管径标注方法如图 2.40 和图 2.41 所示。

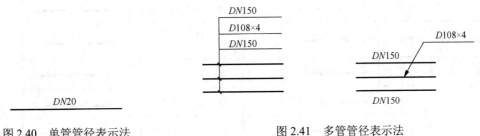

图 2.40　单管管径表示法　　　　　图 2.41　多管管径表示法

（5）编号

1）当建筑物的给水引入管或排水排出管的数量超过一根时，宜进行编号，编号宜按图 2.42 的方法表示。

2）建筑物内穿越楼层的立管，其数量超过一根时宜进行编号，编号宜按图 2.43 的方法表示。

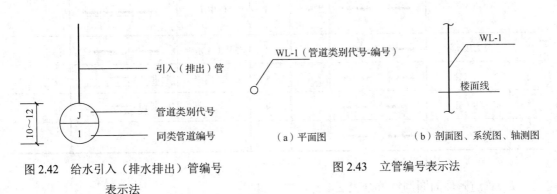

图 2.42　给水引入（排水排出）管编号　　　图 2.43　立管编号表示法
　　　　　　表示法

3）在总平面图中，当同种给排水附属构筑物的数量超过一个时，宜进行编号。

① 编号方法为：构筑物代号-编号。

② 给水构筑物的编号顺序宜为：从水源到干管，再从干管到支管，最后到用户。

③ 排水构筑物的编号顺序宜为：从上游到下游，先干管后支管。

4）当给排水机电设备的数量超过一台时，宜进行编号，并应有设备编号与设备名称对照表。

（6）图例

1）管道类别应以汉语拼音字母表示，并符合表 2.3 的要求。

表 2.3　管道类别图例

序号	名称	图例	备注	序号	名称	图例	备注
1	生活给水管	——J——		16	雨水管	——Y——	
2	热水给水管	——RJ——		17	压力雨水管	——YY——	
3	热水回水管	——RH——		18	消火栓给水管	——XH——	
4	中水给水管	——ZJ——		19	自动喷水灭火给水管	——ZP——	
5	循环冷却给水管	——XJ——		20	膨胀管	——PZ——	
6	循环冷却回水管	——XH——		21	保温管		
7	热媒给水管	——RM——		22	多孔管		
8	热媒回水管	——RMH——		23	地沟管		
9	蒸汽管	——Z——		24	防护套管		
10	凝结水管	——N——		25	管道立管	XL-1 平面　XL-1 系统	X：管道类别 L：立管 1：编号
11	废水管	——F——	可与中水原水管合用	26	伴热管		
12	压力废水管	——YF——		27	空调凝结水管	——KN——	
13	通气管	——T——		28	排水明沟	坡向 ——→	
14	污水管	——W——		29	排水暗沟	坡向 ——→	
15	压力污水管	——YW——					

注：分区管道用加注角标方式表示，如 J_1、J_2、RJ_1、RJ_2 等。

2）管道附件的图例宜符合表 2.4 的要求。

表 2.4 管道附件图例

序号	名称	图例	备注	序号	名称	图例	备注
1	管道伸缩器			12	雨水斗	YD- 平面 YD- 系统	
2	方形伸缩器			13	排水漏斗	平面 系统	
3	刚性防水套管			14	圆形地漏	平面 系统	通用,如无水封,地漏应加存水弯
4	柔性防水套管			15	方形地漏	平面 系统	
5	波纹管			16	自动冲洗水箱		
6	可曲挠橡胶接头	单球 双球		17	挡墩		
7	管道固定支架			18	减压孔板		
8	管道滑动支架			19	Y 形除污器		
9	立管检查口			20	毛发聚集器	平面 系统	
10	清扫口	平面 系统		21	倒流防止器		
11	通气帽	成品 蘑菇形		22	吸气阀		

3）管道连接的图例宜符合表 2.5 的要求。

表 2.5 管道连接图例

序号	名称	图例	备注	序号	名称	图例	备注
1	法兰连接			5	三通连接		
2	承插连接			6	四通连接		
3	活接头			7	盲板		
4	管堵			8	管道丁字上接		

续表

序号	名称	图例	备注	序号	名称	图例	备注
9	法兰堵盖			11	管道丁字下接		
10	弯折管	高　低　　低　高	表示管道向后及向下弯转90°	12	管道交叉	低 高	在下方和后面的管道应断开

4）阀门的图例宜符合表 2.6 的要求。

表 2.6　阀门图例

序号	名称	图例	备注	序号	名称	图例	备注
1	闸阀			15	气闭隔膜阀		
2	角阀			16	温度调节阀		
3	三通阀			17	压力调节阀		
4	四通阀			18	电磁阀		
5	截止阀	DN≥50mm　　DN<50mm		19	止回阀		
6	电动闸阀			20	消声止回阀		
7	液动闸阀			21	蝶阀		
8	气动闸阀			22	弹簧安全阀		左侧为通用
9	减压阀		左侧为高压端	23	平衡锤安全阀		
10	旋塞阀	平面　　系统		24	自动排气阀	平面　　系统	
11	底阀	平面　　系统		25	浮球阀	平面　　系统	
12	球阀			26	延时自闭冲洗阀		
13	隔膜阀			27	吸水喇叭口	平面　　系统	
14	气开隔膜阀			28	疏水器		

5）给水配件和消防设施的图例宜符合表 2.7 的要求。

表 2.7　给水配件和消防设施的图例

序号	名称	图例	备注	序号	名称	图例	备注
1	水嘴		左侧为平面，右侧为系统	15	自动喷洒头（闭式）	平面　系统	下喷
2	皮带水嘴		左侧为平面，右侧为系统	16	自动喷洒头（闭式）	平面　系统	上喷
3	洒水（栓）水嘴			17	自动喷洒头（闭式）	平面　系统	上下喷
4	化验水嘴			18	侧墙式自动喷洒头	平面　系统	
5	肘式水嘴			19	侧喷式喷洒头	平面　系统	
6	脚踏开关水嘴			20	遥控信号阀		
7	混合水嘴			21	水流指示器		
8	旋转水嘴			22	水力警铃		
9	浴盆带喷头混合水嘴			23	雨淋阀	平面　系统	
10	室外消火栓			24	末端试水装置	平面　系统	
11	室内消火栓（单口）	平面　系统	白色为开启面	25	手提式灭火器		
12	室内消火栓（双口）	平面　系统		26	推车式灭火器		
13	水泵接合器			27	阀门井检查井		
14	自动喷洒头（开式）	平面　系统		28	水表井		

2. 建筑给排水工程施工图的组成

建筑给排水工程施工图是基本建设概预算中施工图预算和组织施工的主要依据文件，

也是国家确定和控制基本建设投资的重要依据材料。建筑给排水工程施工图表示一幢建筑物的给水系统和排水系统，它由设计说明、平面布置图、系统图、详图和设备及材料明细表等组成。

（1）设计说明

设计说明是用文字来说明设计图样上用图形、图线或符号表达不清楚的问题，主要包括：采用的管材及接口方式；管道的防腐、防冻、防结露的方法；卫生器具的类型及安装方式；所采用的标准图号及名称；施工注意事项；施工验收应达到的质量要求；系统的管道水压试验要求及有关图例等。

设计说明可直接写在图样上，工程较大、内容较多时，则需要另用专页呈现。如果有水泵、水箱等设备，还需要写明其型号规格及运行管理要求等。

（2）平面布置图

根据建筑规划，在设计图纸中，用水设备的种类、数量，要求的水质、水量，均要在给水和排水管道平面布置图中表示；各种功能管道、管道附件、卫生器具、用水设备，如消火栓箱、喷头等，均应用各种图例表示；各种横干管、立管、支管的管径、坡度等，均应标出。平面图上管道都用单线绘出，沿墙敷设不注管道距墙面距离，如图2.44所示。

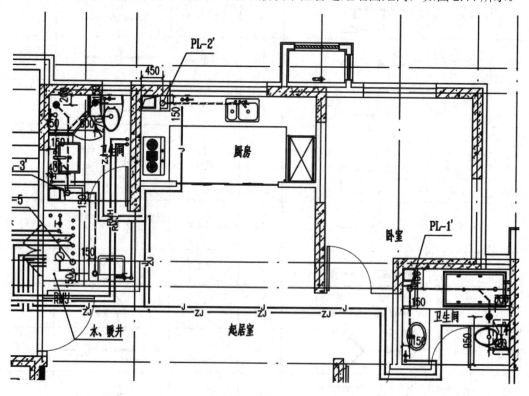

图 2.44　平面布置图

一张平面布置图上可以绘制几种类型的管道，一般来说给水和排水管道可以在一起绘制。若图纸的管线复杂，也可以分别绘制，以图纸能清楚表达设计意图且图纸数量少为原则。

建筑内部给排水以选用的给水方式来确定平面布置图的张数；底层及地下室必绘；顶层若有高位水箱等设备，也必须单独绘出。建筑中间各层，如卫生设备或用水设备的种类、数量和位置都相同，绘一张标准层平面布置图即可；否则，应逐层绘制。各层中如果给水、排水管垂直重叠，平面布置可错开表示。平面布置图的比例，一般与建筑图相似，常用的比例为 1∶100，施工详图可取 1∶50～1∶200；在各层平面布置图中，各种管道、立管应编号标明。

（3）系统图

系统图也称轴测图，其绘法取水平、轴测、垂直方向，与平面布置图比例相同。系统图上应标明管道的管径、坡度，标出支管与立管的连接处，管道各种附件的安装标高。标高的 ±0.000m 应与建筑图一致。系统图上各种立管编号应与平面布置图一致。系统图均应按给水、排水、热水等各系统单独绘制，以便施工安装和概预算应用。系统图中对用水设备及卫生器具的种类、数量和位置完全相同的支管、立管，可不重复完全绘出，但应用文字标明。当系统图立管、支管在轴测方向重复交叉影响识图时，可断开移到图面空白处绘制。建筑居住小区给排水管道，一般不绘制系统图，但需要绘制管道纵断面图。系统图如图 2.45 所示。

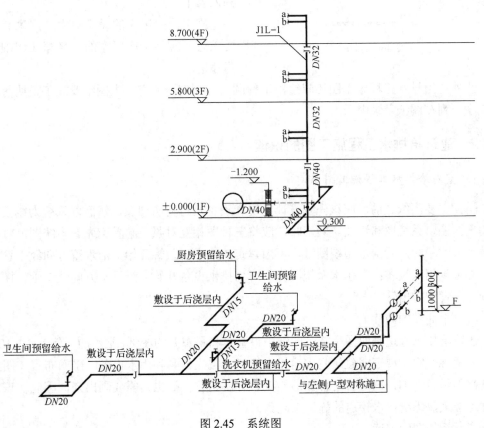

图 2.45　系统图

（4）详图

当某些设备的构造或管道之间的连接情况在平面图或系统图上表示不清楚又无法用

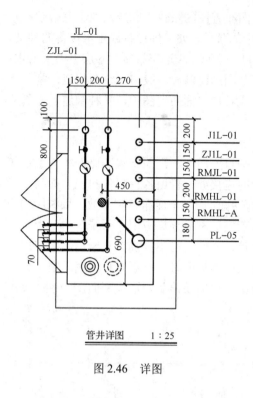

管井详图 1:25

图 2.46 详图

文字说明时,将这些部位进行放大的图样称作详图。详图表示某些给排水设备及管道节点的详细构造及安装要求。有些详图可直接查阅标准图集或室内给排水设计手册等,如图 2.46 所示。

（5）设备及材料明细表

为了能使施工准备的材料和设备符合图样要求,对重要工程中的材料和设备,应编制设备及材料明细表,以便做出预算。

设备及材料明细表应包括:编号、名称、型号规格、单位、数量、质量及附注等项目。

施工图中涉及的管材、阀门、仪表、设备等均需列入表中,不影响工程进度和质量的零星材料,允许施工单位自行决定时可不列入表中。

施工图中选定的设备对生产厂家有明确要求时,应将生产厂家的厂名写在明细表的附注里。

此外,给排水工程施工图还应绘出工程图所用图例。所有以上图纸及施工说明等应编排有序,列在图纸目录中。

2.2.2 建筑给排水工程施工图的识读

1. 室内给排水工程施工图识读

阅读主要图纸之前,应该先看设计说明和设备及材料明细表,然后以系统为线索深入阅读平面图、系统图和详图。阅读时,应将三种图相互对照一起看。先看系统图,对各系统做到大致了解。看给水系统图时,可由建筑的给水引入管开始,沿水流方向经干管、立管、支管到用水设备;看排水系统图时,可由排水设备开始,沿排水方向经支管、横管、立管、干管到排出管。

（1）平面图的识读

建筑给排水管道平面图是施工图纸中最基本和最重要的图纸,常用的比例是 1:100 和 1:50 两种。它主要表明建筑物内给排水管道、卫生器具和用水设备的平面布置。图上的线条都是示意性的,同时管配件如活接头、补芯、管箍等也不需要画出来,因此在识读图纸时还必须熟悉给排水管道的施工工艺。

（2）系统图的识读

给排水管道系统图主要表明管道系统的立体走向。在给水系统图中,卫生器具不需要画出,只需画出水嘴、淋浴器莲蓬头、冲洗水箱等符号;用水设备,如锅炉、热交换器、水箱等则画出示意性的立体图，并在旁边注以文字说明。在排水系统图中也只需画出相应的卫生器具的存水弯或器具排水管。

（3）详图的识读

室内给排水工程的详图包括节点图、大样图、标准图，主要是管道节点、水表、消火栓、水加热器、开水炉、卫生器具、过墙套管、排水设备、管道支架等的安装图。这些图都是根据实物用正投影法画出来的，画法与机械制图画法相同，图上都有详细尺寸，可供安装时直接使用。

（4）识图注意事项

成套的专业施工图首先要识读它的图样目录，然后再识读具体图样，并应注意以下几点。

1）给排水施工图所表示的设备和管道一般采用统一的图例，在识读图样前应查阅和掌握有关的图例，了解图例代表的内容。

2）给排水管道纵横交叉，平面图难以表明它们的空间走向，一般采用系统图表明各层管道的空间关系及走向。识读时应将系统图和平面图对照识读，以了解系统全貌。

3）系统图中图例及线条较多，应按一定流向进行，一般给水系统识读顺序为：房屋引入管→水表井→给水干管→给水立管→给水横管→用水设备；排水系统识读顺序为：排水设备→排水支管→横管→立管→排出管。

4）结合平面图、系统图及设计说明识读详图，了解卫生器具的类型、安装形式、设备规格序号、配管形式等，厘清系统的详细构造及施工的具体要求。

5）识读图样时应注意预留孔洞、预埋件、管沟等的位置及对土建的要求，还需要对照查看有关的土建施工图样，以便于施工配合。

2. 室外（建筑小区）给排水工程施工图识读

室外给排水工程施工图一般由室外给排水平面图、室外给排水管道断面图、室外给排水节点图组成。

（1）室外给排水平面图

室外给排水平面图用于表示室外给排水管道的平面布置情况。

（2）室外给排水管道断面图

室内给排水管道断面图分为给排水管道纵断面图和给排水管道横断面图两种。其中，常用给排水管道纵断面图。室外给排水管道纵断面图是室外给排水工程图中的重要图样，它主要反映室外给排水平面图中某条管道在沿线方向的标高变化、地面起伏、坡度、坡向、管径和管基等情况。这里仅介绍室外给排水管道纵断面图的识读。管道纵断面图的识读步骤分为三步。

1）首先识读是哪种管道的纵断面图，然后识读该管道纵断面图中有哪些节点。

2）在相应的室外给排水平面图中查找该管道及其相应的各节点。

3）在该管道纵断面图的数据表格内查找各节点的有关数据。

（3）室外给排水节点图

在室外给排水平面图中，对检查井、消火栓井和阀门井以及其内的附件、管件等均不作详细表示。为此，应绘制相应的节点图，以反映本节点的详细情况。

室外给水管道节点图识读时可以将室外给水管道节点图与室外给排水平面图相对照看，或由第一个节点开始，顺次看至最后一个节点。

3. 建筑给排水工程施工图识读案例

建筑给排水工程施工图图纸通过 www.abook.cn 网站下载得到。

任务训练 2

根据给定的建筑给排水工程图纸，完成建筑给排水工程图纸的识读任务，并形成汇报文件，汇报的具体内容如下。

1）工程概况。

2）建筑平面图中主管路的布置情况。

3）卫生间详图的管道布置情况及特点。

4）给排水管道材质、管径以及连接方式。

任务 2.3 建筑给排水工程施工

2.3.1 建筑给排水管材、附件及其连接技术

1. 给排水常用管材

（1）金属管材

1）无缝钢管。无缝钢管是用普通碳素钢、优质碳素钢或低合金钢通过热轧或冷轧制造而成的，其外观特征是纵、横向均无焊缝，常用于生产给水系统，满足各种工业给水要求，如冷却用水、锅炉给水等。无缝钢管在同一外径下往往有几种壁厚，所以其规格一般不用公称直径表示，而用管外径、壁厚表示，如 20×2.5，表示的是外径为 20mm，壁厚为 2.5mm。无缝钢管通常采用焊接连接，一般不采用螺纹连接，因为其规格不是公称直径，所需的连接管件无法搭配。

2）焊接钢管。焊接钢管又称有缝钢管，包括普通焊接钢管、直缝卷制电焊钢管和螺旋缝电焊钢管等，用普通碳素钢制造而成。

焊接钢管按管道壁厚不同又分为一般焊接钢管和加厚焊接钢管。一般焊接钢管用于工作压力小于 1MPa 的管路系统中，加厚焊接钢管用于工作压力小于 1.6MPa 的管路系统中。

① 普通焊接钢管。普通焊接钢管可分为镀锌钢管（白铁管）和非镀锌钢管（黑铁管）；适用于生活给水、消防给水、采暖系统等工作压力低和要求不高的管道系统中；其规格用公称直径"DN"表示，如 DN100，表示的是该管的公称直径为 100mm。焊接钢管的连接方式有焊接、螺纹、法兰和沟槽连接，镀锌钢管应避免焊接。

② 螺旋缝电焊钢管。螺旋缝电焊钢管也称为螺旋钢管，采用钢板卷制、焊接而成，其规格用外径"D"表示，常用规格为 $D219mm \sim D720mm$。管材通常用于工作压力小于或等于 1.6MPa、介质温度不超过 200℃ 的直径较大的远距离输送管道。

3）铸铁管。铸铁管由生铁制成，按材质分为灰口铁管、球墨铸铁管及高硅铁管，多用于给水管道埋地敷设的给排水系统工程中。铸铁管的优点是耐腐蚀、耐用，缺点是质脆、重量大、加工和安装难度大、不能承受较大的动荷载。

铸铁管通常采用承插口连接和法兰连接两种方式，管段之间采用承插连接，需要拆卸时与设备、阀门之间连接采用法兰连接。铸铁管以公称直径"DN"表示，如 $DN300$ 表示该管公称直径为 300mm。工程中对于大管径的铸铁管通常仅用"D"表示，如 $DN300$ 也可写成 $D300$。

（2）复合管

1）钢塑复合管。钢塑复合管由普通镀锌钢管、管件以及 ABS（acrylonitrile-butadiene-styrene，丙烯腈-丁二烯-苯乙烯）、PVC、PE 等工程塑料管复合而成，兼镀锌钢管和普通塑料管的优点。钢塑复合管一般采用螺纹连接。

2）铜塑复合管。铜塑复合管是一种新型的给水管材，通过外层为热传导率小的塑料、内层为稳定性极高的铜管复合而成，从而综合了铜管和塑料管的优点，具有良好的保温性能和耐腐蚀性能，有配套管道连接件，连接快捷方便，但价格较高，主要用于星级宾馆的室内热水供应系统。

3）铝塑复合管。铝塑复合管是以焊接铝管为中间层，内外层均为聚乙烯塑料管，广泛用于民用建筑室内冷水、空调水、采暖系统及室内煤气、天然气管道系统。

铜塑复合管和铝塑复合管一般采用卡套式连接。

4）钢骨架塑料复合管。钢骨架塑料复合管是钢丝缠绕网骨架增强聚乙烯复合管的简称，它是以用高强度钢丝左右缠绕成的钢丝骨架为基体，内外覆高密度 PE，是解决塑料管道承压问题的最佳解决方案，具有耐冲击性、耐腐蚀性、内壁光滑、输送阻力小等特点。管道连接方式一般为热熔连接。

（3）塑料给水管

1）硬质聚氯乙烯（PVC-U）塑料管。硬质聚氯乙烯塑料管是以 PVC 树脂为主加入必要的添加剂进行混合、加热挤压而成的，该管材常用于输送温度不超过 45℃ 的水；PVC-U 管一般采用承插式粘结连接或弹性密封圈连接，与阀门、水表或设备连接时可采用螺纹或法兰连接。

建筑排水用硬质聚氯乙烯管的材质为硬质聚氯乙烯，公称外径（DN）有 40mm、50mm、75mm、110mm 和 160mm，壁厚 $2 \sim 4mm$。PVC-U 排水管用公称外径×壁厚的方法表示规格，连接方式为承插粘结。PVC-U 排水管道适用于建筑室内排水系统，当建筑高度大于或等于 100m 时不宜采用塑料排水管，可选用柔性抗震金属排水管，如铸铁排水管。

2）PE 塑料管。PE 塑料管常用于室外埋地敷设的燃气管道和给水工程中，一般采用电熔焊、对接焊、热熔承插焊等连接方式。

3）工程塑料管。工程塑料管又称 ABS 管，是由丙烯腈-丁二烯-苯乙烯三元共聚物粒料经注射、挤压成型的热塑性塑料管。该管强度高，耐冲击，使用温度为-40～80℃。常用于建筑室内生活冷、热水供应系统及中央空调水系统中。工程塑料管常采用承插粘合连接，与阀门、水表或设备连接时可采用螺纹或法兰连接。

4）PP-R 塑料管。PP-R 塑料管是由丙烯-乙烯共聚物加入适量的稳定剂，挤压成型的热塑性塑料管。特点是耐腐蚀、不结垢；耐高温（95℃）、高压；质量轻、安装方便。主要应用于建筑室内生活冷、热水供应系统及中央空调水系统中。PP-R 塑料管常采用热熔连接，与阀门、水表或设备连接时可采用螺纹或法兰连接。

5）双壁波纹管：双壁波纹管分为高密度聚乙烯（high density poly-ethylene，HDPE）双壁波纹管和硬质聚氯乙烯双壁波纹管，是一种用料省，刚性大，弯曲性能优良，具有波纹状外壁、光滑内壁的管材。连接形式为挤压夹紧、热熔合、电熔合。

（4）钢筋混凝土管

钢筋混凝土管分为普通钢筋混凝土管、自应力钢筋混凝土管和预应力钢筋混凝土管。钢筋混凝土管的特点是节省钢材，价格低廉（和金属管材相比），防腐性能好，具有较好的抗渗性、耐久性，能就地取材。目前大多生产的钢筋混凝土管管径为 100～1500mm。

2．常用阀门

（1）阀门分类

阀门的种类众多，一般以用途命名，截止阀、闸阀、球阀、蝶阀等用来接通或切断管路介质；止回阀用来防止介质倒流；调节阀、减压阀用来调节介质的压力和流量；三通旋塞、分配阀、滑阀等用来改变介质流向、分配介质；安全阀、事故阀等在介质压力超过规定值时，用来排放多余的介质，保证管路系统及设备安全；除此之外，还包括疏水阀、排气阀、排污阀等其他特殊用途的阀门。

（2）常用阀门

1）闸阀。闸阀指关闭件（闸板）沿通路中心线的垂直方向移动的阀门，如图 2.47 所示。闸阀是使用很广的一种阀门，它在管路中主要作切断用，一般 $DN \geqslant 50mm$ 的切断装置且不经常开闭时才选用它，如水泵进出水口、引入管总阀。有一些小口径也用闸阀，如铜闸阀。闸阀具有流体阻力小、介质的流向不受限制的特点，缺点是外形尺寸较大、安装所需空间较大、开闭过程中密封面容易擦伤。

2）截止阀。截止阀是关闭件（阀瓣）沿阀座中心线移动的阀门，如图 2.48 所示。截止阀在管路中主要作切断用，也可调节一定的流量，如住宅楼内每户的总水阀。截止阀通常只有一个密封面，制造工艺好，在开闭过程中密封面的摩擦力比闸阀小，耐磨且便于维修。缺点是流体阻力损失较大，而且具有方向性。

3）止回阀。止回阀是指依靠介质本身流动而自动开、闭阀瓣的阀门，用来防止介质倒流，又称逆止阀、单向阀、逆流阀和背压阀，如图2.49 所示。止回阀根据用途不同又有如下几种形式。

① 消声式止回阀。消声式止回阀主要由阀体、阀座、导流体、阀瓣、轴承及弹簧等主要零件组成，内部流道采用流线型设计，压力损失极小。阀瓣启闭行程很短，停泵时可快速关闭，从而防止巨大的水锤声，具有静音关闭的特点。该阀主要用于给排水、消防及暖通系统，可安装于水泵出口处，以防止倒流及水锤对泵的损害。

图 2.47　闸阀

图 2.48　截止阀

图 2.49　止回阀

②　多功能水泵控制阀。它是一种安装在高层建筑给水系统以及其他给水系统的水泵出口管道上，防止介质倒流、水锤及水击现象的产生，兼具电动阀、逆止阀和水锤消除器三种功能的阀门，可有效地提高供水系统的安全可靠性，如图 2.50 所示。

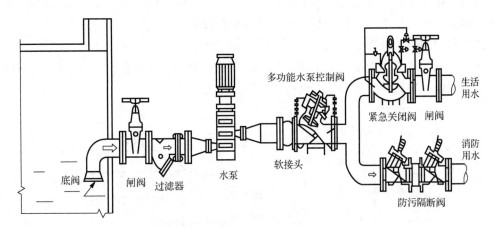

图 2.50　包含多功能水泵控制阀的系统的典型安装示意图

③　倒流防止器。它是用于高层建筑的供水系统、消防水系统、空调水系统及市政供水管道系统等，防止不洁净水倒流入主管现象发生的一种阀门。

④　防污隔断阀。它是一种安装在各类管路系统中用于严格阻止介质倒流，保护其后的介质或设备不受污染的止逆类阀门。它由两个串联的止回阀和过渡部分组成，密封严密，确保介质无一点回流，安全可靠。

⑤　底阀。底阀安装在水泵水下吸管的底端，限制水泵管内液体返回水源，具有只进不出的功能，相当于止回阀，主要应用在抽水的管路上。

⑥　蝶阀。它是蝶板在阀体内绕固定轴旋转的阀门，主要由阀体、蝶板、阀杆、密封圈和传动装置组成。蝶阀在管路中可作切断用，也可调节一定的流量。蝶阀具有结构简单、外形尺寸小、启闭方便迅速、调节性能好等特点，蝶板旋转 90° 即可完成启闭，通过改变蝶板的旋转角度可以分级控制流量。蝶阀的主要缺点是蝶板占据一定的过水断面，增大了水头损失。蝶阀常采用法兰连接或对夹连接。

⑦　球阀。球阀和旋塞阀是同属一个类型的阀门，它的关闭件是一个球体，是通过球体绕阀体中心线做旋转来达到开启、关闭的一种阀门，如图 2.51 所示；在管路中主要用来切

图 2.51　球阀

断、分配和改变介质的流动方向。在水暖工程中，常采用小口径的球阀。球阀一般采用螺纹连接或法兰连接。

⑧ 安全泄压阀。安全泄压阀是一种安全保护用阀门，当设备或管道内的介质压力升高，超过规定值时自动开启，通过向系统外排放介质来防止管道或设备内介质压力超过规定数值；当系统压力低于工作压力时，安全阀便自动关闭。

⑨ 疏水阀。疏水阀是用于蒸汽加热设备、蒸汽管网和凝结水回收系统的一种阀门。它能迅速、自动、连续地排除凝结水，有效地阻止蒸汽泄漏。

⑩ 水位控制阀。它是一种自动控制水箱、水塔液面高度的水力控制阀。当水面下降超过预设值时，浮球阀打开，活塞上腔室压力降低，活塞上下形成压差，在此压差作用下阀瓣打开进行供水作业；当水位上升到预设高度时，浮球阀关闭，活塞上腔室压力不断增大致使阀瓣关闭停止供水。如此往复自动控制液面在设定高度，实现自动供水。

（3）常用阀门型号表示方法

阀门产品的型号由七个单元组成，用来表明阀门类别、驱动种类、连接形式、结构形式、密封面或衬里材料、公称压力及阀体材料，如图 2.52 所示。

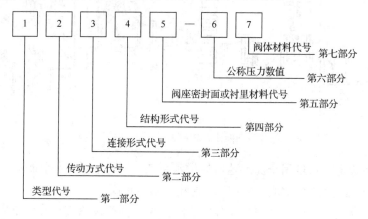

图 2.52　阀门型号表示方法

第一部分为阀门的类型代号，用汉语拼音字母表示，见表 2.8。

表 2.8　阀门类型代号

阀门类型	代号	阀门类型	代号	阀门类型	代号
闸阀	Z	球阀	Q	疏水阀	S
截止阀	J	旋塞阀	X	安全泄压阀	A
节流阀	L	液面指示阀	M	减压阀	Y
隔膜阀	G	止回阀	H		
柱塞阀	U	蝶阀	D		

第二部分为传动方式代号，用阿拉伯数字表示，见表 2.9。

表 2.9　传动方式代号

传动方式	代号	传动方式	代号
电磁阀	0	伞齿轮	5
电磁-液动	1	气动	6
电-液动	2	液动	7
蜗轮	3	气-液动	8
正齿轮	4	电动	9

注：1. 手轮、手柄和扳手传动以及安全阀、减压阀、疏水阀省略本代号。
2. 对于气动或液动：常开式用 6K、7K 表示；常闭式用 6B、7B 表示；气动带手动用 6S 表示；防爆电动用 9B 表示。

第三部分为连接形式代号，用阿拉伯数字表示，见表 2.10。

表 2.10　连接形式代号

连接形式	代号	连接形式	代号
内螺纹	1	对夹	7
外螺纹	2	卡箍	8
法兰	4	卡套	9
焊接	6		

注：焊接包括对焊和承插焊。

第四部分为结构形式代号，用阿拉伯数字表示。常用阀门结构形式代号见表 2.11。

表 2.11　常用阀门结构形式代号

结构形式	代号	结构形式	代号
闸阀			
明杆楔式单闸板	1	暗杆楔式单闸板	5
明杆楔式双闸板	2	暗杆楔式双闸板	6
明杆平行式单闸板	3	暗杆平行式单闸板	7
明杆平行式双闸板	4	暗杆平行式双闸板	8
截止阀			
直通式（铸造）	1	直角式（锻造）	4
直角式（铸造）	2	直流式	5
直通式（锻造）	3	压力计用	9
止回阀			
直通升降式（铸造）	1	单瓣旋启式	4
立式升降式	2	多瓣旋启式	5
直通升降式（锻造）	3		

第五部分为阀座密封面或衬里材料代号，用汉语拼音字母表示，按表 2.12 的规定执行。

表 2.12　阀座密封面或衬里材料代号

阀座密封面或衬里材料	代号	阀座密封面或衬里材料	代号
铜合金	T	渗氢钢	D
橡胶	X	硬质合金	Y
尼龙塑料	N	衬胶	J
氟塑料	F	衬铅	Q
巴氏合金	B	搪瓷	C
合金钢	H	渗硼钢	P

注：由阀体直接加工的阀座密封面材料代号用"W"表示；当阀座和阀瓣（闸板）密封面材料不同时，用低硬度材料代号表示（隔膜阀除外）。

第六部分为阀门的公称压力代号，直接以公称压力（PN）数值表示，单位为 MPa（旧型号公称压力单位为 kgf/cm^2，$1kgf/cm^2=9.80665×10^4Pa$），并用横线与前一部分隔开。

第七部分为阀体材料代号，用汉语拼音字母表示，见表 2.13。对于 $PN≤1.6MPa$ 的灰铸铁阀体和 $PN≥2.5MPa$ 的碳素钢阀体，此部分省略不写。

表 2.13　阀体材料代号

阀体材料	代号	阀体材料	代号
灰铸铁	Z	铬钼合金钢	I
可锻铸铁	K	铬镍系合金钢	P
球墨铸铁	Q	铬镍钼系合金钢	R
铜合金（铸铜）	T	铬镍钒合金钢	V
碳钢	C	铝合金	L

（4）常用阀门型号表示方法举例

1）Z944T-1，$DN500$：表示公称直径 500mm，电动机驱动，法兰连接，结构形式为明杆平行式双闸板，公称压力为 1MPa，阀体材料为灰铸铁（该部分省略）的闸阀。

2）J11T-1.6，$DN32$：表示公称直径 32mm，手轮驱动（该部分省略），内螺纹连接，结构形式为直通式（铸造），铜密封圈，公称压力为 1.6MPa，阀体材料为灰铸铁（该部分省略）的截止阀。

3）H11T-1.6K，$DN50$：表示公称直径 50mm，自动启闭（该部分省略），内螺纹连接，结构形式为直通升降式（铸造），铜密封圈，公称压力为 1.6MPa，阀体材料为可锻铸铁的止回阀。

3．常用给水仪表

（1）水表

水表是一种流速式计量仪，其原理是当管道直径一定时，通过水表的水流速度与流量成正比，水流通过水表时推动翼轮转动，通过一系列联动齿轮，记录用水量。水表根据翼轮结构的不同可分为旋翼式水表和螺翼式水表。

1）旋翼式水表。翼轮转轴与水流方向垂直，水流阻力大，适用于小口径的流量计量，如图 2.53 所示。

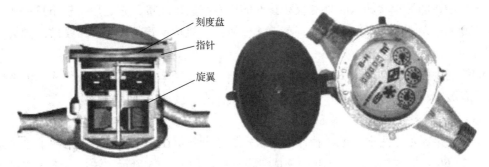

图 2.53　旋翼式水表

2）螺翼式水表。翼轮转轴与水流方向平行，水流阻力小，适用于大口径的流量计量，如图 2.54 所示。

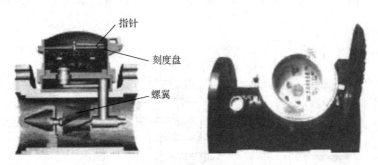

图 2.54　螺翼式水表

（2）压力表

压力表是以大气压力为基准，用于测量小于或大于大气压力的仪表。压力表按其指示压力的基准不同，分为一般压力表、绝对压力表、差压表。一般压力表以大气压力为基准；绝对压力表以绝对压力零位为基准；差压表用来测量两个被测物体之间的压力差。

（3）温度计

温度计是测温仪器的总称。根据所用测温物质的不同和测温范围的不同，温度计分为煤油温度计、酒精温度计、水银温度计、气体温度计、电阻温度计、温差电偶温度计、辐射温度计、光测温度计和双金属温度计等。

4. 常用管道连接技术

（1）焊接连接

钢管焊接可采用焊条电弧焊或氧–乙炔气焊。由于电焊的焊缝强度较高，焊接速度快，又较经济，所以钢管焊接大多采用电焊，只有当管壁厚度小于 4mm 时，才采用气焊。焊条电弧焊在焊接薄壁管时容易烧穿，一般只用于焊接壁厚为 3.5mm 及其以上的管道。

管材壁厚在 5mm 以上者应对管端焊口部位铲坡口，主要是保障焊缝的熔深和填充金属量，使焊缝与母材良好结合，便于操作，减少焊接变形，保障焊缝的几何尺寸。管道常用的坡口形式为 V 形坡口。

（2）螺纹连接

螺纹连接即将管端加工的外螺纹和管件的内螺纹紧密连接。它适用于较小直径（公称直径 100mm 以内），较低工作压力（如 1MPa 以内）焊接钢管的连接和带螺纹的阀类及设备接管的连接。

螺纹连接的管件是采用 KT30-6 可锻铸铁铸造，并经车床车制内螺纹而成，俗称玛钢管件，有镀锌和不镀锌两类，分别用于白、黑铁管的连接。

（3）法兰连接

法兰连接就是把两根管道、管件或器材，先各自固定在一个法兰盘上，两个法兰盘之间加上法兰垫，用螺栓紧固在一起，完成管道连接，如图 2.55 所示。法兰按连接方式分为螺纹法兰和焊接法兰。管道与法兰之间采用焊接连接称为焊接法兰，管道与法兰之间采用螺纹连接则称为螺纹法兰。低压小直径用螺纹法兰，高压和低压大直径均采用焊接法兰。法兰的规格一般以公称直径"DN"和公称压力"PN"表示。水暖工程所用的法兰多选用平焊法兰。

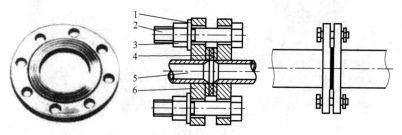

1—垫圈；2—螺栓；3—螺母；4—法兰垫片；5—接管；6—平焊法兰。

图 2.55　管道法兰连接示意图

（4）管道卡箍（沟槽）连接

卡箍连接是一种新型的钢管连接方式，具有很多优点。《自动喷水灭火系统设计规范》（GB 50084—2017）提出，系统管道应采用沟槽式连接件或螺纹、法兰连接。常用管道连接系统中直径等于或大于 100mm 的管道，应采用法兰或沟槽式连接件连接。

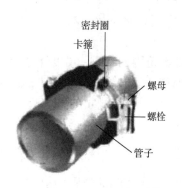

图 2.56　卡箍连接件

1）卡箍连接件的结构非常简单，包括卡箍（材料为球墨铸铁或铸钢）、密封圈（材料为橡胶）和螺栓紧固件，如图 2.56 所示。规格为 $DN25 \sim DN600$，配件除卡箍连接件外，还有变径卡箍、法兰与卡箍转换接头、螺纹与卡箍转换接头等。卡箍根据连接方式分为刚性接头和柔性接头。

2）沟槽连接管件包括以下两个大类产品：①起连接密封作用的管件有刚性接头、挠性接头、机械三通和沟槽式法兰；②起连接过渡作用的管件有弯头、三通、四通、异径管、盲板等。机械三通可用于直接在钢管上接出支管：首先在钢管上用开孔机开孔，然后将机械三通卡入孔洞，孔四周由密封圈沿管壁密封。机械三通连接分螺纹和沟槽式两种。常用的沟槽连接配件如图 2.57 所示。

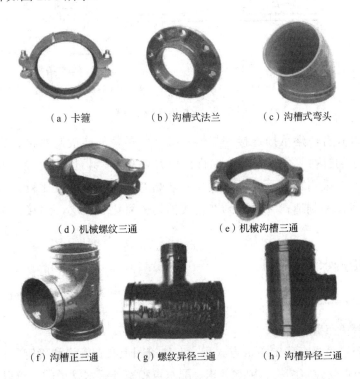

（a）卡箍　　　（b）沟槽式法兰　　　（c）沟槽式弯头

（d）机械螺纹三通　　　（e）机械沟槽三通

（f）沟槽正三通　　（g）螺纹异径三通　　（h）沟槽异径三通

图 2.57　沟槽连接配件示意图

（5）承插口连接

1）水泥捻口。水泥捻口一般用于室内外铸铁排水管道的承插口连接，如图 2.58 所示。

2）石棉水泥捻口。一般室内外铸铁给水管道敷设均采用石棉水泥捻口，即在水泥内掺适量的石棉绒拌和，其具体做法详见《SGBZ-0502 室内给水管道安装施工工艺标准》。

3）铅接口。铅接口一般用于工业厂房室内铸铁给水管道敷设，设计有特殊要求或室外铸铁给水管道紧急抢修、管道碰头急于通水的情况可采用铅接口，具体做法详见《SGBZ-0502室内给水管道安装施工工艺标准》。

4）橡胶圈接口。橡胶圈接口一般用于室外铸铁给水管道铺设、安装的管与管接口。

（6）热熔连接

热熔连接技术适用于聚丙烯管道（如 PP-R 塑料管）的连接。热熔机加热一定时间后，将材料原来紧密排列的分子链熔化，然后在稳定的压力作用下将两个部件连接并固定，在熔合区建立接缝压力。

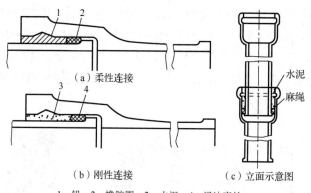

1—铅；2—橡胶圈；3—水泥；4—浸油麻丝。

图 2.58　承插口连接示意图

热熔连接方式有热熔承插连接和热熔对接（包括鞍形连接）两种。热熔承插连接适合于直径比较小的管材管件（一般公称直径在 $DN63$ 以下），因为直径小的管材管件管壁较薄，截面较小，采用对接不易保证质量。热熔对接适合于直径比较大的管材管件，比承插连接用料省，易制造，并且因为在熔接前切去氧化表面层，熔接压力可以控制，质量较易保证。

2.3.2　建筑给排水管道施工

1. 室内给水管道安装

（1）给水管道布置

给水管道布置是指在确定给水方式后，在建筑图上布置管道和确定各种升压和储水设备的位置。其布置受建筑结构、用水要求、配水点和室外给水管道的位置以及供暖、通风、空调和供电等其他建筑设备工程管线等因素的影响。进行管线布置时，要协调和处理好各种相关因素的关系，而且要满足以下基本要求。

1）确保供水安全和水利条件良好，力求经济合理。按供水可靠程度，给水管道的布置可分为枝状和环状。枝状管网干管首尾不相接，只有一根引入管，支管布置形状像树枝，单向供水，供水安全可靠性差，但节约管材，造价低；环状管网干管首尾相接，有两根引入管，双向供水，安全可靠，但管线长，造价高，一般建筑内给水管网宜采用枝状布置。管道一般沿墙、梁、柱平行布置，并尽可能走直线。给水干管尽可能靠近用水量大或不允许间断供水的用水点，以保证供水安全可靠，减少管道的传输流量，使大口径管道长度最短。

2）保护管道不受损坏。埋地给水管应避免布置在可能被重物压坏处或设备振动处，管道不得穿过设备基础，如必须穿过时，应与有关部门协商处理。给水管道不宜穿过伸缩缝，必须通过时，应设置补偿管道伸缩和剪切变形的装置，一般可采取下列措施。

① 在墙体两侧采取柔性连接。

② 在管道或保温层外皮上、下留有不小于 150mm 的净空。

③ 在穿墙处做成方形补偿器，水平安装。

④ 不影响安全生产和建筑物的使用。

3）便于安装、维修。管道安装时，周围要预留一定的空间，以满足安装、维修的要求。给水横管宜设 0.002～0.005 的坡度坡向泄水，以便检修时放空和清洗。对于管道井，当需进入检修时，其通道宽度不宜小于 0.6m。

4）给水管道敷设要求。

室内给水管道的敷设，根据建筑对卫生、美观方面的要求不同，分为明装和暗装两类。明装是指管道在室内沿墙、梁、柱、楼板下、地面上等暴露敷设。优点是造价低，施工安装与检修管理方便；缺点是管道表面易积灰、结露，影响美观和卫生。明装适用于一般民用、工业建筑。暗装是指管道可在地下室、地面下、吊顶或管井、管沟、管槽中隐蔽敷设。优点是卫生条件好、美观、整洁。缺点是施工复杂，造价高，检修困难。暗装适用于对卫生、美观要求高的建筑，如宾馆、住宅和要求无尘、洁净的车间、实验室、无菌室等。

管道沿建筑构件敷设时，应用钩钉、管卡（沿墙立管、水平管），吊环（顶棚下）及托架（沿墙水平管）固定。吊环、托架、三管卡子和钩钉如图 2.59 所示。

管道穿过室内墙壁和楼板，应设置钢套管或 PVC 套管。一般套管管径比所穿过管道管径大 2 号。安装在楼板内的套管，其顶部应高出楼地面面层 20mm，而安装在卫生间及厨房内楼板内的套管，其顶部应高出楼地面面层 50mm，底部应与楼板底面平齐；安装在墙壁内的套管其两端与饰面相平。套管与管道之间应用阻燃密实材料和防水油膏填实且端面光滑。管道的接口不得设在套管内。

（2）给水管道安装

1）基本要求。建筑给排水工程的施工应当按照批准的工程设计文件和施工技术标准进行。建筑工程所使用的主要材料、成品、半成品、配件、器具和设备一定要标明其规格、型号，并且具有中文质量合格证明文件及性能检测报告，包装完好。主要器具和设备必须有完整的安装使用说明书。

给水管道必须采用与管材相适应的管件。生活给水系统所涉及的材料必须达到饮用水卫生标准；给水铸铁管道应采用水泥接口或者橡胶圈接口；给水水平管道应有 2‰～5‰ 的坡度坡向泄水装置。坡度可用水平尺检查。

给水塑料管和复合管可采用橡胶圈接口、粘结接口、热熔连接、专用管件连接及法兰连接等形式。塑料管及复合管与金属管件、阀门等的连接应使用专用管件连接，不得在塑料管上套丝。

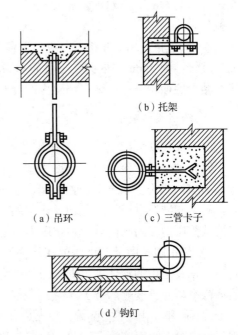

（b）托架

（a）吊环　（c）三管卡子

（d）钩钉

图 2.59　吊环、托架、三管卡子和钩钉

在同一房间内，同类型的卫生器具及管道配件，除了有特殊要求外，应安装在同一高度上。明装管道成排安装时，直线部分应当互相平行。

各种承压管道系统和设备应做水压试验，非承压管道系统和设备应做灌水试验。

2) 室内给水管道安装。室内生活给水、消防给水及热水供应管道安装的一般程序为：引入管→水平干管→立管→横支管。

① 引入管的安装。给水引入管与排水排出管的水平净距不应小于 1m，坡度不小于 3‰，坡向室外。引入管穿过建筑物基础时，应当预留孔洞，其直径应比引入管直径大 100～200mm，预留洞与管道的间隙应当用黏土填实，两端用 1：2 水泥砂浆封口。

② 水平干管的安装。水平干管的安装保证最小坡度，便于维修时泄水，并且用支架固定。设在非采暖房间的管道需要采取保温措施。室内给水管道与排水管道平行敷设时，两管间的最小水平净距不应小于 0.5m；交叉敷设时，垂直净距不得小于 0.15m。给水管道应铺在排水管道上面，如果给水管道必须铺在排水管道下面时，给水管道应当加套管，其长度不得小于排水管道管径的 3 倍。

③ 立管的安装。每根立管的始端应安装阀门，以便于维修时不影响其他立管供水。立管每层设一管卡固定。

④ 横支管的安装。水平支管应有 2‰～5‰的坡度，坡向立管或配水点，并且用托钩或管卡固定。装有三个或三个以上配水点的始端均应当安装阀门和可拆卸的连接件。

⑤ 地下室或地下构筑物外墙有管道穿过的，应当采取防水措施。对有严格防水要求的建筑物，必须使用柔性防水套管。

⑥ 冷、热水管上、下平行安装时，热水管在上，冷水管在下；垂直安装时，热水管在左，冷水管在右。给水支管和装有三个或三个以上配水点的支管始端，都应当安装可拆卸连接件。

⑦ 管道穿过墙壁和楼板，应当设置金属或塑料套管。安装在楼板内的套管，其顶部应高出装饰地面 20mm；安装在卫生间和厨房内的套管，其顶部应高出装饰地面 50mm，底部应与楼板底面相平；安装在墙壁内的套管其两端应当与饰面相平。

2. 给水附件安装

(1) 阀门安装

阀门安装前，应做耐压强度试验。试验应以每批（同牌号、同规格、同型号）数量中抽查 10%，且不少于一个，如有漏、裂不合格的应再抽查 20%，仍有不合格的则须逐个试验。对于安装在主干管上起切断作用的闭路阀门，应逐个做强度和严密性试验。强度和严密性试验压力应为阀门出厂规定压力。

1) 截止阀。由于截止阀的阀体内腔左右两侧不对称，安装时必须注意流体的流动方向。应使管道中的流体由下向上流经阀盘，因为这样流动的流体阻力小，开启省力，关闭后填料不与介质接触，易于检修。

2) 闸阀。闸阀不宜倒装。倒装时，会使介质长期存于阀体提升空间，检修也不方便。阀门吊装时，绳索应拴在法兰上，切勿拴在手轮或阀件上，以防折断阀杆。明杆阀门不能装在地下，以防阀杆锈蚀。

3）止回阀。止回阀有严格的方向性，安装时注意阀体所标介质流动方向。安装升降式止回阀时，应水平安装，以保证阀盘升降灵活与工作可靠。摇板式止回阀安装时，应注意介质的流向（箭头方向），只需要保证摇板式的旋转枢纽呈水平状态，可安装在水平或垂直管道上。

（2）水表安装

水表的安装位置应选择在查看管理方便、不受冻、不受污染和不易损坏处，分户水表一般安装在室内给水横管上，住宅建筑总水表安装在室外水表井中，南方多雨地区也可安装在地面上。图 2.60 所示为水表安装示意图，水表外壳上箭头方向应与水流方向一致。

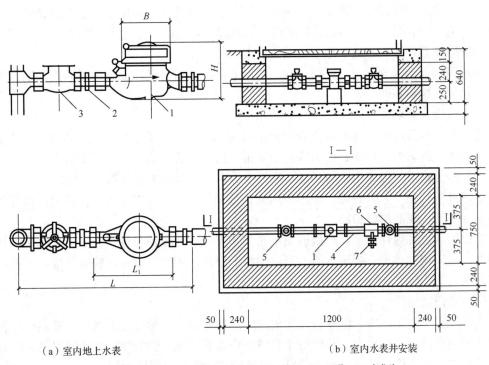

（a）室内地上水表　　　　　　　　　　　　　（b）室内水表井安装

1—水表；2—补芯；3—铜阀；4—短管；5—阀门；6—三通；7—水龙头。

图 2.60　水表安装示意图（单位：mm）

3. 给水管道的试压与清洗

（1）给水管道水压试验

室内给水管道的水压试验必须符合设计要求。当设计未注明时，各种材质的给水管道系统试验压力均为工作压力的 1.5 倍，但不得小于 0.6MPa。

检验方法：金属及复合管给水管道系统在试验压力下观测 10min，压力降不应大于0.02MPa 然后降到工作压力进行检查，应不渗不漏；塑料管给水系统应在试验压力下稳压1h，压力降不得超过 0.05MPa，然后在工作压力的 1.5 倍状态下稳压 2h，压力降不得超过0.03MPa，同时检查各连接处不得渗漏。

（2）管道冲洗

管道冲洗时的流量不应小于设计流量或不小于 15m/s 的流速，冲洗应连续进行，当排出口的水色、透明度与入口处目测一致时，即为合格。放水口的截面不应小于被冲洗管截面的 1/2，冲洗时间应安排在用水量较小、水压偏高的夜间进行。

4. 管道的防腐、防冻、防结露及防噪声处理措施

要使给水管道系统能够在较长年限内正常工作，除在日常加强维护管理外，在设计和施工过程中需要采取防腐、防冻、防结露及防噪声措施。

（1）管道防腐

无论是明装还是暗装的管道，除镀锌钢管、塑料管外，都必须做防腐处理。最常用是刷油法，把管道外壁除锈打磨干净，露出金属光泽并使之干燥，明装管道刷防锈漆（如红丹漆）两道，然后刷面漆（如银粉）两道。暗装管道除锈后，刷防锈漆两道，可不刷面漆。埋地钢管除锈后刷冷底子油两道，再刷热沥青两道。

埋地铸铁管，如果管材出厂时未涂油，敷设前应在管外壁涂沥青两道防腐，明露部分可刷防锈漆、银粉各两道。

（2）管道保温防冻

设置在室内温度低于 0℃以下处的给水管道，如敷设在不采暖房间的管道，以及安装在受室外冷空气影响的门厅、过道等处的管道，应采取防冻措施。管道安装完毕，经水压试验和防腐处理后，采取相应的保温防冻措施。常用的保温方法有以下两种。

管道外包棉毡（包括岩棉、超细玻璃棉、玻璃纤维和矿渣棉毡等）保温层，再外包玻璃丝布保护层，表面刷调和漆。

管道用保温瓦做保温层，外做玻璃丝布保护层，表面刷调和漆。管道用保温瓦包括泡沫混凝土、石棉硅藻土、膨胀蛭石、泡沫塑料、岩棉、超细玻璃棉、玻璃纤维、矿渣棉和水泥珍珠岩等。

（3）管道防结露

在环境温度较高、空气湿度较大的房间，或在夏季，当管道内水温低于室温时，管道和设备表面可能产生凝结水，从而引起管道和设备的腐蚀，影响使用及环境卫生。因此，必须采取防结露措施，即做防潮绝缘层，具体做法一般与保温层相同。

（4）防噪声

管道或设备在使用过程中常会产生噪声，噪声沿建筑物结构或管道传播。为了防止噪声传播，就要求建筑设计严格按照规范执行，使水泵房、卫生间不靠近卧室及其他要求安静的房间，必要时可做隔声墙壁。提高水泵机组装配和安装的准确性，采用减振基础及安装隔震垫等，也能减弱和防止噪声的传播。另外，为了防止附件和设备产生噪声，应选用质量好的配件、器材及可曲挠橡胶接头等。

5. 室内排水管道安装

（1）室内排水管道的敷设要求

1）排水支管在建筑底层时可以埋设在地下，在楼层中可以沿墙明装在地板上或悬吊在楼板下，当建筑有较高要求时，可以采用暗装，如将管道敷设在吊顶管沟、管槽内，但必须考虑维护检修的方便性。架空或悬吊横管不得布置在遇水后会引起损坏的原料、产品和设备的上方；不得布置在卧室及厨房炉灶上方或布置在食品及贵重物品储藏室、变配电室、通风室及空气处理室，以保证安全和卫生。横管不得穿越沉降缝、烟道和风道，并应避免穿越伸缩缝；必须穿越伸缩缝时，应采取相应技术措施，如装伸缩接头等。横支管不宜过长，以免落差过大，一般不得超过 10m，并应尽量减少转弯，以避免阻塞。

2）排水立管宜靠近最脏、杂质最多、排水量最大的排水点处设置；生活污水立管应避免靠近与卧室相邻的内墙。立管一般布置在墙角明装，无冰冻危害地区亦可布置在外墙上；当建筑有较高要求时可在管槽内或管井内暗装。暗装时需要考虑检修方便，在检查口处设检查门。对排水横支管连接在排出管或排水横干管上时，其连接点距立管底部下游水平距离不宜小于 3.0m；对排水横支管接入横干管竖直转向的管段，其连接点应距转向处以下不得小于 0.6m。

对排水立管最下部连接的排水横支管应采取措施避免横支管发生有压溢流，即仅设伸顶通气管排水立管，其立管最低排水横支管与立管连接处到排水立管管底的垂直距离 ΔH，在立管管径与排出管或横干管管径相同时应按立管连接卫生器具的层数 n 确定：$n<4$ 层、5～6 层、7～12 层、13～19 层、20 层及以上时，相应距离分别为 0.45m、0.75m、1.2m、3.0m、6.0m。但是，当立管底部管径大于排出管管径一号，或横干管管径比立管管径大一号时，则其垂直距离可缩小一档。对上述排水立管底部的排水横支管的连接达不到上述技术要求时，则立管最下部的排水横支管应单独排至室外排水检查井。塑料立管应避免布置在温度大于 60℃的热源设备附近及易受机械撞击处，否则应采取保护技术措施。

3）排出管可埋在建筑底层地面以下或悬吊在地下室顶板下部。排出管的长度取决于室外排水检查井的位置。检查井的中心距建筑物外墙面一般为 2.5～3m，不宜大于 10m。

排出管与立管宜采用两个 45°弯头连接。对生活饮水箱（池）的泄水管、溢流管、开水器、热水器的排水，或医疗灭菌消毒设备的排水、蒸发式冷却器及空调设备冷凝水的排水、储存食品或饮料的冷藏库房的地面排水和冷气、浴霸水盘的排水，均不得直接接入或排入污废水管道系统，采用具有水封的存水弯式空气隔断的间接排水方式，以避免上述设备受到污水污染。排出管穿越承重墙基础时，应防止建筑物下沉压破管道，其防治措施同给水管道。

排出管在穿越基础时，应预留孔洞，其大小为：排出管管径 d 为 50mm、75mm、100mm 时，孔洞尺寸为 300mm×300mm；管径大于 100mm 时，孔洞高小于 $d+300$mm，宽度为 $d+200$mm。

为了防止管道受机械损坏，在一般的厂房内排水管的最小埋深应按表 2.14 确定。

表 2.14　生产厂房内排水管最小覆土深度

管材	地面至管顶的距离/m	
	素土夯实、碎石、砾石、砖地面	水泥、混凝土地面
排水铸铁管	0.7	0.4
混凝土管	0.7	0.5
带釉陶土管	1.0	0.6

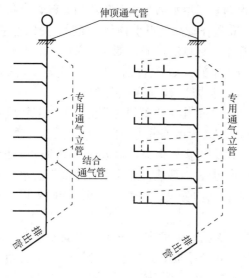

图 2.61　专用通气管

4）伸顶通气管高出屋面不小于 1.8m，但应大于该地区最大积雪厚度，屋顶有人停留时应大于 2m。连接四个及四个以上卫生器具且长度大于 12m 的横支管和连接六个及六个以上大便器的横支管上要设环形通气管。环形通气管应在横支管起端的两个卫生器具之间接出，在排水横支管中心线以上与排水横支管呈垂直或 45°连接。专用通气管如图 2.61 所示。专用通气立管每隔两层，主通气立管每隔 8～10 层设置结合通气管，与污水立管专用通气立管和主通气立管的上端可在最高卫生器具上边缘或检查口以上不小于 0.15m 处与污水立管以斜三通连接，下端在最低污水横支管以下与污水立管以斜三通连接。

通气立管不得接纳污水、废水和雨水，不得与通风管或烟道连接。通气管的顶端应装设网罩或风帽。通气立管与屋面交接处应防止漏水。

（2）室内排水管道的安装

对于民用及一般工业建筑室内生活排水、雨水用的排水铸铁管及聚氯乙烯管道安装工程，其施工准备内容和以楼层内明装排水管道的安装为例进行具体介绍如下。

1）施工准备。

① 原材料、半成品的检验及验收。

管材为硬质聚氯乙烯。所用黏结剂应是同一厂家配套产品，应与卫生洁具连接相适宜，并有产品合格证及说明书。PVC-U 管材内外表层应光滑，无气泡、裂纹，管壁薄厚均匀，色泽一致。直管段挠度不大于 1%，管件造型应规矩、光滑，无毛刺，承口应有梢度，并与插口配套。

铸铁排水管及管件规格品种应符合设计要求。灰口铸铁的管壁薄厚均匀，内外光滑整洁，无浮砂、包砂、黏砂，更不允许有砂眼、裂纹、飞刺和疙瘩。承插口的内外径及管件造型规矩，法兰接口平整、光洁、严密，地漏和返水弯的扣距必须一致，不得有偏扣、乱扣、方扣、丝扣不全等现象。

青麻、油麻要整齐，不允许有腐朽现象。沥青漆、防锈漆、调和漆和银粉必须有出厂合格证。水泥一般采用 325 号水泥，必须有出厂合格证或复试证明。

其他材料，如 PVC-U 黏结剂、型钢、圆钢、卡件、螺栓、螺母、肥皂、汽油、机油、胶皮布、电气焊条、铅丝等应符合设计文件要求和质量要求。

② 主要工机具准备齐全。

机具：台钻、手电钻、冲击钻、电锤、砂轮机等。

工具：手锤、大锤、手锯、断管器、錾子、捻凿、麻钎、压力案、台虎钳、管锥、铣口器、钢刮板、活扳手、小车等。

其他：水平尺、线坠、钢卷尺、毛刷、棉布、线坠、小线等。

③ 满足作业条件。地下排水管道的铺设必须在基础墙达到或接近±0.00m 标高时，而且管道穿过建筑基础处已按设计要求预留管洞。埋设管道处应挖好槽沟，槽沟要平直，必须有坡度，沟底夯实。

暗装管道（包括设备层、竖井、吊顶内的管道）首先应核对各种管道的标高、坐标的排列有无矛盾。预留孔洞、预埋件已配合完成。土建模板已拆除，操作场地清理干净，安装高度超过 3.5m 应搭好架子。

2）以楼层内明装排水管道的安装为例进行具体介绍。

楼层内明装排水管道的安装，应与结构施工隔开一～二层，而且管道穿越结构部位的孔洞等均已预留完毕，室内模板或杂物清除后，室内弹出房间尺寸线及准确的水平线。

操作工艺流程为安装准备→预制加工→干管安装→立管安装→支管安装→卡件固定→封口堵洞→闭水试验→通水试验。

① 安装准备。根据设计图纸及技术交底，检查、核对预留孔洞尺寸，将管道平面、标高位置画线定位。

② 预制加工。

PVC-U 管预制：根据图纸要求并结合实际情况，按预留口位置测量尺寸，绘制加工草图。根据草图量好管道尺寸，进行断管，断口要平齐，用铣刀或刮刀除掉断口内外飞刺，外棱铣出 15° 角。粘结前应对承插口进行插入试验，不得全部插入，一般为承口的 3/4 深度。试插合格后，用棉布将承插口需粘结部位的水分、灰尘擦拭干净，如有油污需用丙酮除掉。用毛刷涂抹黏结剂，先涂抹承口后涂抹插口，随即用力垂直插入，插入粘结时将插口稍作转动，以利于黏结剂分布均匀，约 30s 至 1min 即可粘结牢固。粘牢后立即将溢出的黏结剂擦拭干净。多口粘连时应注意预留口方向。黏结剂易挥发，使用后应随时封盖。冬季施工进行粘结时，凝固时间为 2～3min。

排水铸铁管道预制：为了减少在安装中捻固定灰口，对部分管材与管件可预先按测绘的草图捻好灰口，并编号，码放在平坦的场地，管段下面用木方垫平垫实。捻好灰口的预制管段，对灰口要进行养护，一般可采用湿麻绳缠绕灰口，浇水养护，保持湿润。冬季要采取防冻措施，一般保持常温 24～48h 后方能移动，运到现场安装。

③ 干管安装。

PVC-U 干管安装：对于埋地管道安装时，应按设计坐标、标高、坡向、坡度开挖并夯实。采用托吊管安装时应按设计坐标、标高、坡向做好托、吊架。施工条件具备时，将预制加工好的管段，按编号运至安装部位进行安装。各管段粘连时也必须按粘结工艺依次进行。全部粘连后，管道要直，坡度均匀，各预留口位置准确。安装立管需装伸缩节，伸缩节上缘距地坪或蹲便台 70～100mm。干管安装完后应做闭水试验，出口用充气橡胶堵封闭，不渗漏、水位不下降为合格。地下埋设管道应先用细砂回填至管上皮 100mm，上覆过筛土，夯实时勿碰损管道。托吊管粘牢后再按水流方向找坡度。最后将预留口封严和堵洞。

排水铸铁干管安装：沟槽按要求开挖完成后，应将预制好的管段按照承口朝向来水方向，由出水口处向室内顺序排列，挖好捻灰口用的工作坑，将预制好的管段徐徐放入管沟内，封闭堵严总出水口，做好临时支撑，按施工图纸的坐标、标高找好位置和坡度，以及各预留管口的方向和中心线，将管段承插口相连。

在管沟内捻灰口前，先将管道调直、找正，用麻钎或薄捻凿将承插口缝隙找均匀，将麻打实、校直、校正，管道两侧用土培好，以防捻灰口时管道移位。将水灰比为 1：9 的水泥捻口灰拌好，装在灰盘内放在承插口下部，人跨在管道上，一手填灰，一手用捻凿捣实，先填下部，由下而上，边填边捣实，填满后用手捶打实，再填再打，直至将灰口打满打平为止。

捻好的灰口，用湿麻绳缠好养护或回填湿润细土掩盖养护。管道铺设捻好灰口后，再将立管及首层卫生洁具的排水预留管口，按室内地平线、坐标位置及轴线找准位置，接至规定高度，将预留管口装上临时丝堵。

按照施工图对铺设好的管道坐标、标高及预留管口尺寸进行自检，确认准确无误后即可从预留管口处灌水做闭水试验，水满后进行观察，水位不下降、各接口及管道无渗漏为合格，组织有关人员检查，并填写隐蔽工程验收记录，办理隐蔽工程验收手续。

管道系统经隐蔽验收合格后，临时封堵各预留管口，配合土建填堵孔、洞，按规定回填土。采用托吊管安装时应按设计坐标、标高、坡向做好托、吊架。

④ 立管安装。

PVC-U 立管安装：安装前清理场地，根据需要支搭操作平台。将已预制好的立管运到安装部位，清理已预留的伸缩节，将锁扣拧下，取出 U 形橡胶圈，清理杂物。复查上层洞口是否合适。立管插入端应先画好插入长度标记，然后涂上肥皂液，套上锁扣及 U 形橡胶圈。安装时先将立管上端伸入上一层洞口内，垂直用力插入至标记位置为止（一般预留胀缩量为 20～30mm），合适后即用自制 U 形钢制抱卡紧固于伸缩节上缘。然后找正、找直，并测量顶板距三通口中心是否符合要求。无误后即可堵洞，并将上层预留伸缩节封严。

排水铸铁立管安装：根据施工图校对预留管洞尺寸有无差错，如已预制混凝土楼板则需剔凿楼板洞，应按位置画好标记，对准标记剔凿。如需断筋，必须征得土建施工队有关人员同意，按规定要求处理。立管检查口设置按设计要求，如排水支管设在吊顶内，应在每层立管上安装立管检查口，以便做灌水试验。

安装立管时应二人上下配合，一人在上一层楼板上，由管洞内投下一个绳头，下面一人将预制好的立管上半部拴牢，上拉下托将立管下部插口插入下层管承口内。立管插入承口后，下层的人把甩口及立管检查口方向找正，上层的人用木楔将管在楼板洞处临时卡牢，打麻、吊直、捻灰。复查立管垂直度，将立管临时固定牢固。

立管安装完毕后，配合土建用不低于楼板标号的混凝土将洞灌满堵实，并拆除临时支架。如是高层建筑或在管道井内，应按照设计要求用型钢做固定支架。高层建筑应考虑管道胀缩补偿，可采用法兰柔性管件，但在承插口处要留出胀缩补偿余量，高层建筑采用辅助透气管，可采用辅助透气异型管件连接。

⑤ 支管安装。

PVC-U 支管安装：首先剔出吊卡孔洞或复查预埋件是否合适。清理场地，按需要支搭操作平台。将预制好的支管按编号运至现场。清除各粘结部位的污物及水分。将支管水平初步吊起，涂抹黏结剂，用力推入预留管口。根据管段长度调整好坡度，合适后固定卡架，封闭各预留管口和堵洞。

排水铸铁支管安装：支管安装应先搭好架子，并将托架按坡度固定，或固定吊卡，量准吊棍尺寸，将预制好的管道托到架子上，再将支管插入立管预留口的承口内，将支管预留口尺寸找准，并固定好支管，然后打麻、捻灰口。支管设在吊顶内，末端有清扫口者，应将管接至上层地面上，便于清掏。

支管安装完成后，可将卫生洁具或设备的预留管安装到位，找准尺寸并配合土建将楼板孔洞堵严，预留管口装上临时丝堵。

⑥ 卡件固定。

确定卡件位置：根据管道的走向和安装要求，在墙体、楼板或支架上确定卡件的安装位置。一般来说，卡件的间距应符合相关规范和设计要求，通常水平管道每隔一定距离（如 2～3m）设置一个卡件，立管每隔 1.5～2m 设置一个。对于转弯处、分支处以及管道与设备连接处等特殊部位，应适当加密卡件。

安装卡件：将卡件通过膨胀螺栓、射钉或焊接等方式固定在预定位置。如果是膨胀螺栓固定，需要先在墙体或楼板上打孔，孔的深度和直径应与膨胀螺栓匹配，然后将膨胀螺栓插入孔中，拧紧螺母使卡件牢固固定。射钉固定则需使用专业的射钉枪，将射钉打入基体，固定卡件。对于金属支架上的卡件，也可采用焊接的方式进行固定，但要注意焊接质量，避免出现虚焊、漏焊等问题。

调整与紧固：卡件安装完成后，需要对其进行调整，确保卡件与管道接触良好，且不影响管道的坡度和走向。对于可调节式卡件，要根据管道的实际情况进行微调，使卡件能够均匀地承受管道的重量和应力。然后，将卡件的紧固螺栓或螺母再次拧紧，保证卡件的固定牢固可靠，防止管道在使用过程中出现松动、移位等现象。

⑦ 封口堵洞。

洞口清理：在进行封口堵洞之前，需要先将预留洞口周围的杂物、灰尘等清理干净，确保洞口边缘整齐、无松动的混凝土或砂浆块。对于较大的洞口，还需要对洞口的内壁进行适当的修整，使其表面平整，以便于后续的封堵操作。

选择封堵材料：根据洞口的大小、位置和使用要求，选择合适的封堵材料。常见的封堵材料有细石混凝土、水泥砂浆、膨胀止水条、聚氨酯泡沫填缝剂等。对于有防水要求的部位，如卫生间、厨房等的排水管道洞口，一般采用防水性能较好的细石混凝土或水泥砂浆，并添加适量的防水剂。

封堵操作：对于较小的洞口，可以直接用水泥砂浆或聚氨酯泡沫填缝剂进行封堵。将材料填入洞口，并用工具将其压实、抹平，使其与洞口周围的墙体或楼板表面齐平。对于较大的洞口，通常采用细石混凝土进行封堵。先在洞口底部支设模板，然后将搅拌好的细石混凝土倒入洞口，边倒边用振捣棒或其他工具进行振捣，确保混凝土密实，无空洞和缝隙。混凝土浇筑至洞口顶部后，用抹子将表面抹平。

防水处理：在封堵材料干燥固化后，对洞口周围进行防水处理。一般是在洞口周边涂刷防水涂料，涂刷范围应超出洞口边缘一定距离（如 10～15cm），形成一个防水隔离层，防止水从洞口周围渗漏。防水处理完成后，进行防水验收，确保无渗漏现象。

⑧ 闭水试验。

试验准备：将需要进行闭水试验的排水管道两端用封堵材料（如橡胶堵头、水泥砂浆等）进行封堵，确保封堵严密，不漏水。同时，在管道的最高点设置排气孔，以便在注水过程中排出管道内的空气。准备好足够的水源和计量设备，如水位标尺、量筒等，以便测量水位变化和渗水量。

注水操作：缓慢向管道内注水，注水速度不宜过快，以免产生较大的冲击力损坏管道或封堵部位。当水位上升至管道顶部后，停止注水，观察管道及封堵部位是否有渗漏现象。如有渗漏，应及时查找原因并进行修复，然后重新注水。

水位观测：在注水完成后，开始进行水位观测。一般需要观测 24h 以上，观察期间要每隔一定时间（如 1~2h）记录一次水位变化情况。如果水位下降超过规定值（一般不超过 5mm），则说明管道存在渗漏问题。

结果判断：根据水位观测结果和渗水量的大小来判断闭水试验是否合格。如果在规定的观测时间内，水位下降不超过允许值，且管道及接口处无渗漏现象，则闭水试验合格；反之，则不合格。对于不合格的管道，需要进行全面检查，找出渗漏点并进行修复，然后重新进行闭水试验，直至合格为止。

⑨ 通水试验。

试验前检查：在进行通水试验前，要对整个排水管道系统进行全面检查，确保管道安装正确，卡件固定牢固，封口堵洞严密，管道内无杂物堵塞。同时，检查卫生器具、地漏等排水设备的安装是否到位，其排水口与管道的连接是否严密。

通水操作：从建筑物的最高层开始，依次向下层的各个卫生器具和排水点进行通水。打开水龙头、花洒等供水设备，向排水管道内注入一定量的水，模拟正常使用时的排水情况。通水过程中，要注意观察水流是否顺畅，有无堵塞、渗漏等现象。

检查排水情况：在通水过程中，检查各个排水点的排水是否正常，水流是否能够顺利排至室外排水系统。观察地漏是否排水迅速，有无冒水、返臭等现象；检查卫生器具的排水是否通畅，水箱、水盆等是否能够正常排空，排水管道内是否有异常的声响或振动。

全面检查与记录：对整个排水系统进行全面检查，包括管道的连接处、接口处、分支处等，查看是否有渗漏现象。对于发现的问题，要及时记录下来，包括问题的位置、现象等详细信息。通水试验一般要持续一段时间（如 2~3h），以确保系统在正常使用情况下的排水性能良好。

结果判定与整改：根据通水试验的情况，判断排水系统是否合格。如果整个系统排水顺畅，无堵塞、渗漏等问题，则通水试验合格；否则，需要根据记录的问题进行分析和整改，修复堵塞或渗漏的部位，然后重新进行通水试验，直至合格为止。

暗装或埋地的排水管道，在隐蔽前必须做灌水试验，灌水高度不低于底层地面高度，满 15min 后，再灌满延续 5min，液面不下降为合格.

雨水管道安装后，应做灌水试验，灌水高度必须到每根立管最上部的雨水斗，以不漏水为合格。雨水和排水管道以管道畅通为合格。

（3）管道安装坡度要求

1）生活污水铸铁管道的坡度必须符合设计要求或表 2.15 的规定。

表 2.15　生活污水铸铁管道的坡度

项次	管径/mm	标准坡度/‰	最小坡度/‰
1	50	35	25
2	75	25	15
3	100	20	12
4	125	15	10
5	150	10	7
6	200	8	5

检验方法：水平尺、拉线尺量检查。

2）生活污水塑料管道的坡度必须符合设计要求或表 2.16 的规定。

表 2.16　生活污水塑料管道的坡度

项次	管径/mm	标准坡度/‰	最小坡度/‰
1	50	25	12
2	75	15	8
3	110	12	6
4	125	10	5
5	160	7	4

检验方法：水平尺、拉线尺量检查。

排水塑料管必须按设计要求及位置装设伸缩节。如设计无要求时，伸缩节间距不得大于 4m。高层建筑中明设排水塑料管道应按设计要求设置阻火圈或防火套管。

排水主立管及水平干管管道均应做通球试验，通球球径不小于排水管道管径的 2/3，通球率必须达到 100%。

（4）管道配件的安装

在生活污水管道上设置的检查口或清扫口，当设计无要求时应符合下列规定。

在立管上应每隔一层设置一个检查口，但在最底层和有卫生器具的最高层必须设置。如为两层建筑时，可仅在底层设置立管检查口；如有乙字弯管时，则在该层乙字弯管的上部设置检查口，检查口中心高度距操作地面一般为 1m，允许偏差 ±20mm；检查口的朝向应便于检修暗装立管，在检查口处应安装检修门。

在连接两个及两个以上大便器或三个及三个以上卫生器具的污水横管上应设置清扫口。当污水管在楼板下悬吊敷设时，可将清扫口设在上一层楼地面上，污水管起点的清扫口与管道相垂直的墙面距离不得小于 200mm；若污水管起点设置堵头代替清扫口时，与墙面距离不得小于 400mm。

在转角小于 135° 的污水横管上，应设置检查口或清扫口。污水横管的直线管段，应按设计要求的距离设置检查口或清扫口。埋在地下或地板下的排水管道的检查口，应设在检查井内。井底表面标高与检查口的法兰相平，井底表面应有 5% 坡度，坡向检查口。

金属排水管道上的吊钩或卡箍应固定在承重结构上。固定件间距：横管不大于 2m；立

建筑设备安装工程识图与施工工艺

管不大于 3m。楼层高度小于或等于 4m，立管可安装一个固定件。立管底部的弯管处应设支墩或采取固定措施。

排水塑料管道支、吊架间距应符合表 2.17 的规定。

表 2.17　排水塑料管道支、吊架最大间距

管径/mm	50	75	110	125	160
立管/m	1.2	1.5	2.0	2.0	2.0
横管/m	0.5	0.75	1.10	1.3	1.6

排水通气管不得与风道或烟道连接且应符合下列规定。

通气管应高出屋面 300mm，但必须大于最大积雪厚度。在通气管出口 4m 以内有门、窗时，通气管应高出门、窗顶 600mm 或引向无门、窗一侧。

在经常有人停留的平屋顶上，通气管应高出屋面 2m，并应根据防雷要求设置防雷装置。

屋顶有隔热层应从隔热层板面算起。安装未经消毒处理的医院含菌污水管道，不得与其他排水管道直接连接。

饮食业工艺设备引出的排水管及饮用水水箱的溢流管，不得与污水管道直接连接，并应留出不小于 100mm 的隔断空间。

通向室外的排水管，穿过墙壁或基础必须下返时，应采用 45° 三通和 45° 弯头连接，并应在垂直管段顶部设置清扫口。

由室内通向室外排水检查井的排水管，井内引入管应高于排出管或两管顶相平，并有不小于 90° 的水流转角，如跌落差大于 300mm 可不受角度限制。

用于室内排水的水平管道与水平管道、水平管道与立管的连接，应采用 45° 三通或 45° 四通和 90° 斜三通或 90° 斜四通。立管与排出管端部的连接，应采用两个 45° 弯头或曲率半径不小于 4 倍管径的 90° 弯头。

室内排水和雨水管道安装的允许偏差和检验方法如表 2.18 所示。

表 2.18　室内排水和雨水管道安装的允许偏差和检验方法

项次	项目				允许偏差/mm	检验方法
1	坐标				15	
2	标高				±15	
3	横管纵横方向弯曲	铸铁管	每 1m		≥1	用水准仪（水平尺）、直尺、拉线和尺量检查
			全长（25m 以上）		≥25	
		钢管	每 1m	管径小于或等于 100mm	1	
				管径大于 100mm	1.5	
			全长（25m 以上）	管径小于或等于 100mm	≥25	
				管径大于 100mm	≥38	
		塑料管	每 1m		1.5	
			全长（25m 以上）		≥38	
		钢筋混凝土管、混凝土管	每 1m		3	
			全长（25m 以上）		≥75	

项次	项目			允许偏差/mm	检验方法
4	立管垂直度	铸铁管	每 1m	3	吊线和丈量检查
			全长（5m 以上）	≥15	
		钢管	每 1m	3	
			全长（5m 以上）	≥10	
		塑料管	每 1m	3	
			全长（5m 以上）	≥15	

排出管与立管的连接宜采用两个 45°弯头或弯曲半径不小于 4 倍管径的 90°弯头，否则管道容易堵塞。

6. 成品保护

管道安装完成后，应将所有管口封闭严密，防止杂物进入，造成管道堵塞。对地下已铺设好的管道，回填时，先用细土覆盖，并逐层夯实，不许在管道上部用蛤蟆夯等机械夯土。

预制好的管道要码放整齐、垫平、垫牢、不许用脚踩或物压，也不得双层平放。安装完的 PVC-U 排水管道应加强保护，尤其立管距地 2m 以下时，应用木板捆绑保护。严禁利用塑料管道作为脚手架的支点或安全带的拉点、吊顶的吊点。不允许用明火烘烤塑料管，以防管道变形。

冬季施工排水铸铁管进行捻灰口施工时，必须采取防冻措施。油漆粉刷前应将管道用纸包裹，以免污染管道。

7. 安全健康与环境管理

（1）危害辨识和危险评价

施工过程危害辨识、危险评价及控制措施如表 2.19 所示。

表 2.19　施工过程危害辨识、危险评价及控制措施

序号	主要来源	可能发生的事故或影响	风险级别	控制措施
1	现场的用电	触电	大	现场用电作业应由专业电工进行操作
2	安装管道及配件使用梯子等其他登高器具	高处坠落	大	必须使用合格的梯子及其他登高器具，高空作业人员必须系牢安全带
3	管道粘结	火灾	大	施工场所通风要良好，备齐消防器材

注：本表仅供参考，现场应根据实际情况进行危害辨识、风险评价并采取相应的控制措施。

（2）环境因素辨识和评价

环境因素辨识、评价及控制措施如表 2.20 所示。

表 2.20　环境因素辨识、评价及控制措施

序号	主要来源	可能的环境影响	影响程度	控制措施
1	管道冲洗用过的废水	污染水源	大	排到指定的污水管网中
2	固体废料	污染环境	大	集中堆放在指定地点

注：本表仅供参考，现场应根据实际情况进行环境因素辨识、评价并采取相应的控制措施。

8. 卫生器具的安装

1）大便槽安装。大便槽是一道狭长的敞开槽，按照一定的距离间隔成若干个蹲位，可同时供几个人使用。从卫生条件看，大便槽受污面积大，有恶臭，水量消耗大，但由于设备简单，建造费用低，因此广泛应用在建筑标准不高的公共建筑（如学校、工厂）或城镇的公共厕所内。大便槽结构示意图如图 2.62 所示。

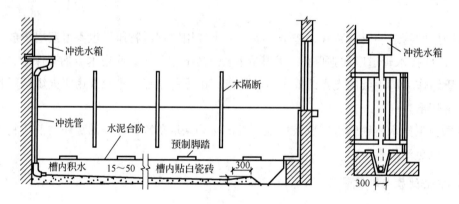

图 2.62　大便槽结构示意图（单位：mm）

2）小便器安装。

① 小便器有挂式和立式两种规格。挂式小便器是依靠自身的挂耳固定在墙上的。挂式小便器安装如图 2.63 所示。立式小便器安装如图 2.64 所示。

小便槽安装长度无明确规定时按设计而定。小便槽的污水口可设在槽的中间，也可设于靠近污水立管的一端，但不管是中间还是在某一端，从起点至污水口，均应有 1%的坡度坡向污水口，污水口应设置存水弯。

② 小便槽应沿墙 1300mm 高度以下铺贴白瓷砖，以防腐蚀。也可用水磨石或水泥砂浆粉刷代替瓷砖。如图 2.65 所示为自动冲洗小便槽安装图。

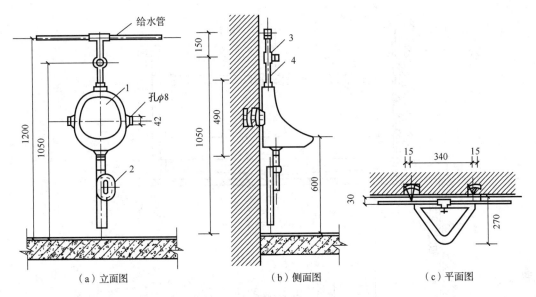

1—挂式小便器；2—存水弯；3—角式截止阀；4—短管。

图 2.63　挂式小便器安装（单位：mm）

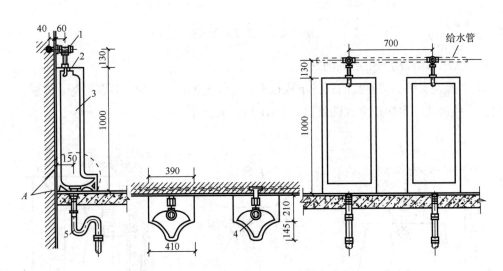

1—延时自闭冲洗阀；2—喷水鸭嘴；3—立式小便器；4—排水栓；5—存水弯。

图 2.64　立式小便器安装（单位：mm）

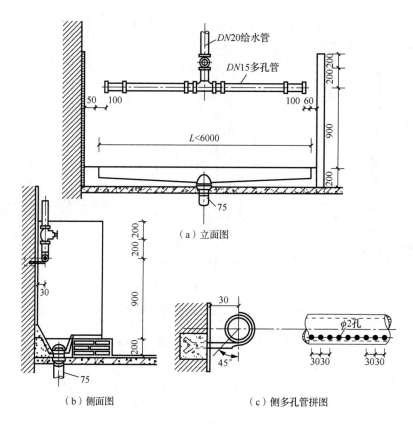

图 2.65　自动冲洗小便槽安装图（单位：mm）

3）盥洗、沐浴用卫生洁具的安装。

① 洗脸盆安装。洗脸盆的规格形式很多，有长方形、三角形、椭圆形等。安装方式有墙架式、柱脚式（也叫作立式洗脸盆，如图 2.66 所示）。

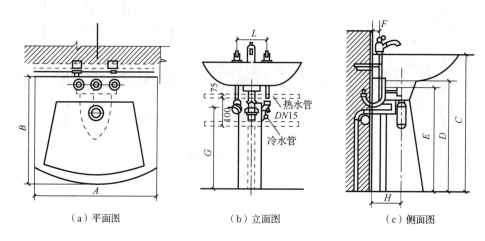

图 2.66　立式洗脸盆（单位：mm）

② 浴盆安装。浴盆的种类很多，式样不一，在浴盆安装前需确定类型、检查空间与管道，安装时要精准定位、保持水平，并进行固定，接好给排水管道，最后进行密封和试水验收。

③ 淋浴器安装。淋浴器具有占地面积小、设备费用低、耗水量小、清洁卫生等优点，故采用广泛。淋浴器有成品出售，但大多数情况下是用管件现场组装。由于管件较多，布置紧凑，配管尺寸要求严格准确，安装时要注意整齐美观。

4）洗涤用卫生洁具的安装。

① 洗涤盆安装。洗涤盆多安装在住宅厨房及公共食堂厨房内，供洗涤碗碟和食物使用。常用的洗涤盆多为陶瓷制品，也有采用钢筋混凝土磨石子制成的，洗涤盆的规格无一定标准。

② 污水盆安装。污水盆也叫作拖布盆，多装设在公共厕所或盥洗室中，供洗拖布和倒污水使用，故盆面较低，但盆身较深，一般为 400～500mm，可防止冲洗时水花溅出。污水盆可在楼板上用水泥砂浆浇灌，也可用砖砌筑，表层磨石子或贴瓷片。如图 2.67 所示为污水盆构造及安装示意图。管道配置较为简单。砌筑时，盆底宜形成一定坡度，以利排水。排水栓为 DN50。安装时应抹上油灰，然后再固定在污水盆水口处。存水弯为一般的 S 形铸铁存水弯。

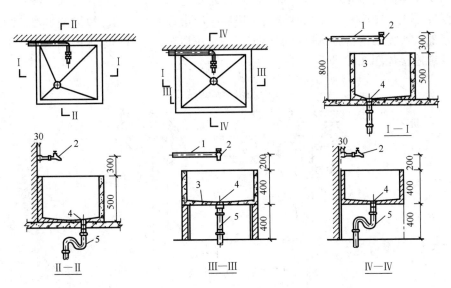

1—给水管；2—水龙头；3—污水池；4—排水栓；5—存水弯。

图 2.67 污水盆构造及安装示意图（单位：mm）

5）卫生器具排水管道的安装。

连接卫生器具的排水管管径和最小坡度，如设计无要求，应符合表 2.21 的规定。

表 2.21　连接卫生器具的排水管管径和最小坡度

项次	卫生器具名称		排水管管径/mm	管道最小坡度/‰
1	污水盆（池）		50	25
2	单、双格洗涤盆池		50	25
3	洗手盆、洗脸盆		32～50	20
4	浴盆		50	20
5	淋浴器		50	20
6	大便器	高、低水箱	100	12
7		自闭式冲洗阀	100	12
8		拉管式冲洗阀	100	12
9	小便器	手动、自闭式冲洗阀	40～50	20
10		自动冲洗水箱	40～50	20
11	化验盆（无塞）		40～50	25
12	净身器		40～50	20
13	饮水器		20～50	10～25
14	家用洗衣机		50（软管为 30）	

连接卫生器具的铜管应保持平直，尽可能避免弯曲，如需弯曲，应采用冷弯法，并注意其椭圆度不大于 10%；卫生器具安装完毕后，应进行通水试验，以无漏水现象为合格。

大便器、小便器的排水出口承插接头应用油灰填充，不得用水泥砂浆填充。卫生洁具与排水管道连接如图 2.68 所示。

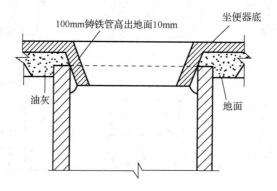

图 2.68　卫生洁具与排水管道连接

任务训练 3

1）根据所学内容简述五种常用阀门的名称并简述其工作原理。

2）给水铸铁管进场如何检验？

3）简述楼层内明装排水管道的安装流程。

拓 展 练 习

一、单选题

1. 给水管的（　　），根据当地土壤的冰冻深度、外部荷载、管材强度等因素确定。

A. 沟槽宽度　　　　B. 沟槽长度　　　　C. 埋设深度　　　　D. 埋设宽度

2. 排水铸铁管用于重力流排水管道，连接方式为（　　）。

A. 承插　　　　B. 螺纹　　　　C. 法兰　　　　D. 焊接

3. 管道试验后进行管道水冲洗，冲洗水的流速一般不小于（　　）m/s。

A. 0.3　　　　B. 0.4　　　　C. 1.2　　　　D. 1.5

4. 聚四氟乙烯生料带用作（　　）连接的管道的密封材料。

A. 螺纹　　　　B. 法兰　　　　C. 承插　　　　D. 焊接

5. 室外给水铸铁管水压试验值设计无要求时，其强度试验压力值应为（　　）（工作压力 $P \leqslant 0.5$MPa）。

A. P　　　　B. $1.25P$　　　　C. $1.5P$　　　　D. $2P$

6. 给排水管道交叉敷设时，管外壁最小允许间距为（　　）m，且给水管在污水管上面。

A. 0.1　　　　B. 0.15　　　　C. 0.2　　　　D. 0.25

7. 碳钢管道防腐常用的底漆有（　　）。

A. 红丹油性防锈漆　　　　　　　B. 沥青漆

C. 硝基漆　　　　　　　　　　　D. 酚醛漆

8. 集中热水供应系统常用于（　　）系统。

A. 普通住宅　　　　　　　　　　B. 高级居住建筑、宾馆

C. 居住小区　　　　　　　　　　D. 布置分散的车间

二、多选题

1. 管道安装常用手动工具包括（　　）。

A. 管钳　　　　B. 扳手　　　　C. 直尺　　　　D. 弯管机

E. 钢锯

2. 给水管的埋设深度根据当地土壤的（　　）等因素确定。

A. 内部荷载　　　　B. 冰冻深度　　　　C. 外部荷载　　　　D. 管材强度

E. 土质强度

3. 安装（　　）阀门时应注意使水流方向与阀体上的箭头方向一致。

A. 蝶阀　　　　B. 闸阀　　　　C. 止回阀　　　　D. 截止阀

E. 球阀

4. 管线轴测图分为（　　）形式。

A. 正等测图　　　　B. 平面图　　　　C. 剖面图　　　　D. 流程图

E. 斜等测图

5．蝶阀与管道连接的方式有（　　　）。

    A．法兰连接   B．对夹连接   C．胶圈连接   D．焊接

    E．丝扣连接

6．阀门型号由表示阀门的类型、传动方式、（　　　）、阀体材料等单元组成。

    A．连接方式   B．结构形式   C．阀门密封面   D．公称直径

    E．公称压力

7．以下（　　　）管材是金属管材。

    A．无缝钢管   B．铸铁管   C．有色金属管   D．铝塑复合管

    E．铝管

三、简答题

1．建筑内部给水系统主要由哪几部分组成？

2．简述管道施工图的识读顺序。

3．建筑内部消火栓给水系统由哪些部分组成？消火栓布置有何要求？

项目 3

建筑燃气工程

■ 项目概述

建筑燃气工程指向工业和民用用户提供气体燃料的燃气管道、附加阀门等的总称，是建筑安装设备的重要组成部分之一，在工业建筑和民用建筑中比较常见。工业建筑中的燃气工程促进了生产工艺的进步，提高了产品产量、质量和生产效率，劳动条件也得到了改善；民用建筑中的燃气工程应用于居民生活、团体炊事和营业餐饮等，为人民的生活与工作提供了方便。本项目以《燃气工程制图标准》(CJJ/T 130—2009)为主要依据，参照《建筑制图标准》(GB/T 50104—2010)、《房屋建筑制图统一标准》(GB/T 50001—2017)以及《城镇燃气室内工程施工与质量验收规范》(CJJ 94—2009)，进行了民用建筑和工业建筑燃气工程基础知识、供应体系、识图技巧及施工工艺的介绍。

■ 学习目标

知识目标	能力目标	素质目标
1. 了解建筑燃气工程性质、分类； 2. 熟悉建筑燃气工程常用材料和设备； 3. 熟悉建筑燃气工程的构成体系； 4. 掌握建筑燃气工程施工图的组成、制图标准； 5. 掌握建筑燃气工程施工图的识读技巧； 6. 掌握建筑燃气工程施工工艺； 7. 熟悉建筑燃气工程的安全防护和应对措施	1. 具备建筑燃气工程的基本常识； 2. 具备建筑燃气工程施工图识读的能力； 3. 具备建筑燃气工程施工工艺纠错能力； 4. 根据工程项目图纸和实际情况，完成建筑燃气工程内的BIM碰撞检查； 5. 具备建筑燃气工程的安全防护意识和一定的安全防护能力	1. 培养学生严谨求实、一丝不苟的学习态度； 2. 培养学生善于观察、善于思考的学习习惯； 3. 培养学生团结协作的职业素养； 4. 培养学生绿色节能的理念

■ 课程思政

党的二十大报告中指出，坚持安全第一、预防为主，建立大安全大应急框架，完善公共安全体系，推动公共安全治理模式向事前预防转型。推进安全生产风险专项整治，加强重点行业、重点领域安全监管。提高防灾减灾救灾和重大突发公共事件处置保障能力，加强国家区域应急力量建设。

通过介绍燃气系统的组成，观看燃气泄漏安全教育视频，掌握燃气泄漏紧急处理方法，强调生产、生活用气安全，培养学生的事前预防意识。

通过燃气施工图识读部分内容的学习，组织学生分组共同完成一套燃气工程汇报文件，培养学生分工协作的团队合作精神，实事求是的严谨作风，开拓创新的科学态度，精益求精的工匠精神；同时通过燃气工程施工工艺汇报练习，提高学生的专业能力，提升职业素养。

■ **任务发布**

1）图纸：某厂房燃气工程，包括生产车间、门卫室、自行车棚，占地面积 13643.09m²，工程图纸通过 www.abook.cn 网站下载得到。

2）图纸识读范围：①室外天然气管道平面图；②车间天然气管道平面图；③车间天然气管道轴侧图；④次高-中低压调柜工艺流程图；⑤中压计量柜工艺流程图。

3）参考规范：

《建筑制图标准》（GB/T 50104—2010）；

《燃气工程制图标准》（CJJ/T 130—2009）；

《房屋建筑制图统一标准》（GB/T 50001—2017）；

《城镇燃气室内工程施工与质量验收规范》（CJJ 94—2009）。

4）成果文件：住宅楼室内燃气工程汇报文件一份。

【拍一拍】

作为气体燃料的燃气，能够燃烧而放出热量，供我们日常生活及生产使用，随着科技的发展，燃气设备在我们身边无处不在（图 3.1 和图 3.2），同学们可以拍一拍你身边的燃气装置，感受一下燃气在我们生活中的重要性。

图 3.1 燃气灶　　　　　　　　　　　图 3.2 燃气热水器

【想一想】

燃气是怎样输送到燃气灶中的？

任务 3.1　建筑燃气工程简介

3.1.1　认识建筑燃气工程

1. 燃气的分类

燃气燃烧时可放出热量供居民和工业企业使用。燃气的种类很多，目前，我国使用的城市燃气种类主要包括天然气（T）、人工煤气（R）和液化石油气（Y）三大类。其中，人工煤气生产成本高、对环境有一定污染，且具有危险性，在应用端的使用正在减少，天然气和液化石油气应用为主流，天然气因为清洁、环保、安全的特点，发展空间更为广阔。

（1）天然气

天然气是自然界中存在的一类可燃性气体，是一种化石燃料，主要成分为烷烃，其中甲烷占比最大，另外还有乙烷、丙烷、丁烷、硫化氢、二氧化碳和氮等。另外，天然气在送到最终用户之前，为助于泄漏检测，还要用硫醇、四氢噻吩等来给天然气添加气味。在标准状况下，甲烷、乙烷、丙烷和丁烷以气体状态存在，戊烷以上为液体。

天然气的优点有很多。首先，绿色环保。天然气是一种洁净环保的优质能源，几乎不含硫、粉尘和其他有害物质，燃烧时产生的二氧化碳少于其他化石燃料，对温室效应产生影响较小，因而能从根本上改善环境质量。其次，经济实惠。一方面，天然气与人工煤气相比，同比热值价格相当，并且天然气清洁干净，能延长灶具的使用寿命，也有利于用户减少维修费用的支出。另一方面，天然气是洁净燃气，供应稳定，能够改善空气质量，因而能为该地区经济发展提供新的动力，带动经济繁荣及改善环境。再次，安全可靠。天然气无毒、易散发，密度小于空气，不易积聚成爆炸性气体，是较为安全的燃气。最后，改善生活质量。随着家庭更多地使用安全、可靠的天然气，极大改善了家居环境，提高了生活质量。当然，天然气的使用也有一定的局限性，对于温室效应，天然气和煤炭、石油一样会产生二氧化碳。因此，不能把天然气当作新能源。

【拓展知识】

公元前 250 年，战国时期，秦国军队开始在弓箭上绑上浸过猛火油（即石油）的麻屑作为火攻利器，守城的军队也向敌人攻城的云梯上泼洒猛火油并点燃来防守城池。东汉史学家班固在《汉书》中写道："高奴有洧水可燃"。高奴在今天陕西延长一带。这是人类关于石油天然气发现的最早文字记载。

通过石油发展史的学习，激发学生对我国优秀传统文化的认同感，树立民族自信心和自豪感，增强文化自信。

（2）人工煤气

人工煤气主要是指以固体、液体或气体燃料（包括煤、重油、轻油、石油、天然气等）

为原料经转化制得的燃气。城市燃气发展的初期使用的气源就是人工煤气，包括干馏煤气、气化煤气和油制气。

煤在高温干馏过程中产生的气体，称之为干馏煤气，常见的有焦炉煤气、伍德炉煤气等。干馏煤气是煤在高温缺氧环境下分解时的产物。煤料在炭化室受热时，首先释放出水蒸气及吸附在煤粒表面的 CO_2、CH_4 等气体。当温度升高到 200℃ 以上时，煤开始分解，这时最易分解的短侧链形成了 CO_2 及 CO，产率也不高。这一阶段的上限温度及煤气生成量因煤种不同而异，对焦煤来说，终了温度为 200～400℃，逸出的煤气量，为正常高温干馏时生成总煤气量的 5%～6%。

固体燃料的气化过程是一个热化学过程。它是以固体燃料（煤或焦炭等）为原料，以 O_2（空气、富氧成纯氧）、水蒸气或氢气等作气化剂（或称气化介质），在高温条件下通过化学反应将固体燃料转化为气体燃料的过程。气化时所得到的可燃气体称为气化煤气，其有效成分包括 CO、H_2、CH_4 等。气化煤气亦可用作城市燃气、工业燃气和化工原料气。

用石油及其产品生产的燃气称为油制气。石油或石油产品通常为重碳氢化合物，通过热裂解法和催化裂解法可以将分子量很高的组分裂解为低分子量的碳氢化合物和 H_2。油制气通常用来作为城市燃气的补充气源，特别是以人工燃气作为城市燃气主要气源的城市。

（3）液化石油气

液化石油气简称液化气，是石油在提炼汽油、煤油、柴油、重油等油品过程中剩下的一种石油尾气，通过一定程序，对石油尾气加以回收利用，采取加压的措施，使其变成液体，装在受压容器内，液化气的名称即由此而来。它的主要成分有乙烯、乙烷、丙烯、丙烷和丁烷等，在气瓶内呈液态状，一旦流出会气化成比原体积约大 250 倍的可燃气体，并极易扩散，遇到明火就会燃烧或爆炸。因此，使用液化气也要特别注意。

此外，在燃气划分为人工煤气，天然气和液化石油气三大类的基础上，结合反映其互换性能的特性指标华白数 W、燃烧势 CP 可继续细分，如表 3.1 所示。其中，华白数是代表燃气特性的一个参数，是一个互换性指数，指的是燃气高热值与相对密度平方根之比；燃烧势是燃气燃烧速度指数，是反映燃烧稳定状态的参数，即反映燃烧火焰产生离焰、黄焰、回火和不完全燃烧的倾向性参数。若两种燃气的热值和密度均不相同，但只要它们的华白数相等，就能在同一燃气压力下和同一燃具上获得同一热负荷。各国规定在两种燃气互换时华白数的变化范围为 ±（5%～10%）。两种燃气若能互换，则其燃烧势应在一定范围之内波动。

表 3.1　燃气分类表

类别		华白数 W/（MJ/m³）		燃烧势 CP	
		标准	范围	标准	范围
人工煤气	5R	22.7	21.1～24.3	94	55～96
	6R	27.1	25.2～29.0	108	63～110
	7R	32.7	30.4～34.9	121	72～128

续表

类别		华白数 W /（MJ/m³）		燃烧势 CP	
		标准	范围	标准	范围
天然气	4T	18.0	16.7～19.3	25	22～57
	6T	26.4	24.5～28.2	29	25～65
	10T	43.8	41.2～47.3	33	31～34
	12T	53.5	48.1～57.8	40	36～88
	13T	56.5	54.3～58.8	41	40～94
液化石油气	19Y	81.2	76.9～92.7	48	42～49
	20Y	84.2	76.9～92.7	46	42～49
	22Y	92.7	76.9～92.7	42	42～49

　　燃气分类指标中的华白数、燃烧势是燃气互换性的重要判定依据。不同燃气对燃气设备的通用性即为燃气的互换性问题，它是安全使用燃气的重要因素。燃气的互换性主要与由燃气热值、燃气密度和燃气燃烧速度的差别而造成设备系统燃气流量变化、热负荷变化和燃烧状况变化有关。

　　2. 建筑燃气工程常用管材

　　（1）燃气管道常用材料

　　用作输送城市燃气管道的材料有很多，常用的管材有钢管、铸铁管、塑料管和复合管等。其中，干管口径较大，通常采用铸铁管与钢管。口径 75mm 以上的支管及引入管，通常也采用铸铁管。口径 75mm 以下的支管及引入管，通常采用镀锌钢管外包绝缘防腐层。室外管、室内管、用气管等口径较小（一般小于 100mm），通常采用镀锌钢管。

　　1）钢管。钢管能承受较大的应力，有良好的塑性，便于焊接。与其他金属相比，在相同的敷设条件下，管壁较薄，因此能节省金属用量。但钢管的耐腐蚀性较差，随着生产技术的发展，钢管的性能还在不断改进，进而提高燃气管网安全运行的可靠性。根据制造方法不同，钢管可分为无缝钢管与焊接钢管两种。

　　无缝钢管：有高、中、低压锅炉用无缝钢管、工业管道中化工与石油化工用的无缝钢管以及输送各种压力流体的无缝钢管等。

　　焊接钢管：按焊接方式可分为埋弧焊、高频焊、电阻焊等多种焊接钢管；按成型方式又可分为螺旋焊缝钢管和直缝焊缝钢管。

　　2）铸铁管。铸铁管是目前燃气管道中应用最广泛的管材，它使用年限长，生产简便，成本低，并且有良好的耐腐蚀性。一般情况下，地下铸铁管的使用年限为六十年以上，所以铸铁管是输送燃气的主要管材，常用的主要有灰口铸铁和球墨铸铁两种。

　　灰口铸铁是目前铸铁管中最主要的管材，灰口铸铁中的碳以石墨状态存在，破断后断口呈灰色，故称灰口铸铁。灰口铸铁易于切削加工，铸铁管内外表面允许有厚度不大于 2mm 的局部黏砂，外表面上允许有高度小于 5mm 的局部凸起。承中部内外表面不允许有严重缺陷，同一部位内外表面局部缺陷深度不得大于 5mm，直管的两端应与轴线相垂直，其抗压强度不低于 200MPa，抗拉强度不低于 140MPa。

铸铁熔炼时在铁水中加入少量球化剂,使铸铁中的石墨球化,这样就得到球墨铸铁。铸铁进行球化处理的主要作用是提高铸铁的各种机械性能。球墨铸铁不但具有灰口铸铁的优点,而且还具有很强的抗拉、抗压能力,其抗冲击性能为灰口铸铁管十倍以上。因此,在国外已广泛采用球墨铸铁燃气管来代替灰口铸铁燃气管。目前,我国的球墨铸铁管产量已有所增长,并也已经应用到了燃气管道安装中,但还是存在管材规格不全、管件配套供应缺失等问题。

3)塑料管。塑料管主要指硬质聚氯乙烯和聚乙烯管,具有质轻、抗腐蚀、摩擦阻力小、接口严密、抗拉强度较大和施工简便等一系列优点,广泛应用在中、低压燃气管网中,但其老化问题还有待研究。

4)复合管。复合管主要指钢骨架聚乙烯塑料复合管,利用了钢材强度高而塑料抗腐性能好的特点,可用于中、低压燃气管道。

5)其他管材。国外有时还使用有色金属管材,如铜管和铝管等,以铝管应用较多,大多用于室内燃气计量表之后的管道。此外,也有使用石棉水泥管、预应力混凝土管作燃气管道的,一般用于低压地下支管。

(2)燃气管道尺寸的表示方式

一般来说管道的直径可分为内径、外径和公称直径,其中,无缝钢管一般用实际直径 D 表示,其后附加外径的尺寸和壁厚,塑料管用外径 De 表示,其他材质的管(如钢筋混凝土管、铸铁管、镀锌钢管等)在设计图纸中一般采用公称直径 DN 表示。值得注意的是,公称直径是为了设计制造和维修的方便人为规定的一种标准,在管径表示中比较常见。公称直径既不是内径也不是外径,是接近于内径,但是又不等于内径的一种管径规格名称。在设计图纸中用公称直径是为了确定管段、管件、阀门、法兰、垫片等结构尺寸,从而方便它们之间的连接。无缝钢管、焊接钢管常用尺寸如表 3.2 所示,镀锌钢管常用尺寸如表 3.3 所示,螺旋焊管常用尺寸如表 3.4 所示。

表 3.2　无缝钢管、焊接钢管常用尺寸表

序号	规格	外径×壁厚	内径/mm	备注
1	$DN15$	18mm×2.5mm/22mm×3.0mm	15.8/21.3	
2	$DN20$	25mm×3.0mm	19	
3	$DN25$	32mm×3.5mm	25	
4	$DN32$	38mm×3.5mm	31	
5	$DN40$	45mm×3.5mm	38	
6	$DN50$	57mm×3.5mm	50	
7	$DN70$	76mm×4.0mm	68	
8	$DN80$	89mm×4.0mm	81	
9	$DN100$	108mm×4.0mm	100	
10	$DN125$	133mm×4.0mm	125	
11	$DN150$	159mm×6.0mm	147	
12	$DN200$	219mm×6.0mm	207	

续表

序号	规格	外径×壁厚	内径/mm	备注
13	DN225	245mm×6.0mm	207	
14	DN250	273mm×7.0mm	41	
15	DN300	325mm×8.0mm	68	
16	DN400	426mm×9.0mm	80.5	
17	DN500	530mm×9.0mm/630mm×9.0mm/720mm×10.0mm	106/132/157	

表3.3　镀锌钢管常用尺寸表

序号	规格	外径×壁厚	内径/mm	备注
1	DN15	21.3mm×2.75mm	15.8	
2	DN20	26.8mm×2.75mm	21.3	
3	DN25	33.5mm×3.25mm	27	
4	DN32	42.3mm×3.25mm	35.8	
5	DN40	48mm×3.25mm	41	
6	DN50	60mm×3.5mm	53	
7	DN65	75.5mm×3.75mm	68	
8	DN80	88.5mm×4.0mm	80.5	
9	DN100	114mm×4.0mm	106	
10	DN125	140mm×4.0mm	132	
11	DN150	165mm×4.0mm	157	

表3.4　螺旋焊管常用尺寸表

序号	规格	外径×壁厚	内径/mm	备注
1	DN200	219mm×6.0mm	20.7	
2	DN225	25mm×3.0mm	20.7	
3	DN250	32mm×3.5mm	41	
4	DN300	38mm×3.5mm	68	
5	DN400	45mm×3.5mm	80.5	
6	DN500	57mm×3.5mm	106	
7	DN600	76mm×4.0mm	132	
8	DN700	89mm×4.0mm	157	

（3）燃气管道常用连接方式

燃气管道中常见的连接方式有承插连接、法兰连接、螺纹连接、沟槽连接、热熔连接与焊接等，具体如下。

1）承插连接。承插连接是指将管子或管件一端的抽口插入欲接件的承口内，并在环隙内用填充材料密封的连接方式。承插连接主要用于带承插接头的铸铁管、混凝土管、陶瓷管、塑料管等。承插连接接口主要有青铅接口、石棉水泥接口、膨胀性填料接口、胶圈接口等。承插管分为刚性承插连接和柔性承插连接两种。刚性承插连接是用管道的插口插入管道的承口内，对位后先用嵌缝材料嵌缝，然后用密封材料密封，使之成为一个牢固的封闭的整体。

2）法兰连接。法兰连接是指把两个管道、管件或器材，先各自固定在一个法兰盘上，然后在两个法兰盘之间加上法兰垫，最后用螺栓将两个法兰盘拉紧使其紧密结合成为一种可拆卸的接头的连接方式。

3）螺纹连接。螺纹连接又叫丝扣连接，是指在管子端部按照规定的螺纹标准加工成外螺纹，并在必要时与有内螺纹的管件拧紧在一起的一种连接方式。

4）沟槽连接。沟槽连接是一种新型的钢管连接方式，也叫卡箍连接。起连接密封作用的沟槽连接管件主要由密封橡胶圈、卡箍和锁紧螺栓三部分组成。位于内层的橡胶密封圈置于被连接管道的外侧，并与预先滚制的沟槽相吻合，再在橡胶圈的外部扣上卡箍，然后用两个螺栓紧固即可。由于橡胶密封圈和卡箍采用特有的可密封的结构设计，使得沟槽连接件具有良好的密封性，并且随管内流体压力的增高，其密封性相应增强。

5）热熔连接。热熔连接是指在钢结构工程中，将两根金属钢筋，通过电加温设备进行连接的一种方式。金属热熔连接后的连接点，一定要在常温状态下冷却，才能达到原金属材料的抗拉强度。热熔连接不得淬火，以免连接点碳化变脆，失去原有金属材料的抗拉强度。热熔连接主要有热熔承插连接和热熔对焊连接两种。

6）焊接。焊接也称作熔接，是一种以加热、高温或者高压的方式接合金属或其他热塑性材料（如塑料）的制造工艺及技术。

以上几种连接方式对比如表 3.5 所示。

表 3.5　燃气管道常见连接方式对比

名称	特点	使用范围
承插连接	很容易漏水	适用于铸铁管道
法兰连接	缺点：操作复杂，安装速度慢，法兰成本高 优点：拆卸方便、密封性能好	适用于铸铁管、非铁金属管和法兰阀门等的连接
螺纹连接	缺点：承压能力小，螺纹处容易漏水 优点：安装方便	适用于小口径的管道连接（$DN<100$）
沟槽连接 （卡箍连接）	操作简单、管道原有的特性不受影响、有利于施工安全、系统稳定性好、经济性好	可用于连接钢管、铜管、不锈钢管、衬塑钢管、球墨铸铁管、厚壁塑料管及带有钢管接头盒法兰接头的软管和阀件
热熔连接	连接简便、使用年限久、不易腐蚀	广泛应用于塑料管等新型管材的连接
焊接	焊口牢固、耐久，严密性好，焊缝强度一般可达到管子强度的 85%以上，甚至超过母材强度，管段间直接焊接，不需要接头配件，构造简单，成本低，管路整齐美观，使用后运行可靠，不需要经常维修，施工进度快，劳动强度低	广泛应用于钢管、铜管等连接

3.1.2 城镇燃气供应系统

城镇燃气供应系统由气源、输配系统和用户三部分组成，如图 3.3 所示。其中，输配系统是向用户不间断供应燃气的可靠保证，在运行管理方面必须保证安全。现代化城镇燃气输配系统是复杂的综合设施，通常由以下部分组成。

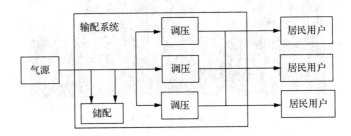

图 3.3 燃气供应系统示意图

1）低压、中压及高压等不同压力等级的燃气管道。

2）城市燃气分配站或压气站、各种类型调压站或调压装置。

3）储配站。

4）监控与调度中心。

5）维护管理中心。

1. 气源

中国城市燃气已有 140 多年的历史，但真正的发展在 20 世纪 80 年代后，大体可分为三个阶段。

1）人工煤气阶段。20 世纪 80 年代初，国家出台了节能政策和财政支持政策，全国建成了一批以利用焦炉煤气和化肥厂释放气为主的城市燃气利用工程。

2）液化石油气阶段。20 世纪 90 年代初，国家出台了允许液化石油气进口的政策并取消了进口配额限制，广东沿海等地区首先引入了进口液化石油气，到 1999 年进口液化石油气总量达 500 多万吨，使液化石油气成为城市燃气的主要气源。

3）天然气阶段。20 世纪 90 年代末到 21 世纪初，我国建成了陕京一线和西气东输一线，管道天然气在城市燃气中得到发展，标志着中国城市燃气已进入了天然气时代。

天然气一般埋藏在地下，在地表不能发现，所以要利用各种勘探方法寻找天然气，并进行计划性地开采。天然气的开采一般采用钻井的方法，即将井钻到气层的深度，从气井中将天然气采到地面，如图 3.4 所示；再进入集输流程，即将天然气从各分散的气井（或油井）集中起来，进行必要的加工和计量，然后输送到天然气净化厂、加工厂或输气干线的过程。天然气集输系统的主要设施有井场装置、集气站、矿场压气站、天然气处理厂和输气干线首站等，主要工艺流程包括油气分离、处理、计量、储存、输送、污水处理等。天然气集输系统流程示意图如图 3.5 所示。

图 3.4　天然气气井

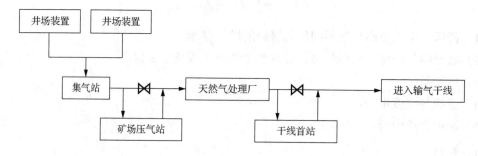

图 3.5　天然气集输系统流程示意图

　　人工煤气是指以固体或液体可燃物为原料加工生产的气体燃料，不同原料、不同生产工艺所生产的人工燃气杂质含量差别很大，是城市燃气发展初期所使用的气源。液化石油气是石油开采或加工过程中的副产品，通常来自炼油厂，其作为一种烃类混合物，具有常温加压或常压降温，即可变为液态便于储存和运输，升温或减压，即可气化使用的显著特性，因而是一种广泛使用的气源。

　　2. 输配系统

　　（1）燃气管道

　　建筑燃气管道系统由市政管网系统、室外管网系统和室内管网系统三部分组成，其划分界线如下。

　　1）室外管网和市政管网的分界点为两者的碰头点。

　　2）室内管网和室外管网的分界有两种情况：

　　① 由地下引入室内的管道以室内第一个阀门为界，如图 3.6 所示。

　　② 由地上引入室内的管道以墙外三通为界，如图 3.7 所示。

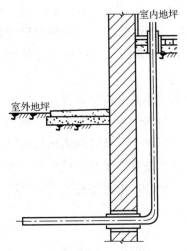

图 3.6 地下室内引入管接点示意图

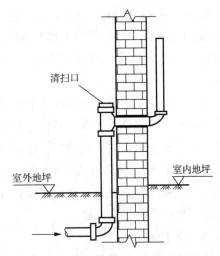

图 3.7 地上室外引入管接点示意图

（2）城市燃气门站

城市燃气门站是天然气自长输管线进入城市管网的接收站，亦是城市燃气分配站，具有检测、过滤、计量、调压、伴热、加臭、分配和远程遥测、遥控等功能。城市燃气门站可配备进口流量仪表及流量计算机，也可配备国产优质流量仪表，可同时具备出口压力超高、低压自动切断及自动放散功能。城市燃气门站可采用远程遥测、遥控方式工作，可采取保温及伴热措施，可根据用户需求选用不同的结构形式。

（3）储配站

燃气储配站是城镇燃气输配系统中储存和分配燃气的设施，其主要任务是根据燃气调度中心的指令，使燃气输配管网达到所需压力和保持供需气之间的平衡。燃气储配站的工艺流程需根据气源厂的性质、城市规模、负荷分布和管网压力级制等因素，通过技术经济比较后确定。燃气储配站站址的选择要考虑工艺、动力、给排水、土建安装、防火防爆、环境保护等方面的要求及其对投资和运行费用的影响，并和城市总体规划相协调。燃气储配站的工艺布置应保证工作可靠、安全生产和便于运行管理。各建筑物和构筑物之间应满足安全防火距离的要求，应设环绕全站的消防道路，压送、调压等生产车间的用电设备应考虑防火防爆要求，站内燃气管道宜连成环状并设有检修和事故时使用的越站旁通管道。按储存燃气形态分，气态储存是我国目前广泛用于调节用气不均匀性的储气方式，分低压储存和高压储存两种。按储气容器分，有地上储气柜储气、地下岩穴储气、地下管束储气和管道储气等储存方式。

（4）监控与调度中心

燃气监控系统通过最新的计算机技术、自动化技术、网络通信技术以及与地理信息系统（geographical information system，GIS）的充分融合，形成了监控与数据采集系统（supervisory control and data acquisition system，SCADA system）功能为主体、高级应用功能可扩充的新一代燃气管网监控系统。SCADA 系统主要完成数据采集、处理、存储、查看、报警、报表及远程操作、Web 发布等功能。在此基础上，结合燃气公司地理信息系统、企业资源计划（enterprise resource planning，ERP）系统等，可形成负荷预测与趋势分析、事故预测及报警、燃气管网模拟仿真与泄漏检测功能、优化调度、故障抢险调度决策等高级应用功能，确保供气管网安全、稳定、经济运行，提高燃气管网现代化管理水平和管理效率。

调度中心主要由操作员站和工程师站组成，操作员站以直观友好的界面，实时显示管网运行情况，完成信息查询、数据库检索、图表分析、报表输出、声光报警及远程操作等功能。通过操作员站的人机界面，值班人员可全面地了解整个燃气管网的运行状况，并下达调度控制指令，完成 SCADA 系统的调度管理。工程师站则用于系统的二次开发、标记修改、更新系统参数及完成数据库管理和维护等工作。此外，根据需要还可单独设立报表工作站、视频监控工作站等。

（5）维护管理中心

维护管理中心负责整个燃气输配系统的保护保养、维修维护及日常管理等工作，从而确保建筑燃气的安全供应、按时供应和充分供应。

3．用户

用户所接触到的建筑燃气主要指室内燃气系统，室内燃气系统由进户管道（引入管）、户内管道（干管、立管、支管）、燃气计量表和燃气用具设备四部分组成，如图3.8所示。

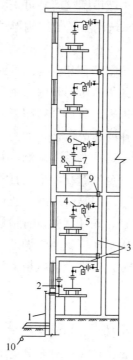

1—用户引入管；2—引入口总开闭阀；3—水平干管及立管；4—用户支管；
5—计量表；6—软管；7—用具连接管；8—用具；9—套管；10—分配管道。

图3.8　室内燃气管道的组成

（1）进户管道（引入管）

自室外管网至用户总开闭阀为止的这段管道称为进户管道（引入管），如图 3.9 所示。

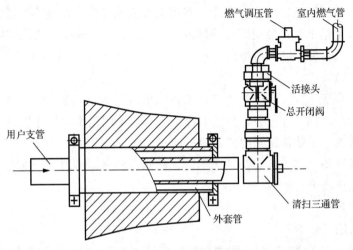

图 3.9 燃气进户管道引入装置

引入管直接引入用气房间（如厨房）内，不得敷设在卧室、厕所、走廊。当引入管穿墙、穿楼板时，应当预留孔洞，加套管，其间隙用油麻、沥青或环氧树脂填塞，如图 3.10 和图 3.11 所示。引入管应尽量在室外穿出地面，然后再穿墙进入室内。在立管上设三通、丝堵来代替弯头。

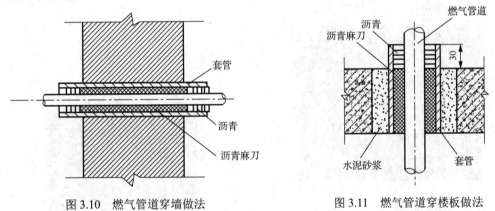

图 3.10 燃气管道穿墙做法　　　　图 3.11 燃气管道穿楼板做法

（2）户内管道

自用户总开闭阀起至燃气计量表或用气设备的管道称为户内管道。户内管道分为水平干管、立管、用户支管等。

1）水平干管。引入管连接多根立管时，应设水平干管。水平干管可沿楼梯间或辅助房间的墙壁明敷设，管道经过的房间应有良好的通风。

2）立管。立管是将燃气由水平干管（或引入管）分送到各层的管道。立管一般敷设在厨房、走廊或楼梯间内。立管通过各层楼层时应设套管。套管高出地面至少 50mm，套管与立管之间的间隙用油麻填堵，沥青封口。立管在一幢建筑中一般不改变管径，直通上面各层。

3）用户支管。由立管引向各层单独用户计量表及煤气用具的管道为用户支管，支管穿墙时也应有套管保护。

埋地管道通常用铸铁管或焊接钢管，采用柔性机械咬口或焊接连接，室内明装管道全部用镀锌钢管或不锈钢管，使用螺纹连接或卡套连接、卡压连接，螺纹连接时以生料带或厚白漆为填料，不得使用麻丝做填料。

（3）燃气计量表

居民家庭用户应单独安装一只燃气计量表，集体、企业、事业用户等每个单独核算的单位最少应安装一只燃气计量表。目前居民家庭一般使用民用燃气计量表，商业用户使用工商用燃气计量表，工业建筑常用罗茨流量计。

燃气计量表（图 3.12）应设在便于安装、维修、抄表，清洁，无湿气，无振动，并远离电气设备和远离明火的地方。

（4）燃气用具

常用的燃气用具如下。

1）燃气炉灶。燃气炉灶通常放置在砖砌的台子、混凝土浇筑的台子或者橱柜的台面上，进气口与燃气计量表的出口（或出口短管）以橡胶软管或者金属软管连接。

2）热水器。热水器（图 3.13）通常安装在洗澡间外面的墙壁上，安装时，热水器的底部距地面约 1.5～1.6m。大容量的热水器需安装排烟管，排烟管应引至室外，在其立管端部安装伞形帽。冷水阀出口与热水器进口、热水器出水口与莲蓬头进水口可采用胶管连接。热水器进气口的管段采用白铁管及胶管。

（a）燃气计量表

（b）罗茨流量计

图 3.12　燃气计量表

图 3.13　热水器

3）燃气加热设备。燃气加热设备包括开水炉（JL-150Y 型、L-150 型）、采暖炉（箱式、YHRQ 型红外线和辐射采暖炉）、沸水器（容积式和自动沸水器）、快速热水器（直排式、平衡式和烟道式）。

4）燃气锅炉。燃气锅炉是指燃料为燃气的锅炉，以燃气燃烧器和锅炉控制器为主要部件。按照功能可以分为燃气开水锅炉、燃气热水锅炉（包括燃气采暖锅炉和燃气洗浴锅炉）、燃气蒸汽锅炉等；按照构造可以分为立式燃气锅炉、卧式燃气锅炉；按照烟气流程可以分为单回程燃气锅炉和三回程燃气锅炉。燃气铸铝锅炉包括的型号比较广泛，从 80 到 2800kW，可根据客户的不同需求进行量身定制。随着国家西气东输工程的实现，燃气锅炉（图 3.14）逐渐成了人们的首选。燃气锅炉按照燃料不同可以分为天然气锅炉、城市煤气锅炉、焦炉煤气锅炉、液化石油气锅炉、沼气锅炉和燃甲醇锅炉等。

5）燃气辐射采暖器。燃气辐射采暖器（图 3.15）是利用天然气、液化石油气或人工煤气等可燃气体，在特殊的辐射管内燃烧而辐射出各种波长的红外线进行供暖的，红外线是整个电磁波波段的一部分。不同波长的电磁波，接触到物体后，将产生不同的效应。波长在 $0.76 \sim 1000 \mu m$ 之间的电磁波，尤其是波长在 $0.76 \sim 40 \mu m$ 之间的电磁波，具有非色散性，因而，能量集中，热效应显著，所以称为热射线或红外线。燃气辐射管发出的红外线波长正好全部在此范围内。辐射热不会被大气所吸收，而是被建筑物、人体、设备等各种物体所吸收，并转化为热能。吸收了热的物体，本体温度升高，再一次以对流的形式加热周围的其他物体，如大气等。所以，建筑物内的大气温度，不会产生严重的垂直失调现象。因此其热能的利用率很高，并使人体感觉很舒适。因此，燃气辐射采暖是工业厂房等高大空间较理想的供暖方式。

图 3.14　燃气锅炉

图 3.15　燃气辐射采暖器

4. 燃气附件及管道设备

（1）燃气附件

管道工程中为了分支、变更方向、改变管径和避让障碍物，需要专用的管路附件。各种管材均应备有必需的管道配件。由于管道的材料、接口不同，因此管路附件也各不相同。

1）铸铁管路附件。燃气铸铁管以机械接口连接为主。机械接口铸铁管路附件见表 3.6。

表 3.6　常用铸铁管路附件

名称	示意图	说明
三通管		三通管又称丁字管,根据口径又分为异径三通与同径三通
四通管		四通管也称十字管,通常只有同径四通管
有眼短管		有眼短管与普通承插管相仿,其承口后有一带凸台的螺纹孔
夹子三通管		夹子三通管由上下两侧组成,上层带有承口,上下两层用法兰连接,根据所带承口大小有不同规格
弯管		铸铁弯管规格按管弧度分为 $50°$, $45°$, $22\frac{1}{2}°$, $11\frac{1}{2}°$ 等;根据承口可分为单承与双承
乙字管		由于管件形状像乙字,故称乙字管,乙字管一般为单承

名称	示意图	说明
套筒		套筒为直筒型的双承口，用于连接双插管，或用于嵌接分支管
渐缩管		渐缩管为一异径短管，一般为单承，异径的大小即为规格
管盖		管盖为一封闭的单承口，形如帽状
防漏夹		防漏夹分上、下两片，利用承口夹箍与防漏夹螺孔采用螺栓固定。防漏夹与承口间采用橡胶密封圈夹紧
有眼夹子		有眼夹子和夹子三通管构造相似，其上片无承口，而是螺纹孔，故称有眼夹子

2）螺纹管件。可用于小口径钢管的螺纹接口管件，一般采用可锻铸铁制造。圆锥形螺纹铸铁管接头的规格及工作压力见表 3.7。

表 3.7　圆锥形螺纹铸铁管接头的规格与工作压力

公称直径		外径/mm	螺纹		长度/mm	工作压力/MPa
mm	in		外径/in	长度/mm		
15	$\frac{1}{2}$	27	$\frac{1}{2}$	14	38	1.5
20	$\frac{3}{4}$	35	$\frac{3}{4}$	16	42	1.5
25	1	42	1	18	48	1.5
32	$1\frac{1}{4}$	51	$1\frac{1}{4}$	20	52	1.5
40	$1\frac{1}{2}$	57	$1\frac{1}{2}$	22	56	1.5
50	2	70	2	24	60	1
70	$2\frac{1}{2}$	88	$2\frac{1}{3}$	27	66	1

其中，可锻铸铁管件主要种类如下，详见图 3.16。

① 弯头：用于连接两根公称通径相同的管子，使管路作 90°或 45°盘弯。在弯度较大的管路上，则使用月弯。

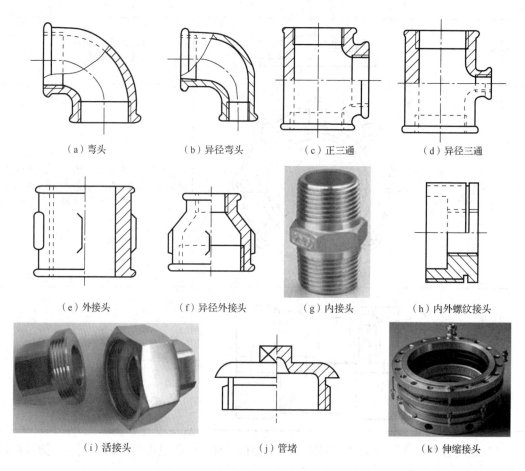

（a）弯头　　　　（b）异径弯头　　　　（c）正三通　　　　（d）异径三通

（e）外接头　　　　（f）异径外接头　　　　（g）内接头　　　　（h）内外螺纹接头

（i）活接头　　　　（j）管堵　　　　（k）伸缩接头

图 3.16　可锻铸铁管件

为连接两种不同口径的管子所用的弯头为异径弯头。若弯头一端为内螺纹，弯头另一端为外螺纹，则称内外弯头。

② 三通：三向口径相同的称正三通，口径不同的称为异径三通。若接合管不互相垂直，而呈叉状，则称 Y 三通。

③ 外接头：用来连接两根公称通径相同的管子。

④ 异径外接头：又名大小头，用来连接两根公称通径不同的管子。

⑤ 内接头：用来连接两个公称通径相同的内螺纹管件。

⑥ 内外螺纹接头：主要用于管径变换的接头处。

⑦ 活接头：用于需经常拆卸的管路上。

⑧ 管堵：有外螺纹的管堵，用来堵塞管路。

⑨ 伸缩接头：主要用于补偿管路因热胀冷缩而引起的位移。

3）钢管件。钢管件的种类和铸铁管件相同，大口径（>ϕ150mm）管件均为焊接管件，其中 45° 弯管为三拼焊接弯管，90° 弯管为四拼焊接弯管。钢管与承插管件承插连接的插口应加固。焊接钢管管件无定型产品，一般均由施工单位根据工程需要用钢管拼制。常用钢管管件见图 3.17。

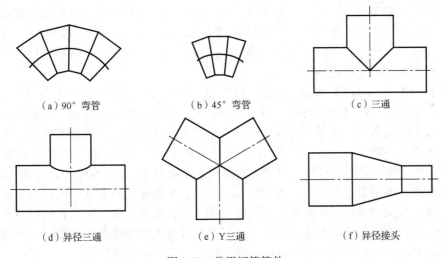

图 3.17　常用钢管管件

4）聚乙烯管件。聚乙烯管件有承插热熔管件和接头管件，详见图 3.18。

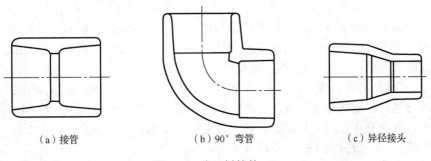

图 3.18　聚乙烯管件

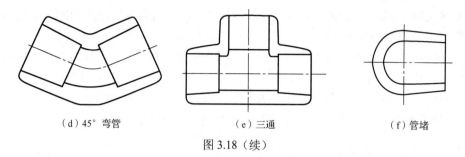

（d）45°弯管   （e）三通   （f）管堵

图 3.18（续）

（2）管道设备

在燃气管道工程中，需要有专用管道设备来保证管道安全运转。这些管道设备通常指阀门、聚水井、补偿器（排水器）、放散管、过滤器和阀门井等。

1）阀门。阀门是燃气管道中重要的控制设备，用以切断和接通管线、调节燃气的压力和流量。长期以来我国没有燃气专用阀门，而以给水闸阀替代。因此在燃气输配系统中给水闸阀应用最为广泛。近年来燃气专用阀门（如大口径旋塞阀、球阀）已开发应用，蝶阀也引进燃气输配系统。小口径（$\phi50$mm 以下）管路系统，表具前通常采用螺纹连接旋塞阀，如连接胶管的直管旋塞开关、表具前进口的活接头旋塞开关、西式灶旋塞开关及防止胶管脱落漏气的旋塞开关等。小口径管路一般采用楔式闸阀用于启闭与控制燃气用量。大口径（$\phi100$mm 以上）管路系统，采用最多的是闸阀，地下管道一般选用暗杆双闸板闸阀，室内或地上也有选用明杆闸阀，储配站内也选用电动闸阀。储配站压送机出口应采用止回阀，防止燃气倒流，保护设备安全。

燃气管道的阀门常用于管道的维修，减少放空时间，限制管道事故危害的后果程度，关系重大。由于阀门经常处于备而不用的状态，又不便于检修，因此对它的质量和可靠性有着严格的要求。首先，要求密封性能好。阀门关闭后不泄漏，阀壳无砂眼、气孔，严格要求其严密性，必须具备出厂合格证，并在安装前逐个进行强度试验和严密性试验。其次，要求强度可靠。阀门除承受与管道相同的试验与工作压力外，还要承受安装条件下的温度、机械振动和其他各种复杂的应力，阀门断裂会造成巨大的损失，因此不同压力管道上阀门的强度一定要安全可靠。最后，要求耐腐蚀性强。不同种类的燃气中含有程度不一的腐蚀气体成分，阀门中金属材料和非金属材料应能长期经受燃气腐蚀而不变质。此外燃气管网系统还要求阀门应启闭迅速，动作灵活，维修保养方便，经济合理等。

① 通过闸阀的流体是沿直线通过阀门的，所以阻力损失小，闸板升降所引起的振动也很小，但燃气中存在杂质或异物并积存在阀座上时，关闭会受到阻碍，使阀门不能关闭。

闸阀有单闸板闸阀与双闸板闸阀之分，由于闸板形状不同，又有平行与楔形闸板之分。燃气管网中常用双闸板闸阀，根据阀杆随闸板升降或不升降，分别称为明杆阀门和暗杆阀门。闸板采用平行式硬密封，启闭时能自动清除污垢，延长使用寿命。双闸板平行设置，具有可靠的气密性，并可在运行中检查闸板的密封性能。

② 旋塞阀又称转芯阀，是应用最早的阀门，其构造如圆锥形瓶塞，主要由圆锥面阀座、可转动的旋塞、固定螺母等组成。旋塞阀是一种动作灵活的阀门，阀杆转 90° 即可达到启闭的要求，其具有可自封、启闭快、密封性能好、不易积垢等优点。但由于孔径小、流体阻力大等缺点，一般只用于低压小口径管道。

常用的旋塞有两种：一种是利用阀芯尾部螺母的作用，使阀芯与阀体紧密接触，不致漏气，这种旋塞只允许用于埋地压力管道上，称为无填料旋塞；另一种称为填料旋塞，利用填料以堵塞旋塞阀体与阀芯之间的间隙而避免漏气，这种旋塞体积较大，但安全可靠。

油压卸载式油密封旋塞阀是近年来研制成功的燃气专用阀门。它由旋塞、止回阀、压油螺杆、密封圈、压盖、流油槽、阀体、油腔等组成。润滑油均匀分布于阀面，以减少阀体磨损，改善密封性能。设置止回阀为防止润滑油倒流，油腔则为集中润滑油用。阀门启闭时，阀底部润滑油受压使旋塞受到向上托力，因此启闭轻便。油密封旋塞阀结构紧凑、体积小，特别适用于地下管道，可避免管道埋设过深。

③ 球阀一般用于高压系统，与闸阀相比具有外形尺寸小的优点，与旋塞阀相比具有通径大（管径相同）、流体阻力小等优点。球阀和旋塞阀一样，密封面不易积垢。它主要由左右阀体、球体、阀杆、复合轴承等构件组成。球阀主要依靠球面或密封阀衬进行开启与关闭。

燃气专用气密封球阀采用固定球转向关闭浮动阀座密封，阀座由导套和密封圈组成。关闭时，阀座背腔充以压缩空气使阀座压向球体，形成密封。阀座背腔上部有一螺纹接口，上装截止阀。球阀外部底板装有二位三通阀，当二位三通阀上的触杆被压时，压缩空气进入阀座背腔，推动阀座使球阀严密关闭，详见图 3.19。

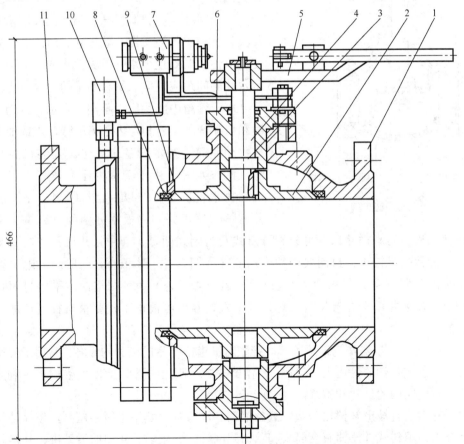

1—右阀体；2—球体；3—复合轴承；4—上阀杆；5—手柄；6—上盖；7—二位三通阀；
8—导套；9—主密封圈；10—截止阀；11—左阀体。

图 3.19　气密封球阀（单位：mm）

④ 蝶阀也开始应用于燃气输配系统中，通常配以气动薄膜执行机构，成为自动控制与调节流量的阀门，可作为储配站低-低调压器之用。蝶阀由阀体、阀板、轴、填料函、曲柄及执行机构组成。执行机构有气动执行机构和电动执行机构两种。

气动执行机构分为薄膜式和活塞式两种。薄膜式气动执行机构主要由膜盖、波纹薄膜、弹簧、调节件等组成。当执行机构接收信号压力后，推杆就向下移动，与推杆相连接的上、下连杆跟着向下移动，促使曲柄围绕阀轴旋转，带动阀板在阀体内回转，从而调节介质的压力与流量。

电动执行机构以电源为动力，接收信号后经伺服放大器放大，使电动机带动减速器运行而产生轴向推力，使阀板回转，从而调节介质压力与流量。当信号电流因故中断时，则可用手轮进行手动操作。蝶阀主要用来控制介质压力、流量等工艺参数，与执行机构配合便可实现远程控制及自动调节。

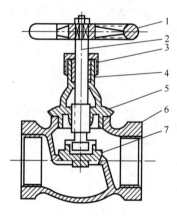

1—手轮；2—阀杆；3—填料压盖；
4—填料；5—上盖；6—阀体；7—阀板

图 3.20   截止阀

⑤ 截止阀依靠阀瓣的升降达到开闭和节流的目的，这类阀门使用方便、安全可靠，但阻力较大，详见图 3.20。

2）聚水井。为排除燃气管道中的冷凝水和石油伴生气管道中的轻质油，管道敷设时应有一定的坡度，以便在低处设聚水井，将汇集的水或油排出。聚水井的间距应根据水量和油量的多少而定。

由于管道中燃气压力不同，聚水井分为不能自喷和自喷两种。若管道内压力较低，水或油就要依靠手动唧筒等抽水设备来排出。安装在高中压管道上的聚水井，由于管道内压力较高，积水或积油在排水管旋塞打开以后自行喷出。常用的聚水井有铸铁聚水井和钢板水井两种。铸铁聚水井用于铸铁管工程，为承插接口，可分为开启式及封闭式两种。其中，开启式铸铁聚水井又称桶井，实际应用较少；封闭式铸铁聚水井又称加仑井，体积小，一般用于地下绝缘管等螺纹接口工程，目前有 9L（2 加仑）及 18L（4 加仑）两种规格，均采用封闭式铸铁聚水井。钢板水井用于焊接钢管工程，其形式、容积可根据工程要求自行设计加工，详见图 3.21。

3）补偿器。补偿器作为消除因管段膨胀对管道所产生的应力的设备，常用于架空管道和需要进行蒸气吹扫的管道上。此外，补偿器安装在阀门的下侧（沿气流方向），利用其伸缩性能，方便阀门的拆卸和检修。

常用补偿器有波形补偿器和填料式补偿器。波形补偿器用不锈钢压制，依靠补偿器弹性达到补偿。填料式补偿器有套筒式和承口式两种，它依靠管接口的滑动进行补偿。接口填料通常采用石棉盘根、黄油嵌实密封，一般用于过桥管补偿用。

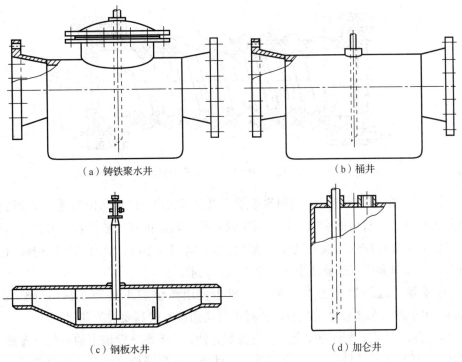

（a）铸铁聚水井　　　　　　　　　　（b）桶井

（c）钢板水井　　　　　　　　　　（d）加仑井

图 3.21　聚水井

　　在埋地燃气管道上，多用钢制波形补偿器，如图 3.22 所示，其补偿量约为 10mm。为防止其中存水腐蚀管道，由套管的注入孔灌入石油沥青，安装时注入孔应在下方。补偿器的安装长度，应是螺杆不受力时的补偿器的实际长度，否则不但不能发挥其补偿作用，反使管道或管件受到不应有的应力。另外，还有一种橡胶-卡普隆补偿器，如图 3.23 所示，它是带法兰的螺旋皱纹软管，软管是用卡普隆布作为夹层的胶管，外层则用粗卡普隆绳加强。其补偿能力在拉伸时为 150mm，压缩时为 100mm。这种补偿器的优点是纵横方向均可变形，多用于通过山区、坑道和多地震区的中低压燃气管道上。

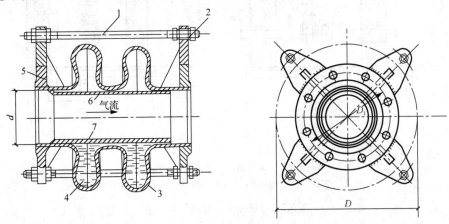

1—螺杆；2—螺母；3—波节；4—石油沥青；5—法兰盘；6—套管；7—注入孔。

图 3.22　钢制波形补偿器

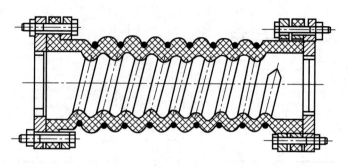

图 3.23　橡胶–卡普隆补偿器

4）放散管。放散管是一种专门用来排放管道内部的空气或燃气的装置，在管道投入运行时利用放散管排出管内的空气，在管道或设备检修时，可利用放散管排放管内的燃气，防止在管道内形成爆炸性的混合气体。放散管设在阀门井中时，在环状管网中阀门的前后都应安装，而在单向供气的管道上则安装在阀门之前。

5）过滤器。过滤器无定型产品，一般由使用单位加工制造，常用规格为 $\phi 20 \sim \phi 150mm$，用于燃气杂质较多的场合，或对燃气清洁度有较高要求的部门。

6）阀门井。为保证管网的安全运行与操作方便，地下燃气管道上的阀门一般都设置在阀门井中。阀门井应坚固耐久，有良好的防水性能，并保证检修时有必要的空间，考虑人员安全，井筒不宜过深，但对于直埋设置的专用阀门，不设阀门井。100mm 单管阀门井的构造如图 3.24 所示。

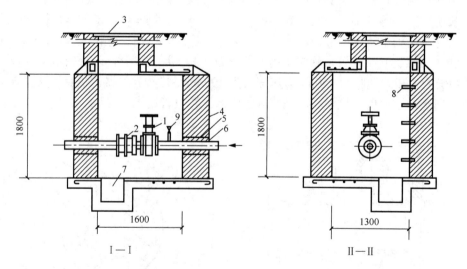

1—阀门；2—补偿器；3—井盖；4—防水层；
5—浸沥青麻；6—沥青砂浆；7—集水井；8—爬梯；9—放散管。

图 3.24　100mm 单管阀门井构造

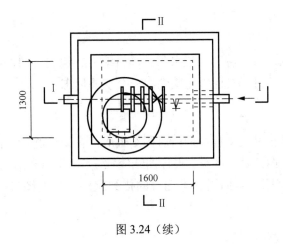

图 3.24（续）

【拓展知识】

为了保证燃气安全使用，我国对燃气管道、燃气灶、燃气加热设备等部件器具，均制定了严格的质量标准，2019 年 3 月，我国住房和城乡建设部修订了 2003 年发布的《燃气沸水器》（CJ/T 29），以便保证不断改进的燃气沸水器的使用安全性。

任务训练 1

基于对建筑燃气工程基础知识的学习，大家仔细观察周边的燃气系统，完成以下任务。

1）想一想在生活、生产中哪些地方会用到燃气。

2）对自己家里的燃气灶具、燃气热水器、燃气计量表及燃气管道拍取照片，说明它们的品牌、型号规格。

3）查看家里燃气管道的敷设，拍取照片，标记其敷设位置及所用管道支架类型，并识别管道中的附件及各种阀门类型。

任务 3.2　建筑燃气工程施工图

3.2.1　认识建筑燃气工程施工图

建筑燃气工程施工图是建筑燃气工程的书面表达，用来表达设计意图、注意事项、燃气管道管位、管径、管材、标高、走向、附件设备安装位置等，主要由封面，图纸目录，设计、施工及验收说明，设计及主要材料表，总图，平面图，系统图及详图等组成。

1. 封面

图纸封面一般包括项目名称、工程名称、项目编号、编制日期、项目负责人以及公司名称等中的一项或几项信息，是图纸完整性的一个重要标志。

2. 图纸目录

图纸目录列举了整个燃气工程中的所有图纸组成，在识读燃气工程整体施工图前，通常要根据图纸目录核查图纸是否齐全。设计图纸应独立编号，图纸编号宜符合目录、总图、流程图、系统图、平面图、剖面图、详图等的排列顺序，平面图宜按建筑层次由下至上排列。

3. 设计、施工及验收说明

设计、施工及验收说明是对工程项目的大体情况，即设计依据、工程概况、设计范围、燃气系统概况、节能、节水、图例及其他等内容的说明。

4. 设备及主要材料表

设备及主要材料表是将工程项目中所涉及的设备及材料种类、用量进行汇总的表格，是相应设计单位在进行工程设计时对本工程中所需要的管道、附件、管道设备等的预估量，对燃气工程的成本控制有一定的参考作用，但所列举的数量并不一定准确。

5. 总图

总图即总平面图，是按一般规定比例绘制的，表示建筑物、构筑物的方位、间距以及道路网、绿化、竖向布置和基地临界情况、燃气入户位置等的图纸，即表示新建房屋位置、朝向、周围环境（原有建筑、交通道路、绿化、地形等）、燃气入户位置等基本情况的图样。

6. 平面图

平面图是燃气工程在水平面上的总体布局表示，水平管道及水平管道上的设备、附件等信息表达比较清晰，但由于正投影原理的集聚性，垂直管道的信息表达不明。

7. 系统图

系统图是脱离建筑工程的整个燃气系统表示图样，是识别管道管径、长度、总体布局等信息的重要依据，而在平面图中无法完全表明的垂直管道在系统图中也有所体现。

8. 大样图或详图及标准图

通过以上图纸和说明还无法表达清楚的管道节点构造需要用大样图或详图来表示。如果一套燃气图纸中，有二层或二层以上的建筑燃气平面图相同，则设置标准图，从而避免重复绘图现象的发生。

3.2.2　建筑燃气工程制图标准

1.　燃气工程制图基本要求

当一张图中只有一种比例时，应在标题栏中标注，当一张图中有两种及以上的比例时，应在图名的右侧或下方标注，见图 3.25。当一张图中垂直方向和水平方向选用不同比例时，应分别标注两个方向的比例。在燃气管道纵断面图中，纵向和横向可根据需要采用不同的比例，见图 3.26。流程图和按比例绘制确有困难的局部大样图，可不按比例绘制。燃气工程制图常用比例宜符合表 3.8 的规定。

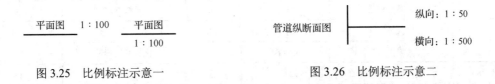

图 3.25　比例标注示意一　　　　　　　　图 3.26　比例标注示意二

表 3.8　燃气工程制图常用比例表

图名	比例
规划图、系统布置图	1：100000、1：50000、1：25000、1：20000、1：10000、1：5000、1：2000
制气厂、液化厂、储存站、加气站、灌装站、气化站、混气站、储配站、门站、小区庭院管网等的平面图	1：1000、1：500、1：200、1：100
工艺流程图	不按比例
瓶组气化站、瓶装供应站、调压站等的平面图	1：500、1：100、1：50、1：30
厂站的设备和管道安装图	1：200、1：100、1：50、1：30、1：10
室外高压、中低压燃气输配管道平面图	1：1000、1：500
室外高压、中低压燃气输配管道纵断面图	横向：1：1000、1：500 纵向：1：100、1：50
室内燃气管道平面图、系统图、剖面图	1：100、1：50
大样图	1：20、1：10、1：5
设备加工图	1：100、1：50、1：20、1：10、1：2、1：1
零部件详图	1：100、1：20、1：10、1：5、1：3、1：2、1：1、2：1

2.　常用代号和图形符号

（1）一般规定

流程图和系统图中的管线、设备、阀门和管件宜用管道代号和图形符号表示。同一燃气工程图样中所采用的代号、线型和图形符号宜集中列出，并加以注释。示例中未列出的管道代号和图形符号，设计中可自行定义。

（2）管道代号

燃气工程常用管道代号宜符合表 3.9 的规定，自定义的管道代号不应与表中的示例重复，并应在图面中说明。

表 3.9　燃气工程常用管道代号

序号	管道名称	管道代号	序号	管道名称	管道代号
1	燃气管道（通用）	G	16	给水管道	W
2	高压燃气管道	HG	17	排水管道	D
3	中压燃气管道	MG	18	雨水管道	R
4	低压燃气管道	LG	19	热水管道	H
5	天然气管道	NG	20	蒸汽管道	S
6	压缩天然气管道	CNG	21	润滑油管道	LO
7	液化天然气气相管道	LNGV	22	仪表空气管道	IA
8	液化天然气液相管道	LNGL	23	蒸汽伴热管道	TS
9	液化石油气气相管道	LPGV	24	冷却水管道	CW
10	液化石油气液相管道	LPGL	25	凝结水管道	C
11	液化石油气混空气管道	LPG-AIR	26	放散管道	V
12	人工煤气管道	M	27	旁通管道	BP
13	供油管道	O	28	回流管道	RE
14	压缩空气管道	A	29	排污管道	B
15	氮气管道	N	30	循环管道	CI

（3）图形符号

燃气工程区域规划图、布置图、施工图中，常用的图形符号如表 3.10～表 3.19 所示。

表 3.10　燃气厂站常用图形符号

序号	名称	图形符号
1	气源厂	
2	门站	
3	储配站、存储站	
4	液化石油气储配站	
5	液化天然气储配站	
6	天然气、压缩天然气储配站	

序号	名称	图形符号
7	区域调压站	
8	专用调压站	
9	汽车加油站	
10	汽车加气站	
11	汽车加油加气站	
12	燃气发电站	
13	阀室	
14	阀井	

表 3.11 常用管线、道路等图形符号

序号	名称	图形符号
1	管线加套管	
2	管线穿地沟	
3	桥面穿越	
4	软管、挠性管	
5	保温管、保冷管	
6	蒸汽伴热管	
7	电伴热管	
8	报废管	
9	管线重叠	上或前
10	管线交叉	

表 3.12　常用管线、道路等图形符号

序号	名称	图形符号
1	燃气管道	—— G ——
2	给水管道	—— W ——
3	消防管道	—— FW ——
4	污水管道	—— DS ——
5	雨水管道	—— R ——
6	热水供水管线	—— H ——
7	热水回水管线	—— HR ——
8	蒸汽管道	—— S ——
9	电力线缆	—— DL ——
10	电信线缆	—— DX ——
11	仪表控制线缆	—— K ——
12	压缩空气管道	—— A ——
13	氮气管道	—— N ——
14	供油管道	—— O ——
15	架空电力线	—〈o〉– DL–〈o〉—
16	架空通信线	—•–o–• DX–•–o–•
17	块石护底	
18	石笼稳管	
19	混凝土压块稳管	
20	桁架跨越	
21	管道固定墩	
22	管道穿墙	
23	管道穿楼板	
24	铁路	

序号	名称	图形符号
25	桥梁	
26	行道树	
27	地坪	
28	素土夯实	
29	护坡	
30	台阶或梯子	上
31	围墙及大门	
32	集液槽	
33	门	
34	窗	
35	拆除建筑物	

表 3.13　常用阀门图形符号

序号	名称	图形符号
1	阀门（通用）、截止阀	
2	球阀	
3	闸阀	
4	蝶阀	
5	旋塞阀	
6	排污阀	
7	止回阀	

序号	名称	图形符号
8	紧急切断阀	
9	弹簧安全阀	
10	过流阀	
11	针型阀	
12	角阀	
13	三通阀	
14	四通阀	
15	调节阀	
16	电动阀	
17	气动或液动阀	
18	电磁阀	
19	节流阀	
20	液相自动切换阀	

表 3.14 常用设备图形符号

序号	名称	图形符号
1	低压干式气体储罐	
2	低压湿式气体储罐	
3	球形储罐	
4	卧式储罐	
5	压缩机	
6	烃泵	

序号	名称	图形符号
7	潜液泵	
8	鼓风机	
9	调压器	
10	Y 形过滤器	
11	网状过滤器	
12	旋风分离器	
13	分离器	
14	安全水封	
15	防雨罩	
16	阻火器	
17	凝水缸	
18	消火栓	
19	补偿器	
20	波纹管补偿器	
21	方形补偿器	
22	测试桩	
23	牺牲阳极	
24	放散管	
25	调压箱	
26	消声器	

序号	名称	图形符号
27	火炬	
28	管式换热器	
29	板式换热器	
30	收发球筒	
31	通风管	
32	灌瓶嘴	
33	加气机	
34	视镜	

表 3.15　常用管件和其他附件图形符号

序号	名称	图形符号
1	钢塑过渡接头	
2	承插式接头	
3	同心异径管	
4	偏心异径管	
5	法兰	
6	法兰盖	
7	钢盲板	
8	管帽	
9	丝堵	
10	绝缘法兰	
11	绝缘接头	
12	金属软管	
13	90°弯管	
14	<90°弯管	
15	三通	
16	快装接头	
17	活接头	

表 3.16　常用阀门与管路连接方式图形符号

序号	名称	图形符号
1	螺纹连接	
2	法兰连接	
3	焊接连接	
4	卡套连接	
5	环压连接	

表 3.17　常用管道支座、管架和支吊架图形符号

序号	名称		图形符号	
			平面图	纵剖图
1	固定支座、管架	单管固定		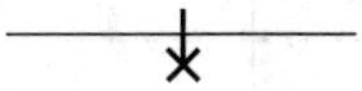
		双管固定	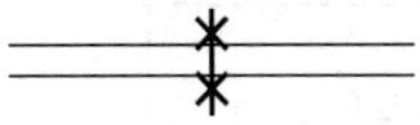	
2	滑动支座、管架		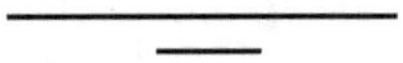	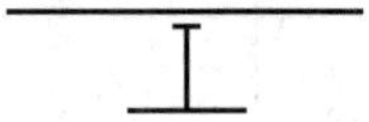
3	支墩		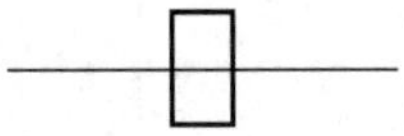	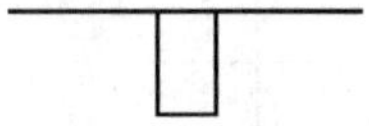
4	滚动支座、管架		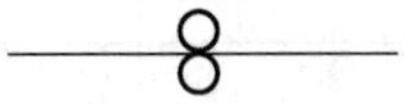	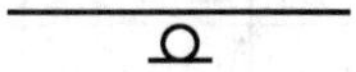
5	导向支座、管架		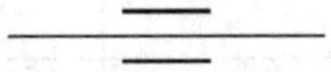	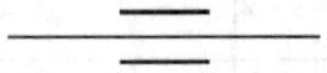

表 3.18　常用检测、计量仪表图形符号

序号	名称	图形符号
1	压力表	
2	液位计	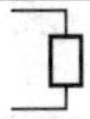
3	U 形压力计	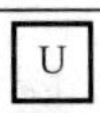
4	温度计	
5	差压流量计	
6	孔板流量计	
7	腰轮式流量计	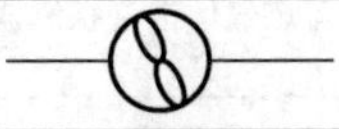
8	涡轮流量计	

序号	名称	图形符号
9	罗茨流量计	
10	质量流量计	
11	转子流量计	

表 3.19　用户工程的常用设备图形符号

序号	名称	图形符号
1	用户调压器	
2	皮膜燃气表	
3	燃气热水器	
4	壁挂炉、两用炉	
5	家用燃气双眼灶	
6	燃气多眼灶	
7	大锅灶	
8	炒菜灶	
9	燃气沸水器	
10	燃气烤箱	
11	燃气直燃机	
12	燃气锅炉	
13	可燃气体泄漏探测器	
14	可燃气体泄漏报警控制器	

【拓展知识】

建筑燃气工程一般与建筑工程并存，因此在识读建筑燃气工程施工图前必须具备一定的建筑工程识图基础，建筑工程施工图识读的依据主要有《建筑制图标准》(GB/T 50104—2010）和《房屋建筑制图统一标准》(GB/T 50001—2017）。

3.2.3　建筑燃气工程施工图的识读

1. 建筑燃气工程施工图识读的基本方法

管道工程中各种管道施工图的识读一般应遵循从整体到局部，从大到小，从粗到细的原则，将图纸与文字、各种图纸进行对照，以便逐步深入和逐步细化。识图过程是一个从平面到空间的过程，必须利用投影还原的方法再现图纸上各种线条、符号所代表的管路、附件、器具、设备的空间位置及管路的走向。识图顺序是首先看图纸目录，了解建设工程性质、设计单位、管道工程的类别，理清这套图纸一共有多少张，有哪几类图纸，以及图纸编号；其次看施工设计说明、材料表、设备表等一系列文字说明，然后按照流程图（原理图）、平面图、立（剖）面图、系统轴测图及详图的顺序，逐一详细阅读。由于图纸的复杂性和表示方法的不同，各种图纸之间应该相互补充、相互说明，因此识图过程不能死板地、一张一张地看，而应该将内容相同的图纸对照起来看。

2. 建筑燃气工程施工图的识读原则

识读燃气工程施工图时，应掌握管道施工图的基本表示方法和各专业管道施工图的特点，从平面图入手，结合剖面图、轴测图对照识读。

（1）单张图样的识读

识读单张图样的顺序：通过标题栏，可知图样名称、工程项目名称、图样比例等；通过文字说明可知施工要求、图形符号和管道代号的意义；通过图样可知管线的布置、排列、走向、坡向、坡度、标高、管径及连接方法等。

（2）整套图样的识读

识读整套图样的顺序：图纸目录，施工图设计说明，设备、材料表，流程图，平、立、剖面图，轴测图，详图及大样图。通过平、立、剖面图和轴测图的识读应掌握：管道、设备、阀门、仪表等在空间的分布情况及有关施工图中所要求表示的内容；了解管道、设备与建（构）筑物的关系。通过详图及大样图的识读应掌握各细部的设备、管道、附件的具体安装要求。

3. 建筑燃气工程施工图识读案例

建筑燃气工程施工图图纸通过 www.abook.cn 网站下载得到。

任务训练 2

基于对建筑燃气工程施工图识读的学习，请大家搜索一套燃气工程施工图，完成燃气工程施工图的识读任务，并形成汇报文件，汇报具体内容如下。

1）工程概况。

2）燃气入户详图。

3）燃气管道系统规格、材质、走向以及连接方式。

4）燃气器具、附件及设备。

任务3.3 建筑燃气工程施工

3.3.1 室内燃气管道安装及检验

1. 一般规定

（1）室内燃气管道安装前

室内燃气管道系统安装前应对管道组成件进行内外部清扫。室内燃气管道施工前应满足下列要求。

1）施工图纸及有关技术文件应齐备。

2）施工方案应经过批准。

3）管道组成件和工具应齐备，且能保证正常施工。

4）燃气管道安装前的土建工程，应能满足管道施工安装的要求。

5）应对施工现场进行清理，清除垃圾、杂物。

（2）室内燃气管道安装中

在燃气管道安装过程中，未经原建筑设计单位的书面同意，不得在承重的梁、柱和结构缝上开孔，不得损坏建筑物的结构和防火性能。当燃气管道穿越管沟、建筑物基础、墙和楼板时应符合下列要求。

1）燃气管道必须敷设于套管中，且宜与套管同轴。

2）套管内的燃气管道不得设有任何形式的连接接头（不含纵向或螺旋焊缝及经无损检测合格的焊接接头）。

3）套管与燃气管道之间的间隙应采用密封性能良好的柔性防腐、防水材料填实，套管与建筑物之间的间隙应用防水材料填实。

燃气管道穿过建筑物基础、墙和楼板所设套管的管径不宜小于表 3.20 的规定；高层建筑引入管穿越建筑物基础时，其套管管径应符合设计文件的规定。燃气管道穿墙套管的两端应与墙面齐平；穿楼板套管的上端宜高于最终形成的地面 5cm，下端应与楼板底齐平。

表 3.20　燃气管道的套管公称尺寸

燃气管	DN10	DN15	DN20	DN25	DN32	DN40	DN50	DN65	DN80	DN100	DN150
套管	DN25	DN32	DN40	DN50	DN65	DN65	DN80	DN100	DN125	DN150	DN200

（3）阀门安装

1）阀门的规格、种类应符合设计文件的要求。

2）在安装前应对阀门逐个进行外观检查，并宜对引入管阀门进行严密性试验。

3）阀门的安装位置应符合设计文件的规定，且便于操作和维修，并宜对室外阀门采取安全保护措施。

4）寒冷地区输送湿燃气时，应按设计文件要求对室外引入管阀门采取保温措施。

5）阀门宜有开关指示标识，对有方向性要求的阀门，必须按规定方向安装。

6）阀门应在关闭状态下安装。

2. 引入管安装及检验

（1）主控项目

在地下室、半地下室、设备层和地上密闭房间以及地下车库安装燃气引入管道时应符合设计文件的规定；当设计文件无明确要求时，应符合下列规定。

1）引入管道应使用钢号为 10、20 的无缝钢管或具有同等及同等以上性能的其他金属管材。

2）管道的敷设位置应便于检修，不得影响车辆的正常通行，且应避免被碰撞。

3）管道的连接必须采用焊接连接。其焊缝外观质量应按现行国家标准《现场设备、工业管道焊接工程施工规范》（GB 50236—2011）进行评定，Ⅲ级合格；焊缝内部质量检查应按现行国家标准《无损检测 金属管道熔化焊环向对接接头射线照相检测方法》（GB/T 12605—2008）进行评定，Ⅲ级合格。

检查数量：100%检查；检查方法：目视检查和查看无损检测报告。

紧邻小区道路（甬路）和楼门过道处的地上引入管设置的安全保护措施应符合设计文件要求。

检查数量：100%检查；检查方法：目视检查和查阅设计文件。

（2）一般项目

当引入管埋地部分与室外埋地 PE 管相连时，其连接位置距建筑物基础不宜小于 0.5m，且应采用钢塑焊接转换接头。当采用法兰转换接头时，应对法兰及其紧固件的周围死角和空隙部分采用防腐胶泥填充进行过渡，进行防腐层施工前胶泥应干实。防腐层的种类和防腐等级应符合设计文件要求，接头钢质部分的防腐等级不应低于管道的防腐等级。

检查数量：100%检查；检查方法：目视检查、针孔检漏仪检测。

当引入管采用地下引入时，应符合下列规定。

1）埋地引入管敷设的施工技术要求应符合国家现行标准《城镇燃气输配工程施工及验收标准》（GB/T 51455—2023）的有关规定。

2）当引入管穿越建筑物基础或管沟时，燃气管道的套管管径应符合国家现行标准《城镇燃气输配工程施工及验收标准》（GB/T 51455—2023）的相关规定。

3）埋地引入管的回填与路面恢复应符合国家现行标准《城镇燃气输配工程施工及验收标准》（GB/T 51455—2023）的有关规定。

4）引入管室内部分宜靠实体墙固定。

检查数量：100%检查；检查方法：目视检查或检查隐蔽工程记录。

当引入管采用地上引入时，应符合下列规定。

1）引入管与建筑物外墙之间的净距应便于安装和维修，宜为 0.10～0.15m。

2）引入管上端弯曲处设置的清扫口宜采用焊接连接，焊缝外观质量应按现行国家标准《现场设备、工业管道焊接工程施工规范》（GB 50236—2011）进行评定，Ⅲ级合格。

3）引入管保温层的材料、厚度及结构应符合设计文件的规定，保温层表面应平整，凹凸偏差不宜超过±2mm。

检查数量：抽查不少于 10%，且不少于 2 处；其中 3）中检查数量为 100%。检查方法：目视检查、测针测量保温层厚度、查验保温材料合格证。

输送湿燃气的引入管应坡向室外，其坡度宜大于或等于 0.01。检查数量：抽查 10%，且不少于 2 处；检查方法：尺量检查，必要时使用水平仪量测。

引入管最小覆土厚度应符合现行国家标准《城镇燃气设计规范（2020 版）》（GB 50028—2006）的有关规定。

检查数量：100%检查；检查方法：在施工过程中用尺量检查。

当室外配气支管上采取阴极保护措施时，引入管的安装应符合下列规定。

1）引入管进入建筑物前应设绝缘装置；绝缘装置的形式宜采用整体式绝缘接头，应采取防止高压电涌破坏的措施，并确保有效。

2）进入室内的燃气管道应进行等电位联结。

检查数量：100%检查；检查方法：目视检查及查看产品合格证。

3. 室内燃气管道

（1）一般规定

燃气室内工程使用的管道组成件应按设计文件选用；当设计文件无明确规定时，应符合现行国家标准《城镇燃气设计规范（2020 版）》（GB 50028—2006）的有关规定，并应符合下列规定。

1）当管子公称尺寸小于或等于 $DN50$，且管道设计压力为低压时，宜采用热镀锌钢管和镀锌管件。

2）当管子公称尺寸大于 $DN50$ 时，宜采用无缝钢管或焊接钢管。

3）铜管宜采用牌号为 TP2 的铜管及铜管件；当采用暗埋形式敷设时，应采用塑覆铜管或包有绝缘保护材料的铜管。

4）当采用薄壁不锈钢管时，其厚度不应小于 0.6mm。

5）不锈钢波纹软管的管材及管件的材质应符合国家现行相关标准的规定。

6）薄壁不锈钢管和不锈钢波纹软管用于暗埋形式敷设或穿墙时，应具有外包覆层。

7）当工作压力小于 10kPa，且环境温度不高于 60℃时，可在户内计量装置后使用燃气用铝塑复合管及专用管件。

当室内燃气管道的敷设方式在设计文件中无明确规定时，宜按表 3.21 选用。

表 3.21　室内燃气管道敷设方式

管道材料	明设管道	暗设管道	
		暗封形式	暗埋形式
热镀锌钢管	应	可	—
无缝钢管	应	可	—
铜管	应	可	可
薄壁不锈钢管	应	可	可
不锈钢波纹软管	可	可	可
燃气用铝塑复合管	可	可	可

注：表中"—"表示不推荐。

室内燃气管道的连接应符合下列要求。

1）公称尺寸不大于 DN50 的镀锌钢管应采用螺纹连接；当必须采用其他连接形式时，应采取相应的措施。

2）无缝钢管或焊接钢管应采用焊接或法兰连接。

3）铜管应采用承插式硬钎焊连接，不得采用对接钎焊和软钎焊。

4）薄壁不锈钢管应采用承插氩弧焊式管件连接或卡套式、卡压式、环压式等管件机械连接。

5）不锈钢波纹软管及非金属软管应采用专用管件连接。

6）燃气用铝塑复合管应采用专用的卡套式、卡压式连接方式。

燃气管的切割应符合下列规定。

1）碳素钢管宜采用机械方法或氧-可燃气体火焰切割。

2）薄壁不锈钢管应采用机械或等离子弧方法切割；当采用砂轮切割或修磨时应使用专用砂轮片。

3）铜管应采用机械方法切割。

4）不锈钢波纹软管和燃气用铝塑复合管应使用专用管剪切割。

燃气管道采用的支撑形式宜按表 3.22 选择，高层建筑室内燃气管道的支撑形式应符合设计文件的规定。

表 3.22　燃气管道采用的支撑形式

公称尺寸	砖砌墙壁	混凝土制墙板	石膏空心墙板	木结构墙	楼板
DN15~DN20	管卡	管卡	管卡、夹壁管卡	管卡	吊架
DN25~DN40	管卡、托架	管卡、托架	夹壁管卡	管卡	吊架
DN50~DN65	管卡、托架	管卡、托架	夹壁托架	管卡、托架	吊架
>DN65	托架	托架	不得依敷	托架	吊架

（2）主控项目

燃气管道的连接方式应符合设计文件的规定。当设计文件无明确规定时，设计压力大于或等于 10kPa 的管道以及布置在地下室、半地下室或地上密闭空间内的管道，除采用加厚的低压管或与专用设备进行螺纹或法兰连接以外，应采用焊接的连接方式。

检查数量：100%检查；检查方法：目视检查和查阅设计文件。

钢质管道的焊接应符合下列规定。

1）管子与管件的坡口与组对。

① 管子与管件的坡口形式和尺寸应符合设计文件的规定，当设计文件无明确规定时，应符合现行国家标准《现场设备、工业管道焊接工程施工规范》（GB 50236—2011）和《城镇燃气室内工程施工与质量验收规范》（CJJ 94—2009）的相关规定。

② 管子与管件的坡口及其内、外表面的清理应符合现行国家标准《工业金属管道工程施工规范》（GB 50235—2010）的规定。

③ 等壁厚对接焊件内壁应齐平，内壁错边量不应大于1mm。

④ 当不等壁厚对接焊件组对且其内壁错边量大于 1mm 或外壁错边量大于 3mm 时，应按现行国家标准《工业金属管道工程施工规范》（GB 50235—2010）的规定进行修整。

2）钢质管道宜采用手工电弧焊或手工钨极氩弧焊焊接，当公称尺寸小于或等于 DN40 时，也可采用氧-可燃气体焊接。

3）焊条（料）、焊丝、焊剂的选用。

① 焊条（料）、焊丝、焊剂的选用应符合设计文件的规定，当设计文件无规定时，应按现行国家标准《现场设备、工业管道焊接工程施工规范》（GB 50236—2011）的规定选用。

② 严禁使用药皮脱落或不均匀、有气孔、裂纹、生锈或受潮的焊条。

4）管道的焊接工艺要求。

① 管道的焊接应符合现行国家标准《现场设备、工业管道焊接工程施工规范》（GB 50236—2011）的有关规定。

② 管子焊接时，应采取防风措施。

③ 焊缝严禁强制冷却。

5）在管道上开孔接支管时，开孔边缘距管道环焊缝不应小于 100mm；当小于 100mm 时，应对环焊缝进行射线探伤检测，且质量不应低于现行国家标准《无损检测 金属管道熔化焊环向对接接头射线照相检测方法》（GB/T 12605—2008）中的Ⅲ级；管道环焊缝与支架、吊架边缘之间的距离不应小于50mm。

6）管道对接焊缝质量应符合设计文件的要求，当设计文件无明确要求时应符合下列要求。

① 焊后应将焊缝表面及其附近的药皮、飞溅物清除干净，然后进行焊缝外观检查。

② 焊缝外观质量不应低于现行国家标准《现场设备、工业管道焊接工程施工规范》（GB 50236—2011）中的Ⅲ级焊缝质量标准。

③ 对接焊缝内部质量采用射线探伤检测时，其质量不应低于现行国家标准《无损检测 金属管道熔化焊环向对接接头射线照相检测方法》（GB/T 12605—2008）中的Ⅲ级焊缝质量标准。

检查数量：当管道明设或暗封敷设时，焊缝外观质量应 100%检查，焊缝内部质量的检

查比例不少于 5% 且不少于 1 个连接部位。当管道暗埋敷设时，焊缝外观和内部质量应 100%
检查。

检查方法：焊缝外观检查采用目视检查或焊缝检查尺检查；焊缝内部质量检查查看无
损检测报告。

7）钢管焊接质量检验不合格的部位必须返修至合格。设计文件要求对焊缝质量进行无
损检测时，对检验出现不合格的焊缝，应按下列规定检验与评定。

① 每出现一道不合格焊缝，应再抽检两道该焊工所焊的同一批焊缝，当这两道焊缝均
合格时，应认为检验所代表的这一批焊缝合格。

② 当第二次抽检仍出现不合格焊缝时，每出现一道不合格焊缝应再抽检两道该焊工所
焊的同一批焊缝，再次检验的焊缝均合格时，可认为检验所代表的这一批焊缝合格。

③ 当仍出现不合格焊缝时，应对该焊工所焊全部同批的焊缝进行检验并应对其他批次
的焊缝加大检验比例。

检查数量：100% 检查；检查方法：查看检查记录和无损检测报告。

法兰焊接结构及焊缝成型应符合国家现行标准《钢制管路法兰　技术条件》（JB/T 74—
2015）的有关规定。

检查数量：抽查比例不少于 10%，且不少于 1 对法兰；检查方法：目视检查和焊缝检
查尺量测。

8）铜管接头和焊接工艺应按现行国家标准《铜管接头　第 1 部分：钎焊式管件》（GB/T
11618.1—2008）执行，铜管的钎焊连接应符合下列规定。

① 钎焊前，应除去钎焊处铜管外壁与管件内壁表面的污物及氧化物。

② 钎焊前，应将铜管插入端与承口处的间隙调整均匀。

③ 钎料宜选用含磷脱氧元素的铜基无银或低银钎料，铜管之间钎焊时可不添加钎焊
剂，但与铜合金管件钎焊时，应添加钎焊剂。

④ 钎焊时应均匀加热被焊铜管及接头，当达到钎焊温度时加入钎料，应使钎料均匀渗
入承插口的间隙内，加热温度宜控制在 645～790℃ 之间，钎料填满间隙后应停止加热，保
持静止冷却，然后将钎焊部位清理干净。

⑤ 钎焊后必须进行外观检查，钎焊缝应圆滑过渡，钎焊缝表面应光滑，不得有较大焊
瘤及铜管件边缘熔融等缺陷。

检查数量：100% 钎焊缝；检查方法：目视检查。

9）铝塑复合管的连接应符合下列规定。

① 铝塑复合管的质量应符合现行国家标准《铝塑复合压力管　第 1 部分：铝管搭接焊
式铝塑管》（GB/T 18997.1—2020）和《铝塑复合压力管　第 2 部分：铝管对接焊式铝塑管》
（GB/T 18997.2—2020）的规定。铝塑复合管连接管件的质量应符合国家现行标准《铝塑复
合管用卡压式管件》（CJ/T 190—2015）和《卡套式铜制管接头》（CJ/T 111—2018）的规定，
并应附有质量合格证书。

② 连接用的管件应与管材配套，并应用专用工具进行操作。

③ 应使用专用刮刀将管口处的聚乙烯内层削坡口，坡角为 20°～30°，深度为 1.0～
1.5mm，且应用清洁的纸或布将坡口残屑擦干净。

④ 连接时应将管口整圆，并修整管口毛刺，保证管口端面与管轴线垂直。

检查数量：100%检查；检查方法：目视检查。

10）可燃气体检测报警器与燃具或阀门的水平距离应符合下列规定。

① 当燃气相对密度比空气轻时，水平距离应控制在0.5～8.0m范围内，安装高度应距屋顶0.3m之内，且不得安装于燃具的正上方。

② 当燃气相对密度比空气重时，水平距离应控制在0.5～4.0m范围内，安装高度应距地面0.3m以内。

检查比例：100%检查；检查方法：目视检查及尺量检查。

11）室内燃气管道严禁作为接地导体或电极。

检查比例：100%检查；检查方法：目视检查。

12）沿屋面或外墙明敷的室内燃气管道，不得布置在屋面上的檐角、屋檐、屋脊等易受雷击部位。当安装在建筑物的避雷保护范围内时，应每隔25m至少与避雷网采用直径不小于8mm的镀锌圆钢进行连接，焊接部位应采取防腐措施，管道任何部位的接地电阻值不得大于10Ω；当安装在建筑物的避雷保护范围外时，应符合设计文件的规定。

检查比例：100%检查；检查方法：目视检查和接地摇表测试。

（3）一般项目

1）在建筑物外敷设的燃气管道应符合下列规定。

① 沿外墙敷设的中压燃气管道当采用焊接的方法进行连接时，应采用射线检测的方法进行焊缝内部质量检测。当检测比例设计文件无明确要求时，不应少于5%，其质量不应低于现行国家标准《无损检测 金属管道熔化焊环向对接接头射线照相检测方法》（GB/T 12605—2008）中的Ⅲ级。焊缝外观质量不应低于现行国家标准《现场设备、工业管道焊接工程施工规范》（GB 50236—2011）中的Ⅲ级。

② 沿外墙敷设的燃气管道距公共或住宅建筑物门、窗洞口的间距应符合现行国家标准《城镇燃气设计规范（2020版）》（GB 50028—2006）的规定。

③ 管道外表面应采取耐候型防腐措施，必要时应采取保温措施。

④ 在建筑物外敷设燃气管道，当与其他金属管道平行敷设的净距小于100mm时，每30m之间至少应采用截面面积不小于6mm²的铜绞线将燃气管道与平行的管道进行跨接。

⑤ 当屋面管道采用法兰连接时，在连接部位的两端应采用截面面积不小于6mm²的金属导线进行跨接；当采用螺纹连接时，应使用金属导线跨接。

检查数量：按①规定执行；其余（保温除外）100%检查；当燃气管道有保温时，保温检查数量，抽查不应少于10%，且不得少于2处。

检查方法：目视检查，检查无损检测报告及钢管质量证明书。

2）管子切口应符合下列规定。

① 切口表面应平整，无裂纹、重皮、毛刺、凹凸、缩口、熔渣等缺陷。

② 切口端面（切割面）倾斜偏差不应大于管子外径的1%，且不得超过3mm；凹凸误差不得超过1mm。

③ 应对不锈钢波纹软管、燃气用铝塑复合管的切口进行整圆。不锈钢波纹软管的外保护层，应按有关操作规程使用专用工具进行剥离后，方可连接。

检查数量：抽查5%；检查方法：目视检查，尺量检查。

3）管子的现场弯制除应符合现行国家标准《工业金属管道工程施工规范》（GB 50235—2010）的有关规定外，还应符合下列规定。

① 弯制时应使用专用弯管设备或专用方法进行。

② 焊接钢管的纵向焊缝在弯制过程中应位于中性线位置处。

③ 管子最小弯曲半径和最大直径、最小直径差值与弯管前管子外径的比率应符合表 3.23 的规定。

表 3.23　管子最小弯曲半径和最大直径、最小直径的差值与弯管前管子外径的比率

项目	钢管	铜管	不锈钢管	铝塑复合管
最小弯曲半径	$3.5D_o$	$3.5D_o$	$3.5D_o$	$5D_o$
弯管的最大直径与最小直径的差值与弯管前管子外径的比率	8%	9%	—	—

注：D_o 为管子的外径。

检查数量：100%检查；检查方法：尺量和目视检查。

4）法兰连接应符合国家现行标准的有关规定，并应符合下列规定。

① 在进行法兰连接前，应检查法兰密封面及密封垫片，不得有影响密封性能的缺陷。

② 法兰的安装位置应便于检修，不得紧贴墙壁、楼板和管道支架。

③ 法兰连接应与管道同心，法兰螺孔应对正，管道与设备、阀门的法兰端面应平行，不得用螺栓强力对口。

④ 法兰垫片尺寸应与法兰密封面相匹配，垫片安装应端正，在一个密封面中严禁使用 2 个或 2 个以上的法兰垫片；当设计文件对法兰垫片无明确要求时，宜采用聚四氟乙烯垫片或耐油石棉橡胶垫片，使用前宜将耐油石棉橡胶垫片用机油浸泡。

⑤ 不锈钢法兰使用的非金属垫片，其氯离子含量不得超过 50×10^{-6}。

⑥ 应使用同一规格的螺栓，安装方向应一致，螺母紧固应对称、均匀；螺母紧固后螺栓的外露螺纹宜为 1～3 扣，并应进行防锈处理。

⑦ 法兰焊接检验合格后，方可与相关设备进行连接。

检查数量：抽查比例不小于 10%，且不少于 2 对法兰；检查方法：目视检查。

5）螺纹连接应符合下列规定。

① 钢管在切割或攻制螺纹时，焊缝处出现开裂，该钢管严禁使用。

② 现场攻制的管螺纹数宜符合表 3.24 的规定。

表 3.24　现场攻制的管螺纹数

管子公称尺寸 dn	$dn \leq DN20$	$DN20 < dn \leq DN50$	$DN50 < dn \leq DN65$	$DN65 < dn \leq DN100$
螺纹数	9～11	10～12	11～13	12～14

③ 钢管的螺纹应光滑端正，无斜丝、乱丝、断丝或脱落，缺损长度不得超过螺纹数的 10%。

④ 管道螺纹接头宜采用聚四氟乙烯胶带做密封材料，当输送湿燃气时，可采用油麻丝密封材料或螺纹密封胶。

⑤ 拧紧管件时，不应将密封材料挤入管道内，拧紧后应将外露的密封材料清除干净。

⑥ 管件拧紧后，外露螺纹宜为 1～3 扣，钢制外露螺纹应进行防锈处理。

⑦ 当铜管与球阀、燃气计量表及螺纹连接的管件连接时，应采用承插式螺纹管件连接；弯头、三通可采用承插式铜管件或承插式螺纹连接件。

检查数量：抽查比例不小于 10%；检查方法：目视检查。

6）室内明设或暗封形式敷设的燃气管道与装饰后墙面的净距，应满足维护、检查的需要并宜符合表 3.25 的要求；铜管、薄壁不锈钢管、不锈钢波纹软管和铝塑复合管与墙之间净距应满足安装的要求。

表 3.25　室内燃气管道与装饰后墙面的净距

管子公称尺寸	$<DN25$	$DN25\sim DN40$	$DN50$	$>DN50$
与墙净距/mm	≥30	≥50	≥70	≥90

检查数量：抽查比例不小于 5%；检查方法：尺量检查。

7）敷设在管道竖井内的燃气管道的安装应符合下列规定。

① 管道安装宜在土建及其他管道施工完毕后进行。

② 当管道穿越竖井内的隔断板时，应加套管；套管与管道之间应有不小于 10mm 的间隙。

③ 燃气管道的颜色应明显区别于管道井内的其他管道，宜为黄色。

④ 燃气管道与相邻管道的距离应满足安装和维修的需要。

⑤ 敷设在竖井内的燃气管道的连接接头应设置在距该层地面 1.0～1.2m 处。

检查数量：抽查比例不小于 20%；检查方法：目视检查和尺量检查。

8）采用暗埋形式敷设燃气管道时，应符合下列规定。

① 埋设管道的管槽不得伤及建筑物的钢筋。管槽宽度宜为管道外径加 20mm，深度应满足覆盖层厚度不小于 10mm 的要求。未经原建筑设计单位书面同意，严禁在承重的墙、柱、梁、板中暗埋管道。

② 暗埋管道不得与建筑物中的其他任何金属结构相接触，当无法避让时应采用绝缘材料隔离。

③ 暗埋管道不应有机械接头。

④ 暗埋管道宜在直埋管道的全长上加设有效地防止外力冲击的金属防护装置，金属防护装置的厚度宜大于 1.2mm。当与其他埋墙设施交叉时，应采取有效的绝缘和保护措施。

⑤ 暗埋管道在敷设过程中不得产生任何形式的损坏，管道固定应牢固。

⑥ 在覆盖暗埋管道的砂浆中不应添加快速固化剂。砂浆内应添加带色颜料作为永久色标。当设计无明确规定时，颜料宜为黄色。安装施工后还应将直埋管道位置标注在竣工图纸上，移交建设单位签收。

检查数量：100%检查；检查方法：目视检查，尺量检查，查阅设计文件。

9）铝塑复合管的安装应符合下列规定。

① 不得敷设在室外和有紫外线照射的部位。

② 公称尺寸小于或等于 $DN20$ 的管子，可以直接调直；公称尺寸大于或等于 $DN25$ 的管子，宜在地面压直后进行调直。

③ 管道敷设的位置应远离热源。

④ 灶前管与燃气灶具的水平净距不得小于 0.5m，且严禁在灶具正上方。

⑤ 阀门应固定，不应将阀门自重和操作力矩传递至铝塑复合管。

检查数量：100%检查灶前管与燃气灶具的水平净距；检查方法：尺量检查、目视检查。

10）燃气管道与燃具之间用软管连接时应符合设计文件的规定，并应符合以下要求。

① 软管与管道、燃具的连接处应严密，安装应牢固。

② 当软管存在弯折、拉伸、龟裂、老化等现象时不得使用。

③ 当软管与燃具连接时，其长度不应超过 2m，并不得有接头。

④ 当软管与移动式的工业用气设备连接时，其长度不应超过 30m，接口不应超过 2 个。

⑤ 软管应低于灶具面板 30mm 以上。

⑥ 软管在任何情况下均不得穿过墙、楼板、顶棚、门和窗。

⑦ 非金属软管不得使用管件将其分成两个或多个支管。

检查数量：100%检查；检查方法：目视检查，尺量检查。

11）立管安装应垂直，每层偏差不应大于 3mm/m 且全长不大于 20mm。当因上层与下层墙壁壁厚不同而无法垂于一线时，宜做乙字弯进行安装。当燃气管道垂直交叉敷设时，大管宜置于小管外侧。

检查数量：抽查比例不小于 5%；检查方法：目视检查，尺量（吊线）检查。

12）当室内燃气管道与电气设备、相邻管道、设备平行或交叉敷设时，其最小净距应符合表 3.26 的要求。

检查数量：抽查比例不小于 10%；检查方法：尺量检查，目视检查。

13）管道支架、托架、吊架、管卡（以下简称"支架"）的安装应符合下列要求。

① 管道的支架应安装稳定、牢固，支架位置不得影响管道的安装、检修与维护。

② 每个楼层的立管至少应设支架 1 处。

表 3.26 室内燃气管道与电气设备、相邻管道、设备之间的最小净距

名称		平行敷设/cm	交叉敷设/cm
电气设备	明装的绝缘电线或电缆	25	10
	暗装或管内绝缘电线	5（从所做的槽或管子的边缘算起）	1
	电插座、电源开关	15	不允许
	电压小于 1000V 的裸露电线	100	100
	配电盘、配电箱或电表	30	不允许
相邻管道		应保证燃气管道、相邻管道的安装、检查和维修	2
燃具		主立管与燃具水平净距不应小于 30cm；灶前管与燃具水平净距不得小于 20cm；当燃气管道在燃具上方通过时，应位于抽油烟机上方，且与燃具的垂直净距应大于 100cm	

注：1. 当明装电线加绝缘套管且套管的两端各伸出燃气管道 10cm 时，套管与燃气管道的交叉净距可降至 1cm。

2. 当布置确有困难时，采取有效措施后可适当减小净距。

3. 灶前管不含铝塑复合管。

4. 当水平管道上设有阀门时，应在阀门的来气侧 1m 范围内设支架并尽量靠近阀门。

5. 与不锈钢波纹软管、铝塑复合管直接相连的阀门应设有固定底座或管卡。

6. 钢管支架的最大间距宜按表 3.27 选择；铜管支架的最大间距宜按表 3.28 选择；薄壁不锈钢管道支架的最大间距宜按表 3.29 选择；不锈钢波纹软管的支架最大间距不宜大于 1m；燃气用铝塑复合管支架的最大间距宜按表 3.30 选择。

表3.27　钢管支架最大间距

公称直径	最大间距/m	公称直径	最大间距/m
DN15	2.5	DN100	7.0
DN20	3.0	DN125	8.0
DN25	3.5	DN150	10.0
DN32	4.0	DN200	12.0
DN40	4.5	DN250	14.5
DN50	5.0	DN300	16.5
DN65	6.0	DN350	18.5
DN80	6.5	DN400	20.5

表3.28　铜管支架最大间距

外径/mm	15	18	22	28	35	42	54	67	85
垂直敷设/m	1.8	1.8	2.4	2.4	3.0	3.0	3.0	3.5	3.5
水平敷设/m	1.2	1.2	1.8	1.8	2.4	2.4	2.4	3.0	3.0

表3.29　薄壁不锈钢管支架最大间距

外径/mm	15	20	25	32	40	50	65	80	100
垂直敷设/m	2.0	2.0	2.5	2.5	3.0	3.0	3.0	3.0	3.5
水平敷设/m	1.8	2.0	2.5	2.5	3.0	3.0	3.0	3.0	3.5

表3.30　燃气用铝塑复合管支架最大间距

外径/mm	16	18	20	25
水平敷设/m	1.2	1.2	1.2	1.8
垂直敷设/m	1.5	1.5	1.5	2.5

　　③ 水平管道转弯处应在以下范围内设置固定托架或管卡座：钢质管道不应大于 1.0m；不锈钢波纹软管道、铜管道、薄壁不锈钢管道每侧不应大于 0.5m；铝塑复合管每侧不应大于 0.3m。

　　④ 支架的结构形式应符合设计要求，排列整齐，支架与管道接触紧密，支架安装牢固，固定支架应使用金属材料。

　　⑤ 当管道与支架为不同种类的材质时，二者之间应采用绝缘性能良好的材料进行隔离或采用与管道材料相同的材料进行隔离；隔离薄壁不锈钢管道所使用的非金属材料，其氯离子含量不应大于 $50×10^{-6}$。

　　⑥ 支架的涂漆应符合设计要求。

　　检查数量：铝塑复合管和不锈钢波纹软管支架抽查不少于 10%、其他材质的管道支架抽查不小于 5%，且不少于 10 处；检查方法：目视检查和尺量检查。

14）室内燃气钢管、铝塑复合管及阀门安装后的允许偏差和检验方法宜符合表 3.31 的规定，检查数量应符合下列规定。

表 3.31　室内燃气管道安装后检验的允许偏差和检验方法

项目			允许偏差
标高			±10mm
水平管道纵横方向弯曲	钢管	管径小于或等于 DN100	2mm/m 且≤13mm
		管径大于 DN100	3mm/m 且≤25mm
	铝塑复合管		1.5mm/m 且≤25mm
立管垂直度	钢管		3mm/m 且≤8mm
	铝塑复合管		2mm/m 且≤8mm
引入管阀门	阀门中心距地面		±15mm
管道保温	厚度（δ）		$+0.1\delta$ -0.05δ
	表面不平整度	卷材或板材	±2mm
		涂抹或其他	±2mm

① 管道与墙面的净距，水平管的标高：检查管道的起点、终点，分支点及变方向点间的直管段，不应少于 5 段。

② 纵横方向弯曲：按系统内直管段长度每 30m 应抽查 2 段，不足 30m 的不应少于 1 段；有分隔墙的建筑，以隔墙为分段数，抽查 5%，且不应少于 5 段。

③ 立管垂直度：一根立管为一段，两层及两层以上按楼层分段，各抽查 5%，但均不应少于 10 段。

④ 引入管阀门：100%检查。

⑤ 其他阀门：抽查 10%，且不应少于 5 个。

⑥ 管道保温：每 20m 抽查 1 处，且不应少于 5 处。

检查方法：目视检查，水平尺、直尺、拉线、吊线等尺量检查。

4. 燃气计量表安装

（1）一般规定

燃气计量表在安装前应按要求进行检验，并应符合下列规定。

1）燃气计量表应有出厂合格证、质量保证书；标牌上应有 CMC（China metrology certification，中华人民共和国制造计量器具许可证）标志、最大流量、生产日期、编号和制造单位。

2）燃气计量表应有法定计量检定机构出具的检定合格证书，并应在有效期内。

3）超过检定有效期及倒放、侧放的燃气计量表应全部进行复检。

4）燃气计量表的性能、规格、适用压力应符合设计文件的要求。

燃气计量表应按设计文件和产品说明书进行安装。

燃气计量表的安装位置应满足正常使用、抄表和检修的要求。

（2）燃气计量表

1）主控项目。

① 燃气计量表的安装位置应符合设计文件的要求；检查方法：目视检查和查阅设计文件。

② 燃气计量表前的过滤器应按产品说明书或设计文件的要求进行安装；检查数量：100%；检查方法：目视检查、查阅设计文件和产品说明书。

③ 燃气计量表与燃具、电气设施的最小水平净距应符合表 3.32 的要求。检查数量：100%；检查方法：目视检查、测量。

表 3.32　燃气计量表与燃具、电气设施之间的最小水平净距

名称	与燃气计量表的最小水平净距
相邻管道、燃气管道	便于安装、检查及维修
家用燃气灶具	30cm（表高位安装时）
热水器	30cm
电压小于 1000V 的裸露电线	100cm
配电盘、配电箱或电表	50cm
电源插座、电源开关	20cm
燃气计量表	便于安装、检查及维修

2）一般项目。

① 燃气计量表的外观应无损伤，涂层应完好。检查数量：100%；检查方法：目视检查。

② 膜式燃气计量表钢支架的安装应端正牢固，无倾斜。检查数量：抽查 20%，并不应少于 1 个；检查方法：目视检查、手检。

③ 支架涂漆种类和涂刷遍数应符合设计文件的要求，并应附着良好，无脱皮、起泡和漏涂；漆膜厚度应均匀，色泽一致，无流淌及污染现象。检查数量：抽查 20%，并不应少于 1 个；检查方法：目视检查和查阅设计文件。

④ 当使用加氧的富氧燃烧器或使用鼓风机向燃烧器供给空气时，应检验燃气计量表后设的止回阀或泄压装置是否符合设计文件的要求。检查数量：100%；检查方法：目视检查和查阅设计文件。

⑤ 组合式燃气计量表箱应牢固地固定在墙上或平稳地放置在地面上。检查数量：100%；检查方法：目视检查。

⑥ 室外的燃气计量表宜装在防护箱内，防护箱应具有排水及通风功能；安装在楼梯间内的燃气计量表应具有防火性能或设在防火表箱内。检查数量：100%；检查方法：目视检查。

⑦ 燃气计量表与管道的法兰或螺纹连接，应符合相关规定。检查数量：家用燃气计量表抽查 20%检查，商业和工业企业用燃气计量表 100%检查；检查方法：目视检查。

（3）家用燃气计量表

家用燃气计量表的安装应符合下列规定。

1）燃气计量表安装后应横平竖直，不得倾斜。

2）燃气计量表的安装应使用专用的表连接件。

3）安装在橱柜内的燃气计量表应满足抄表、检修及更换的要求，并应具有自然通风的功能。

4）燃气计量表与低压电气设备之间的间距应符合《城镇燃气室内工程施工与质量验收规范》（CJJ 94—2009）的要求。

5）燃气计量表宜加有效的固定支架。

检查数量：抽查 20%，且不少于 5 台；检查方法：目视检查、尺量检查。

（4）商业及工业企业燃气计量表

1）主控项目。

① 最大流量小于 65m³/h 的膜式燃气计量表，当采用高位安装时，表后距墙净距不宜小于 30mm，并应加表托固定；采用低位安装时，应平稳地安装在高度不小于 200mm 的砖砌支墩或钢支架上，表后与墙净距不应小于 30mm。检查数量：100%；检查方法：目视检查及尺量检查。

② 最大流量大于或等于 65m³/h 的膜式燃气计量表，应平正地安装在高度不小于 200mm 的砖砌支墩或钢支架上，表后与墙净距不宜小于 150mm；腰轮表、涡轮表和旋进旋涡表的安装场所、位置、前后直管段及标高应符合设计文件的规定，并应按产品标识的指向安装。检查数量：100%；检查方法：目视检查，尺量检查，查阅设计文件。

③ 燃气计量表与燃具和设备的水平净距应符合下列规定：距金属烟囱不应小于 80cm，距砖砌烟囱不宜小于 60cm；距炒菜灶、大锅灶、蒸箱和烤炉等燃气灶具灶边不宜小于 80cm；距沸水器及热水锅炉不宜小于 150cm；当燃气计量表与燃具和设备的水平净距无法满足上述要求时，加隔热板后水平净距可适当缩小。检查数量：100%；检查方法：目视检查及尺量检查。

④ 燃气计量表安装后的允许偏差和检验方法应符合表 3.33 的要求；检查数量：抽查 50%检查，且不少于 1 台；检查方法：目视检查和测量。

表 3.33　燃气计量表安装后的允许偏差和检验方法

最大流量	项目	允许偏差/mm	检验方法
<25m³/h	表底距地面	±15	吊线和尺量
	表后距墙饰面	5	
	中心线垂直度	1	
≥25m³/h	表底距地面	±15	吊线、尺量、水平尺
	中心线垂直度	表高的 0.4%	

2）一般项目。

① 当采用不锈钢波纹软管连接燃气计量表时，不锈钢波纹软管应弯曲成圆弧状，不得形成直角。检查数量：100%；检查方法：目视检查。

② 当采用法兰连接燃气计量表时，应符合前面介绍的法兰连接的相关规定。检查数量：100%；检查方法：目视检查。

③ 多台并排安装的燃气计量表，每台燃气计量表进出口管道上应按设计文件的要求安

装阀门；燃气计量表之间的净距应满足安装、检查及维修的要求。检查数量：100%；检查方法：目视检查和查阅设计文件。

5. 试验与验收

（1）一般规定

1）室内燃气管道的试验应符合下列要求。

① 自引入管阀门起至燃具之间的管道的试验应符合《城镇燃气室内工程施工与质量验收规范》（CJJ 94—2009）的要求。

② 自引入管阀门起至室外配气支管之间管线的试验应符合国家现行标准《城镇燃气输配工程施工及验收标准》（GB/T 51455—2023）的有关规定。

③ 试验介质应采用空气或氮气。

④ 严禁用可燃气体和氧气进行试验。

2）室内燃气管道试验前应具备下列条件。

① 已制定试验方案和安全措施。

② 试验范围内的管道安装工程除涂漆、隔热层和保温层外，已按设计文件全部完成，安装质量应经施工单位自检和监理（建设）单位检查确认符合《城镇燃气室内工程施工与质量验收规范》（CJJ 94—2009）的规定。

3）试验用压力计量装置应符合下列要求。

① 试验用压力计应在校验的有效期内，其量程应为被测最大压力的 1.5～2 倍。弹簧压力表的精度不应低于 0.4 级。

② U 形压力计的最小分度值不得大于 1mm。

4）试验工作应由施工单位负责实施，监理（建设）等单位应参加。

5）试验时发现的缺陷，应在试验压力降至大气压力后进行处理。处理合格后应重新进行试验。

6）家用燃具的试验与验收应符合国家现行标准《城镇燃气输配工程施工及验收标准》（GB/T 51455—2023）的有关规定。

7）暗埋敷设的燃气管道系统的强度试验和严密性试验应在未隐蔽前进行。

8）当采用不锈钢金属管道时，强度试验和严密性试验检查所用的发泡剂中氯离子含量不得大于 25×10^{-6}。

（2）强度试验

1）室内燃气管道强度试验的范围应符合下列规定。

① 明管敷设时，居民用户应为引入管阀门至燃气计量装置前阀门之间的管道系统；暗埋或暗封敷设时，居民用户应为引入管阀门至燃具接入管阀门（含阀门）之间的管道。

② 商业用户及工业企业用户应为引入管阀门至燃具接入管阀门（含阀门）之间的管道（含暗埋或暗封的燃气管道）。

2）待进行强度试验的燃气管道系统与不参与试验的系统、设备、仪表等应隔断，并应有明显的标志或记录，强度试验前安全泄放装置应已拆下或隔断。

3）进行强度试验前，管内应吹扫干净，吹扫介质宜采用空气或氮气，不得使用可燃气体。

4）强度试验压力应为设计压力的 1.5 倍且不得低于 0.1MPa。

5）强度试验应符合下列要求。

① 在低压燃气管道系统达到试验压力时，稳压不少于 0.5h 后，应用发泡剂检查所有接头，无渗漏、压力计量装置无压力降为合格。

② 在中压燃气管道系统达到试验压力时，稳压不少于 0.5h 后，应用发泡剂检查所有接头，无渗漏、压力计量装置无压力降为合格；或稳压不少于 1h，观察压力计量装置，无压力降为合格。

③ 当中压以上燃气管道系统进行强度试验时，应在达到试验压力的 50%时停止不少于 15min，用发泡剂检查所有接头，无渗漏后方可继续缓慢升压至试验压力并稳压不少于 1h 后，压力计量装置无压力降为合格。

（3）严密性试验

1）严密性试验范围应为引入管阀门至燃具前阀门之间的管道。通气前还应对燃具前阀门至燃具之间的管道进行检查。

2）室内燃气系统的严密性试验应在强度试验合格之后进行。

3）严密性试验应符合下列要求。

① 低压管道系统试验压力应为设计压力且不得低于 5kPa。在试验压力下，居民用户应稳压不少于 15min，商业和工业企业用户应稳压不少于 30min，并用发泡剂检查全部连接点，无渗漏、压力计无压力降为合格。当试验系统中有不锈钢波纹软管、覆塑铜管、铝塑复合管、耐油胶管时，在试验压力下的稳压时间不宜小于 1h，除对各密封点检查外，还应对外包覆层端面是否有渗漏现象进行检查。

② 中压及以上压力管道系统试验压力应为设计压力且不得低于 0.1MPa，在试验压力下稳压不得少于 2h，用发泡剂检查全部连接点，无渗漏、压力计量装置无压力降为合格。低压燃气管道严密性试验的压力计量装置应采用 U 形压力计。

（4）验收

1）施工单位在工程完工自检合格的基础上，监理单位应组织进行预验收。预验收合格后，施工单位应向建设单位提交竣工报告并申请进行竣工验收。建设单位应组织有关部门进行竣工验收。

2）新建工程应对全部施工内容进行验收，扩建或改建工程可仅对扩建或改建部分进行验收。

3）工程竣工验收应包括下列内容。

① 工程的各参建单位向验收组汇报工程实施的情况。

② 验收组应对工程实体质量（功能性试验）进行抽查。

③ 对《城镇燃气室内工程施工与质量验收规范》（CJJ 94—2009）第 8.4.3 条规定的内容进行核查。

④ 签署工程质量验收文件。

3.3.2 安全用气常识

1. 管道燃气安全用气常识

装有燃气管道及设施的房间，不得作为卧室用和同时使用其他燃料源。严禁擅自拆、装、移、改燃气管道和设施，如有需要应当向当地燃气公司申报。必须遵守安全操作程序，用气完毕应关闭燃气器具开关，正常用气时若遇突发停气，应随即关闭燃气灶具开关，切忌开着燃气灶具等待来气。如遇漏气切勿用明火检查，应立即关闭燃气表前阀门，打开门窗通风换气，到室外拨打电话报修，不要开闭电器开关等，以免火花引发气体爆燃。

用户应经常性地对燃气器具和设备进行检查，具体措施如下。

1）如在室内发现燃气气味，应立即打开门窗，并检查燃气灶具开关是否关闭。如已关闭，可能是燃气管或是燃气表等处漏气，应立即将燃气表前总开关予以关闭，随即到室外打电话通知燃气公司派人员进行检查。

2）如遇燃气支管漏气，要立即通知燃气公司，在检修人员还未到达以前，用户切勿在室内逗留，并严禁使用各种火种，亦不要开或关电器，以免发生中毒、爆炸等事故。

3）管道燃气发生泄漏时，要杜绝一切明火和电器火花。千万不要用开排风扇和抽油烟机来排除室内的泄漏气，因为那样会容易出现电打火而引爆燃气。

4）发生管道燃气故障或燃气事故时，请及时拨打市政公用热线电话。

2. 瓶装燃气安全用气常识

（1）燃气使用常识

使用瓶装液化石油气，应到正规瓶装液化石油气供应站点换气。正确选用调压阀，严禁将中压调压阀配套用于家用燃气灶具。使用瓶装液化石油气时，应先开启钢瓶上的角阀，后开启燃气器具阀门；用气完毕时，应先关闭钢瓶上的角阀，后关闭燃气器具阀门。严禁只关闭燃气器具阀门。严禁用热源对液化石油气钢瓶加温；严禁摇晃、躺卧钢瓶用气；严禁擅自排放钢瓶内的残液；严禁摔砸钢瓶和擅自拆卸瓶阀等附件，严禁私自拆、修、改装燃气器具、钢瓶角阀和减压阀。每次用气后，要对液化石油气钢瓶角阀和燃气器具的关闭情况进行检查，以防漏气。家庭用户一般液化石油气钢瓶存放一个为宜。地下、半地下室严禁使用瓶装液化石油气。禁止在气瓶存放区域办公或留宿。

气瓶识别一般步骤如下：

1）从钢瓶标识和成色上，一般正规公司使用的钢瓶都在检测合格有效期内，且钢瓶上有企业名称和企业标识。

2）从钢瓶角阀塑封上，正规公司销售的实气瓶必须进行角阀塑封，塑封套上有公司名称、充装单位、充装标准、行业监督电话等内容。

3）从警示标识上，正规公司销售的实气瓶还必须贴有警示标识。

4）根据送气工进行辨别，正规公司送气工必须穿统一工作服、佩戴上岗证。

（2）燃气漏气识别

燃气本身是一种无色无味的气体，肉眼是看不见的。为方便用户辨识，供给居民使用的燃气必须经过人工加臭，使其具有一种特殊的臭味，易于被人闻到。如果闻到这类臭味，即应注意是否燃气发生泄漏。找寻漏气位置时可用肥皂水涂抹燃气表、灶和管道连接处,凡是起泡的地方,就是燃气漏损处,但严禁用明火检查漏气。

（3）漏气后处理方法

漏气后的处理工作特别重要,具体如下。

1）迅速关闭钢瓶角阀。

2）熄灭火种,严禁拨打电话、触动室内电器开关。

3）打开门窗进行通风。

4）如果漏气制止不了,应将钢瓶立即移至户外通风良好、无明火的安全地方；及时拨打报修电话或向公安消防部门报警。

3. 燃气器具安全用气常识

（1）家用燃气灶具、热水器的选购

1）购买前询问和检查产品是否有生产许可证和产品合格证,有无售后服务。

2）选择购买燃气器具必须与所使用的气源种类相匹配。

3）购买后根据安装位置,选择合适的热水器排放类型。

4）选择有较好信誉的商店购买,这些商店会对供应商进行考评,根据他们提供产品的质量和要求提供售后服务,出现问题时解决顺畅高效。

5）购买时同时选择合格的连接、安装配件,如排气管等。

（2）使用燃气灶具注意事项

1）燃气灶具的连接推荐使用金属波纹管。

2）燃气灶具的判废年限应为 8 年,超过使用年限的应及时更新。

3）临睡以前要检查燃气开关是否全部关闭。

（3）使用燃气热水器注意事项

1）燃气热水器的气管连接推荐使用金属波纹管。

2）定期清洗热水器,一般宜每年清理一次。

3）严格按照要求安装好烟道,在热水器使用过程中,保持室内空气对流通风。

4）超过使用年限的应及时更新。热水器从售出当日起,人工煤气热水器的判废年限为 6 年,液化石油气和天然气热水器的判废年限为 8 年。

5）停电时,暂停使用热水器。

（4）煤气中毒救护

天然气和液化石油气在通风不良环境中不完全燃烧会产生一氧化碳。一氧化碳与人体内的血红蛋白结合后,形成碳氧血红蛋白,使血液失去输氧能力,导致人体器官和组织受到伤害。煤气中毒一般分为轻度、中度、重度三种。轻度中毒仅表现为头痛眩晕、恶心呕吐、四肢无力或有短暂的昏厥。中度中毒除上述症状加重外还有昏迷或虚脱症状出现。重度中毒表现为持续昏迷、面色苍白或发紫、高烧抽搐等症状。对于轻度中毒病人,只要打开门窗通风并让病人到室外吸入新鲜空气,症状会自行消失。对于中度或重度中毒病人,必须立即送往医院救治。当发现有人燃气中毒后,在医护人员到来之前或护送到医院之前应采取下列措施。

1）迅速把中毒者救出,放在空气流通的地方。情况严重者应及时拨打 120 急救电话或送医院急救。

2）解除中毒者的呼吸障碍，如敞开衣领、清除口中的异物等，保证呼吸流畅。

3）当中毒者处于昏迷状态时，可使其闻氨水，喝浓茶、汽水或咖啡等，不能让其入睡。如果中毒者身体发冷，则要用热水袋或摩擦的方法使其保暖。

4）中毒者失去知觉时，除采取上述措施外，应将中毒者放在平坦地方，用纱布擦拭口腔，在必要时进行人工呼吸，直至送入医院。

【拓展知识】

2010 年 12 月 11 日上午 10 时 41 分，厦门海沧海达路一户居民阳台装修成了厨房，煤气泄漏引发火灾。厦门消防十中队接到报警后迅速赶到现场，经过 8min 的抢救，大火被扑灭，险情得以消除。阳台改造厨房以后，重要的是燃气管道的改造，因为燃气管道要穿过楼体的承重墙，一些家庭采用胶管进行连接，很容易发生燃气泄漏爆炸事件。

任务训练 3

基于对建筑燃气工程施工工艺的学习，请大家对照任务训练 2 中的燃气工程施工图，完成燃气工程图纸的施工工艺要点汇总的任务，并形成汇报文件，汇报具体内容如下。

1）引入管安装及检验。

2）室内燃气管道安装及检验。

3）燃气计量表安装及检验。

4）家用、商业用及工业企业用燃具或用气设备或商业用燃气锅炉和冷热水机组燃气系统的安装及检验。

拓 展 练 习

一、单选题

1．各国规定在两种燃气互换时华白数的变化不大于（   ），而两种燃气若能互换，则其燃烧势应在一定范围之内波动。

A．±（0%～5%）　　　　　　　　　　B．±（5%～10%）

C．±（10%～15%）　　　　　　　　　D．±（15%～20%）

2．在燃气工程施工图中，被遮挡的单线用（   ）表示。

A．粗实线　　　　B．中实线　　　　C．虚实线　　　　D．中虚线

3．$DN40$ 燃气管道穿过建筑物基础、墙和楼板时，所设套管的管径不宜小于（   ）。

A．$DN40$　　　　B．$DN50$　　　　C．$DN60$　　　　D．$DN65$

4．引入管安装主控项目的检查数量为（   ）。

A．50%　　　　B．60%　　　　C．80%　　　　D．100%

5．当引入管采用地上引入时，引入管与建筑物外墙之间的净距应便于安装和维修，宜为（   ）。

A．0.05～0.10m　　B．0.10～0.15m　　C．0.15～0.20m　　D．0.20～0.25m

二、多选题

1. 燃气分类标准将燃气划分为（　　　）三大类。

    A．人工燃气 R　　　B．天然气 T　　　　C．液化石油气 Y　　D．干馏煤气 G

    E．气化煤气 Q

2. 在燃气工程施工图中，折断线表示（　　　）。

    A．双线表示的管道中心线

    B．假想轮廓线

    C．建筑物的断开界线

    D．多根管道与建筑物同时被剖切时的断开界线

    E．设备及其他部件断开界线

3. 燃气热水器和采暖炉的安装应符合下列（　　　）要求。

    A．应按照产品说明书的要求进行安装，并应符合设计文件的要求

    B．热水器和采暖炉应安装牢固，无倾斜

    C．支架的接触应均匀平稳，并便于操作

    D．与室内燃气管道和冷热水管道连接必须正确，并应连接牢固、不易脱落；燃气管道的阀门、冷热水管道阀门应便于操作

    E．排烟装置应与室外相通，烟道应有 1%坡向燃具的坡度，并应有防倒风装置

4. 多台并排安装的燃气计量表，每台燃气计量表进出口管道上应按设计文件的要求安装阀门；燃气计量表之间的净距应满足安装、检查及维修的要求，其检查方法有（　　　）。

    A．目视检查　　　B．检查合格证　　　C．查阅设计文件　　D．尺量检查

    E．手检

5. 烟道的主控项目有（　　　）。

    A．用气设备的烟道应按设计文件的要求施工

    B．居民用气设备的水平烟道长度不宜超过 5m，商业用户用气设备的水平烟道不宜超过 6m，并应有 1%坡向燃具的坡度

    C．烟道抽力应符合现行国家标准《城镇燃气设计规范（2020 版）》（GB 50028—2006）的有关规定

    D．商业用大锅灶、中餐炒菜灶、烤炉、西餐灶等的烟道应按设计文件的要求安装

    E．用钢板制造的烟道，连接面应平整无缝隙，连接紧密牢固，表面平整，应对烟道进行保温，保温材料及厚度应符合设计要求，并应保证出口排烟温度高于露点

三、简答题

1. 什么是天然气？

2. 室内燃气供应系统的组成有哪些？

3. 高压、中低压燃气输配管道平面施工图的绘制应符合哪些要求？

4. 燃气计量表的主控项目有哪些？

5. 燃气灶使用时注意哪些安全事项？

项目

建筑采暖工程

■ 项目概述

冬季室外温度低于室内温度，因此房间里的热量不断地通过建筑物的围护结构传向室外，同时室外的冷空气通过门缝、窗缝或开门、开窗时进入房间而消耗热量。采暖就是用人工方法向室内供给热量，保持一定的室内温度，以创造适宜的生活或工作条件的技术。采暖系统就是一种为了维持室内所需的空气温度，必须向室内供给相应的热量的工程系统。本项目以《民用建筑供暖通风与空气调节设计规范》（GB 50736—2012）为主要依据，参照《供热工程制图标准》（CJJ/T 78—2010）、《房屋建筑制图统一标准》（GB/T 50001—2017）、《暖通空调制图标准》（GB/T 50114—2010）及《城镇供热管网设计标准》（CJJ/T 34—2022），主要进行民用建筑采暖工程基础知识、供应体系、识图技巧及施工工艺的介绍。

■ 学习目标

知识目标	能力目标	素质目标
1. 了解建筑采暖系统基本概念； 2. 了解建筑采暖系统的主要设备和附件； 3. 掌握建筑采暖系统的分类、特点和组成； 4. 了解建筑采暖系统施工图的组成，能够对采暖工程施工图进行识读； 5. 了解采暖系统的管路布置和敷设方面的建筑要求； 6. 掌握建筑采暖系统设备的安装与检验方法	1. 具备建筑采暖工程的基本常识； 2. 具备建筑采暖工程施工图识读的能力； 3. 具备建筑采暖工程施工工艺纠错能力； 4. 初步具备建筑采暖系统安装能力； 5. 初步具备建筑采暖系统检验能力	1. 培养学生低碳环保、绿色节能的工作理念； 2. 培养学生踏实细致、认真负责的学习和工作态度； 3. 培养学生良好的沟通和协作能力； 4. 培养学生独立自主的处理问题能力和可持续发展的理念

■ 课程思政

党的二十大报告指出，推动经济社会发展绿色化、低碳化是实现高质量发展的关键环节。加快推动产业结构、能源结构、交通运输结构等调整优化。实施全面节约战略，推进各类资源节约集约利用，加快构建废弃物循环利用体系。完善支持绿色发展的财税、金融、投资、价格政策和标准体系，发展绿色低碳产业，健全资源环境要素市场化配置体系，加快节能降碳先进技术研发和推广应用，倡导绿色消费，推动形成绿色低碳的生产方式和生活方式。

通过了解建筑采暖系统的相关知识、我国能耗整体结构及采暖系统制图和施工实例，充分培养学生的可持续发展理念，牢固树立学生的工程质量安全意识，践行绿色发展，提倡节能减排，明确地源热泵、城市余热废热在工程中节能的重要性。同时，通过施工图识读、系统安装等内容的学习，培养学生团队协作和沟通交流能力，具备集体意识和大局观念，时刻站在工程整体的角度思考问题；向榜样学习，刻苦钻研，努力提高自身政治理论水平、职业素质能力及专业知识素养，实事求是、脚踏实地，实现人生与职业的双重价值。

■ **任务发布**

1）图纸：某宿办楼采暖工程，包括宿舍、专用教室、盥洗室、淋浴室、卫生间等，占地面积 4240.36m²，工程图纸通过 www.abook.cn 网站下载得到。

2）图纸识别范围：①采暖系统图；②各层采暖平面图。

3）参考规范：

《民用建筑供暖通风与空气调节设计规范》（GB 50736—2012）；

《供热工程制图标准》（CJJ/T 78—2010）；

《房屋建筑制图统一标准》（GB/T 50001—2017）；

《暖通空调制图标准》（GB/T 50114—2010）；

《城镇供热管网设计标准》（CJJ/T 34—2022）。

4）成果文件：宿办楼室内采暖系统汇报文件一份。

【拍一拍】

作为北方必备的采暖系统，可以说在住宅建筑、学校、写字楼中无处不在，为我们的冬季生活提供基础的热舒适服务。同学们可以拍一拍身边的采暖系统装置（图 4.1 和图 4.2），并说一说它为生活提供的服务与带来的影响。

图 4.1　风冷散热器

图 4.2　分、集水器

【想一想】

热水是通过什么途径来实现为热用户供热的呢？

任务4.1 建筑采暖工程简介

4.1.1 认识建筑采暖工程

1. 采暖系统组成与分类

（1）采暖系统组成

机械循环热水采暖工作原理图如图 4.3 所示。

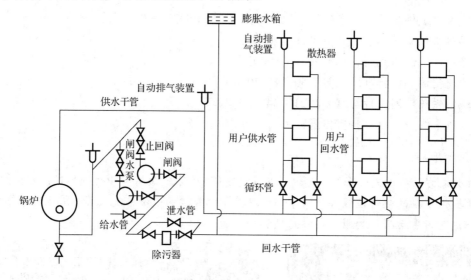

图 4.3 机械循环热水采暖工作原理图

一般而言，采暖系统由热源、热网、热用户三大部分组成。

1）热源。热源用于产生热量，是采暖系统中供应热量的来源，泛指锅炉房、电或热电厂等，作为热能的发生器，在热能发生器中燃料燃烧经载热体热能转化，形成热水或蒸汽。也可利用工业余热、太阳能、地热、核能等作为采暖系统的热源。

2）热网。热网是指由热源转送热媒至热用户，散热冷却后返回热源的闭式循环管道网络。它是用于进行热量输送的管道及设备的总称，是热量传递的通道。热源到热用户散热设备之间的连接管道称为供热管；经散热设备散热后返回热源的管道称为回水管。水泵是采暖系统的主要循环动力设备。膨胀水箱、补水装置、排气装置、除污器等辅助设备也安装在管路上。

3）热用户。热用户也就是采暖房间，装有散热设备，带热体在其中放出热量加热室内空气。散热设备是用于将热量传递到室内的设备，是采暖系统中的负荷设备，如各种散热器、辐射板和暖风机等。热水（或蒸汽）流过散热器，通过它将热量传递给室内空气，从而达到向房间供暖的目的。

（2）采暖系统分类

1）按热媒种类分类。在采暖系统中，通常把热量从热源输送到散热器的物质称作热媒，最常使用的热媒是热水和蒸汽。

① 热水采暖系统：以热水为热媒的采暖系统，主要应用于民用建筑。

② 蒸汽采暖系统：以水蒸气为热媒的采暖系统，主要应用于工业建筑。

③ 热风采暖系统：以热空气为热媒的采暖系统，如暖风机、热空气幕等，主要应用于大空间采暖。

2）按设备相对位置分类。

① 局部采暖系统：热源、供热管道、散热器三部分在构造上合在一起的采暖系统，如火炉采暖、简易散热器采暖、煤气采暖和电热采暖。

② 集中采暖系统：热源和散热设备分别设置，用供热管道相连接，由热源向各个房间或建筑物供给热量的采暖系统。

③ 区域采暖系统：以区域性锅炉房作为热源，供一个区域的许多建筑物采暖的系统。这种采暖系统的作用范围大、节能、可显著减少城市污染，是城市采暖的未来发展方向。

3）按采暖的时间不同分类。

① 连续采暖系统：使采暖房间的室内温度全天均能达到设计温度的采暖系统，适用于全天使用的建筑物。

② 间歇采暖系统：使采暖房间的室内温度在使用时间内达到设计温度，而在非使用时间内可以自然降温的采暖系统，适用于非全天使用的建筑物。

③ 值班采暖系统：在非工作时间或中断使用的时间内，使建筑物保持最低室温要求（以免冻结）所设置的采暖系统。

2. 热源

（1）锅炉与锅炉基本特性参数

锅炉是供热之源。锅炉与锅炉房设备的任务在于安全可靠、经济有效地把燃料（即一次能源）的化学能转化为热能，进而将热能传递给水，以生产热水或蒸汽（即二次能源）。

通常把用于动力、发电方面的锅炉称为动力锅炉；把用于工业及采暖方面的锅炉称为供热锅炉，又叫工业锅炉。根据锅炉制取的热媒形式，锅炉可分为蒸汽锅炉和热水锅炉。按其压力的大小可分为低压锅炉和高压锅炉。在蒸汽锅炉中，当蒸汽压力低于 0.7MPa 时，称为低压锅炉；当蒸汽压力高于 0.7MPa 时，称为高压锅炉。在热水锅炉中，当热水温度低于 100℃ 时，称为低温热水锅炉；当热水温度高于 100℃ 时，称为高温热水锅炉。按水循环动力的不同有自然循环锅炉和机械循环锅炉两个分类。按所用燃料的不同有燃煤锅炉和燃油燃气锅炉两个分类。

通常用以下几个参数来表示锅炉的基本特性。

蒸发量：是指蒸汽锅炉每小时的蒸发量，该值的大小表征锅炉容量的大小。一般以符号 D 来表示，单位为 t/h。供热锅炉的蒸发量一般为 0.1～65t/h。

产热量：是指热水锅炉单位时间产生的热量，用来表征锅炉容量的大小。产热量以符号 Q 表示，单位为 kJ/h 或 kW。

受热面蒸发率（或发热率）：是指每平方米受热面每小时所产生的蒸发量（或热量），单位为 kg/（$m^2 \cdot h$）或 MW/m^2。锅炉受热面是指烟气与水或蒸汽进行热交换的表面积。受热面的大小，工程上一般以烟气放热的一侧来计算。

蒸汽（或热水）参数：是指蒸汽（或热水）的压力和温度，单位分别为 MPa 和℃。

锅炉效率：是指锅炉产生蒸汽或热水的热量与燃料在锅炉内完全燃烧时放出的全部热量的比值，通常用符号 η 表示，以百分数计。η 的大小直接说明锅炉运行的经济性。

锅炉的金属耗率：是指锅炉每吨蒸发量所耗用的金属材料的质量，单位为 t。

锅炉的耗电率：是指产生蒸汽的耗电度数，单位为 kW/t。

（2）锅炉房设备及系统

图 4.4 为锅炉房设备简图。

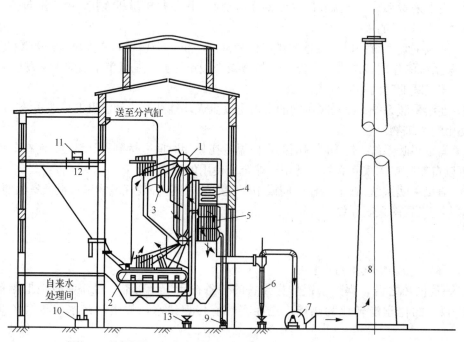

1—锅炉；2—链条炉排；3—蒸汽过热器；4—省煤器；5—空气预热器；6—除尘器；
7—引风机；8—烟囱；9—送风机；10—给水泵；11—运煤传动带输送机；12—煤仓；13—灰车。

图 4.4 锅炉房设备简图

锅炉本体和它的附属设备称为锅炉房设备，其中锅炉本体是锅炉房的核心设备。锅炉本体的最主要设备是汽锅和炉子。炉子是燃料燃烧的设备场所，燃料在炉子中燃烧后的产物高温烟气以对流和辐射的形式将热量传递给汽锅里的水，水被加热，形成热水或沸腾气化形成蒸汽。

锅炉辅助设备是为了保证锅炉房能安全可靠、经济有效地工作而设置的辅助性机械设备、安全控制器材及仪表控制器材等，有些用计算机控制运行。锅炉辅助设备包括以下几个部分。

1）燃料燃烧系统。

① 燃煤锅炉房外必须设置有一定面积和空间的煤厂和灰渣场地，以保障能储存一定数

量的煤，以免因运输工具的故障或是煤供应的临时短缺等原因影响锅炉的连续、正常工作，以及煤烧尽后的灰渣能及时排除。此外还要有专门的运煤除灰设备和煤粉碎、筛选设备。

② 燃油燃气锅炉房。燃油锅炉的燃油供给系统由储油器、输油管道、油泵和室内油箱组成。输油泵将油输送到室内油箱，进入锅炉燃烧器内雾化喷出燃烧。燃气锅炉的燃气由单独设置的气体调压站，经输气管道送至燃气锅炉。燃油燃气锅炉房的安全保障系统尤为重要。

2）汽水系统。汽水系统包括锅炉给水、蒸汽引出和锅炉排污三部分。目的是确保进入锅炉的水符合锅炉给水水质标准，避免汽锅内壁结垢和腐蚀，所以给水在进入锅炉前必须进行软化处理。蒸汽引出系统包括主、副汽管及相应的设备、附件；锅炉给水系统包括水处理设备、水箱、水泵、给水管道和附件等；锅炉排污系统包括排污减温池或扩容器、排污管等。锅炉的排污水还具有很高的压力和温度，因此必须先进行膨胀降温后，才能排入下水道。

3）通风除尘系统。锅炉房的送风系统是为了把室外空气通过风机、风道送入炉膛，提供给燃烧过程必需的空气量，保障燃烧正常进行。排风系统是为了排出锅炉中的烟气，烟气在排入烟囱、进入大气之前，需经过除尘器处理，以减少烟尘的排放量，使排入大气中的有害物质的浓度符合国家现行有关"三废"排放试行标准、工业企业设计卫生标准、锅炉烟尘排放标准和大气环境质量标准的规定，以保护大气环境。

4）仪表控制系统。仪表控制系统包括流量计、压力表、温度计、水位指示器、溢流阀、风压计、电控或自控器材等。其中压力表、溢流阀、水位指示器是保证锅炉安全运行的基本附件，合称为锅炉的三大安全附件，也是工作人员进行正常操作的"耳目"。

5）运煤和除灰渣系统。锅炉房燃烧用的煤，是由各种运煤机械运至锅炉房的。锅炉房的运煤系统是指把煤从锅炉房煤场运到炉前煤斗的输送系统。目前常用的除灰渣方法有人工除灰渣、机械除灰渣、水力除灰渣和负压气力除灰渣四种。因为人工除灰渣劳动强度大，卫生条件差，所以只能用于单台锅炉蒸发量小于 4t/h 的锅炉房中；当蒸发量大于 4t/h 时可采用机械除灰渣方法；对于更大型的锅炉房，一般用水力除灰渣和负压气力除灰渣方法。

（3）锅炉房的位置与对建筑设计的要求

1）锅炉房的组成。锅炉房一般由锅炉间（主厂房）、生产辅助间（水泵及水处理间、除氧间、运煤廊及煤仓间、鼓风机、引风机及除尘设备间、化验间、仪表控制间、换热间、机修间）及生活间（值班室、办公室、更衣室、休息室、储藏室、浴厕室）组成。锅炉房应根据锅炉的形式、容量、规模及工艺流程的需要布置。

2）锅炉房在总平面上的布置原则。根据锅炉房设计规范及有关防火规范，锅炉房在工业与居民区内的布置应考虑下列因素综合确定。

① 新建城市居民区和大型公共建筑及工厂区应优化考虑设置区域性供热锅炉房，尽量减少锅炉房的数量。若因热用户分散、热负荷较低、外管线较长等因素考虑分散设置锅炉房时，应经过技术经济论证确认为合理时，方可采用。

② 锅炉房一般应是独立的建筑，应满足《锅炉房设计标准》（GB 50041—2020），锅炉和建筑物的净距应符合表 4.1 的规定。

表 4.1　锅炉与建筑物的净距

单台锅炉容量		炉前/m			锅炉两侧和后部通道/m
蒸汽锅炉/（t/h）	热水锅炉/MW	链条锅炉	煤粉炉、循环流化床锅炉	煤气（油）锅炉	
1～4	0.7～2.8	3.00	2.50	2.50	0.80
6～20	4.2～14	4.00	3.00	3.00	1.50
≥35	≥29	5.00	4.00	4.00	1.80

③ 当锅炉房单独设置有困难时，可与民用建筑相连或设置在民用建筑物内，但在任何情况下都不允许在人员密集的房间（如公共浴室、教室、餐厅、影剧院、候车室、托儿所、医疗机构病房）内或其上面、下面、主要疏散出口的两侧设置锅炉房。

④ 新建锅炉房应考虑留有扩建的可能和余地。

⑤ 蒸汽锅炉房宜位于地势较低的地区，可利用自流或余压系统回水，有利于凝结水回收，不设或少设凝结水泵站。

⑥ 锅炉房的位置应注意与周围建筑物的互相影响。

⑦ 为减少烟尘及有害气体、噪声、灰渣等对环境的污染，锅炉房应位于总体主导风向的下风侧。

⑧ 锅炉房位置应有利于自然通风和采光。

⑨ 锅炉房位置应便于燃料储运和灰渣排除，并宜使人流和煤、灰车流分开。

⑩ 锅炉房应靠近热负荷比较集中的地区，以缩短管线长度，减少热损失。

⑪ 锅炉房的位置应便于给、排水和供电，并且要有较好的地形、地质条件，不宜将锅炉房特别是大容量锅炉房设置在地质条件很差的地方。

⑫ 燃气锅炉房不宜设置在地下室、半地下室。当因条件限制必须设置在地下室和半地下室时，应采取可靠的室内通风措施。

3）锅炉房对建筑设计的要求。

① 锅炉房每层至少有两个出口，分别设在相对的两侧；附近如果有通向消防电梯的太平门时，可以只开一个出口；当炉前走道总长度不大于 12m 时，且面积不大于 200m^2 时，可以只开一个出口。

② 锅炉房通向室外的门应向外开启，锅炉房内的辅助间或生活间直接通向锅炉间的门，应向锅炉间开启，以防止污染。

③ 锅炉房与其他建筑物相邻时，其相邻的墙为防火墙。

④ 设置在高层建筑物内的锅炉房，应布置在首层或地下一层靠外墙部位，并设置直接通向室外的安全出口。在外墙开口部位的上方，应设置宽度不小于 1m 的不燃烧体防火挑檐。

⑤ 锅炉房的锅炉间属于丁类生产厂房，蒸汽锅炉额定蒸发量大于 4t/h，热水锅炉额定出力大于 2.8MW 时，锅炉间建筑不应低于二级耐火等级；蒸汽锅炉与热水锅炉低于上述出力时，锅炉间建筑不应低于三级耐火等级。

⑥ 锅炉房屋顶自重大于 90kg/m^2 时，应开设天窗，或在高出锅炉的锅炉房墙上开设玻璃窗，开窗面积至少应为全部锅炉占地面积的 1/10。锅炉房应尽量采用轻型结构屋顶。

⑦ 锅炉房的设计应考虑有良好的采光和通风条件。

⑧ 锅炉房的地面至少高出室外地面约 150mm，以免积水和便于泄水；但不宜过高，否则会增加向室内运输设备和燃料的困难。外门的台阶应做成坡道，以利于运输。

⑨ 锅炉房的面积应根据锅炉的台数、型号、锅炉与建筑物之间的净距、检修、操作和布置等辅助设备的需要而定。锅炉房的高度主要由锅炉的高度而定，一般要求锅炉房的顶棚或屋顶下弦高出锅炉最高操作点 2.0m。

3. 采暖设备及附件

（1）散热器

散热器是安装在房间内的一种放热设备，它把来自管网的热媒（热水或蒸汽）的部分热量传给室内，以补偿房间散失的热量，维持室内所要求的温度，从而达到采暖的目的。

热媒在散热器内流动，首先加热散热器壁面，使得散热器外壁面温度高于室内空气的温度，因温差的存在促使热量通过对流、辐射的传热方式不断传给室内空气，以及室内的物体和人，从而达到提高室内空气温度的目的。

散热器的种类繁多，按其制造材质的不同主要分为铸铁和钢制两种；按其结构形状不同可分为管型、翼型、柱型、平板型和串片式等。图 4.5 为铸铁柱型散热器。

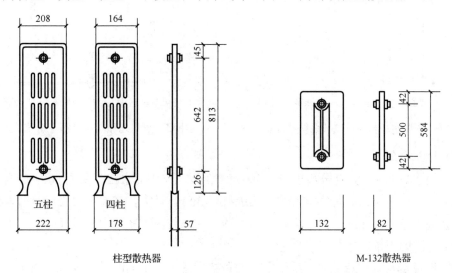

图 4.5　铸铁柱型散热器（单位：mm）

散热器设置在外墙窗口下面最为合理。这样经散热器上升的对流热气流沿外窗上升，能阻止渗入的冷空气沿墙和窗户下降，因而防止冷空气直接进入室内工作区域，使房间温度分布均匀，流经室内的空气比较舒适、暖和。

为了使散热器更好地散热，散热器应采用明装方式。在建筑、工艺方面有特殊要求时，应将散热器加以围挡，但要设有便于空气对流的通道。楼梯间的散热器应尽量放置在底层。双层外门的外室、门斗不宜设置，以防冻裂。

在热水采暖系统中，支管与散热器的连接，应尽量采用上进下出的方式，且进出水管尽量在散热器同侧，这样传热效果好且节约支管；下进下出的连接方式传热效果较差，但安装简单，对分层控制散热量有利；下进上出的连接方式传热效果最差，但这种连接方式有利于排气。

（2）膨胀水箱

膨胀水箱一般用钢板制作，通常是圆形或矩形。膨胀水箱安装在系统的最高点，用来容纳系统加热后膨胀的体积水量，并控制水位高度。膨胀水箱在自然循环系统中起到排气作用，在机械循环中还起到恒定系统压力的作用。

膨胀管是系统主干管与膨胀水箱的连接管，当膨胀管与自然循环系统连接时，膨胀管应接在总立管的顶端，如图 4.6 所示；当与机械循环系统连接时，膨胀管应接在水泵入口前，如图 4.7 所示。一般开式膨胀水箱内的水温不应超过 95℃。

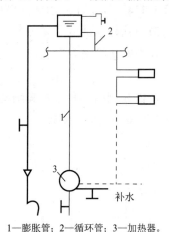

1—膨胀管；2—循环管；3—加热器。

图 4.6　膨胀水箱与自然循环系统的连接

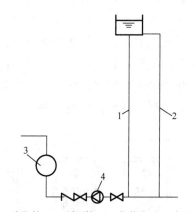

1—膨胀管；2—循环管；3—加热器；4—水泵。

图 4.7　膨胀水箱与机械循环系统的连接

（3）排气设备

系统的水被加热时，会分离出空气。在大气压力下，1kg 水在 5℃时，水中的含气量超过 30mg，而加热到 95℃时，水中的含气量只有 3mg。此外，在系统停止运行时，通过不严密处会渗入空气，充水后，也会有些空气残留在系统内。系统中如积存空气，就会形成气塞，影响水的正常循环。

排气设备是及时排除采暖系统中空气的重要设备，在不同的系统中可以用不同的排气设备。在机械循环上供下回式系统中，可用集气罐、自动排气阀来排除系统中的空气，且装在系统末端最高点。集气罐一般由直径为 100～250mm 的短管制成，分立式和卧式两种。在水平式和下供式系统中，采用装在散热器上的手动放气阀来排除系统中的空气。

（4）除污器

除污器是阻留系统热网水中的污物以防它们造成系统室内管路阻塞的设备。除污器一般为圆形钢质筒体，其接管直径可取与干管相同的直径。

除污器一般安装在采暖系统的入口调压装置前，或锅炉房循环水泵的吸入口和换热器前面；其他小孔口也应该设除污器或过滤器。

（5）散热器控制阀

散热器控制阀是一种自动控制散热器散热量的设备。它由两部分组成：一部分为阀体部分，另一部分为感温元件控制部分。当室内温度高于给定的温度之时，感温元件受热，其顶杆就压缩阀杆，将阀口关小；进入散热器的水流量减小，室温下降。当室内温度下降到低于设定值时，感温元件开始收缩，其阀杆靠弹簧的作用将阀杆抬起，阀孔开大，水流量增大，散热器散热量增加，室内温度开始升高，从而保证室温处在设定的温度值上。温控阀控温范围在 13～28℃之间，控温误差为±1℃。

散热器控制阀安装在散热器入口管上，主要应用于双管系统中，单管跨越系统中也可使用。这种设备具有恒定室温、节约系统能源的功能。

（6）补偿器

在采暖系统中，金属管道会热胀冷缩（每米钢管，温度每升高 1℃便会伸长 0.012m）造成弯曲变形甚至破坏。对于一个系统的管道，要合理地设置固定点，并在两个固定点之间设置自然补偿或波纹管补偿器。如图 4.8 所示的管道系统，在两个固定点间的管道伸缩可以利用管道本身具有的弯曲部分来进行补偿，这种形式的补偿称为自然补偿。采暖系统中若线管段不太长，且具有很多弯曲段，也可以不设置专门的补偿装置。当直线管段很长或弯曲段不能起到应有的补偿作用时，就应在管道两固定点中间设置补偿器来补偿管道的伸缩量，常用的是波纹管补偿器，如图 4.9 所示。

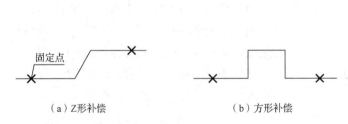

（a）Z形补偿　　　　（b）方形补偿

图 4.8　管道自然补偿

图 4.9　波纹管补偿器

4.1.2　热水采暖系统

1. 热水采暖系统分类

1）按热媒温度的不同，热水采暖系统可分为低温热水采暖系统、高温热水采暖系统。在各个国家，对于高温水和低温水的界限，都有自己的规定，并不统一。某些国家的热水分类标准可见表 4.2。在我国，习惯将水温低于或等于 100℃的热水称为低温水，水温超过 100℃的热水称为高温水。

表 4.2　某些国家的热水分类标准

国家名称	低温水/℃	中温水/℃	高温水/℃
美国	<120	120～176	>176
日本	<110	110～150	>150
德国	≤110		>110
俄罗斯	≤115		>115

　　室内热水采暖系统，大多采用低温水做热媒，设计供、回水温度经历了 95℃/70℃、85℃/60℃、75℃/50℃ 的变化过程。低温热水辐射采暖供、回水温度为 45℃/35℃。高温水采暖系统宜用于工业厂房内，设计供、回水温度为（110～130℃）/（70～80℃）。

　　2）按系统循环动力的不同，热水采暖系统可分为自然（重力）循环系统和机械循环系统。靠水的密度差进行循环的系统，称为自然（重力）循环系统；靠机械（水泵）动力进行循环的系统，称为机械循环系统。

　　3）按散热器供、回水方式的不同，热水采暖系统可分为单管系统和双管系统。热水经立管或水平供水管顺序流过多组散热器，并顺序地在各散热器中冷却的系统，称为单管系统。热水经供水立管或水平供水管平行地分配给多组散热器，冷却后的回水自每个散热器直接沿回水立管或水平回水管流回热源的系统，称为双管系统。

　　4）按系统管道敷设方式的不同，热水采暖系统可分为垂直式和水平式系统。垂直式采暖系统是指不同楼层的各散热器用垂直立管连接的系统；水平式采暖系统是指同一楼层的散热器用水平管线连接的系统。

　　近些年分户采暖系统越来越普及，新竣工的民用居住建筑基本采用分户采暖系统，户内末端装置采用散热器或低温热水辐射采暖，单元立管采用双管异程式，同时也对一些既有居住建筑的传统采暖系统进行分户改造。

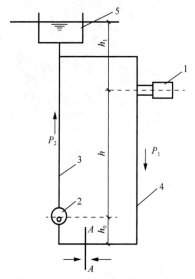

1—散热器；2—锅炉；3—供水管道；4—回水管道；
5—膨胀水箱。

图 4.10　自然循环热水采暖系统的组成

　　2. 自然循环热水采暖系统

　　（1）自然循环热水采暖系统的组成

　　自然循环热水采暖系统由锅炉、散热器、供水管道、回水管道和膨胀水箱组成，如图 4.10 所示。

　　（2）自然循环热水采暖系统的工作原理

　　自然循环热水采暖系统是依靠不同水温而产生的密度差来推动水在系统中循环流动的。自然循环热水采暖系统中水的流速较慢，水平干管中水的流速小于 0.2m/s；干管中气泡的浮升速度为 0.1～0.2m/s，立干管中约为 0.25m/s。所以水中的空气能够逆着水流方向向高处聚集。系统中若积存空气，就会形成气塞，影响水的正常循环。在上供下回自然循环热水采暖系统充水与运行时，空气经过供水干管聚集到系统最高处，再通过膨胀水箱排往大气。因此，系统的供水干管必须有向膨胀水箱方向上升的坡度，坡度为 0.5%～1%。为了使系统顺利排除空气和在系统停止运行或检修时能通过回水干管顺利地排水，回水干管应有向锅炉方向的向下坡度。

这种系统水的循环作用压力很小，因而其作用半径（总立管到最远立管沿供水干管走向的水平距离）不宜超过 50m。

但是，由于这种系统不消耗电能，运行管理简单，在一些较小而独立的建筑中可采用自然循环热水采暖系统。

3. 机械循环热水采暖系统

在密闭的采暖系统中靠水泵作为循环动力的称为机械循环热水采暖系统。机械循环热水采暖系统主要由热水锅炉、循环水泵、膨胀水箱、排气装置、散热设备和连接管路等组成。机械循环热水采暖系统的作用压力远大于自然循环热水采暖系统，因此管道中热水的流速快、管径较小、启动容易、采暖方式多、应用广泛。

（1）上供下回式热水采暖系统

在采暖工程中，"供"指供出热媒，"回"指回流热媒。上供下回式，即供水干管布置在上面，回水干管布置在下面，如图 4.11 所示。在这种系统中，供水干管应采用逆坡敷设，即水流方向与坡度方向相反，空气会聚集在干管的最高点处，在此处设置排气装置排出系统内的空气。水泵装在采暖回水管回水干管上，膨胀水箱依靠膨胀管连接在水泵吸入端，膨胀水箱位于系统最高点，它的作用是容纳水受热后膨胀的体积，并且在水泵吸入端膨胀管与系统连接处维持恒定压力（高于大气压）。由于系统各点的压力均高于此点的压力，所以整个系统处于正压下工作，保证了系统中的水不至于气化。

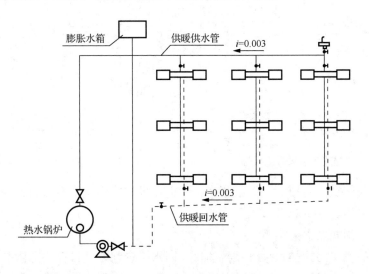

图 4.11 上供下回式热水采暖系统

1）双管式系统除主要依靠水泵所产生的压头外，同时也存在自然压头，它使上层散热器供水的流量大于下层散热器的流量，从而造成上层散热器房间温度偏高，下层房间温度偏低，称为系统的垂直失调。楼层越高，这种现象越严重。因此，双管式系统一般用于不超过4层的建筑物。

2）单管顺流式系统的特点是立管中的全部水量顺流进入各层的散热器，缺点是不能进行局部调节；单管跨越式系统的特点是立管的一部分水量流进散热器，另一部分水量通过跨越管与散热器流出的回水混合，再流入下一层散热器，可以消除顺流式系统无法调节各层间散热量的缺陷。一般在上面几层加装跨越管，并在跨越管上加装阀门，以调节流经跨越管的流量。

单管式系统因为与散热器相连的立管只有一根，比双管式系统少用立管，立支管间交叉减少，因而安装较为方便，不会像双管式系统因存在自然压头而产生垂直失调，造成各房间温度的偏差。

在热水采暖系统中，按热媒的流程长短是否一致，可分为同程式和异程式系统。在机械循环系统中，由于系统的作用半径一般较大，热媒通过各立管的环路长度都做成相等的，以便于各环路的压力平衡，这样的系统称为同程式系统，如图4.12所示。相对于同程式系统，热媒通过环路的长度不相等，称为异程式系统，如图4.13所示。当系统较大时，由于各环路不易做到压力平衡，从而造成近处流量分配过多，远处流量不足，引起水平方向冷热不均，称为系统的水平失调。

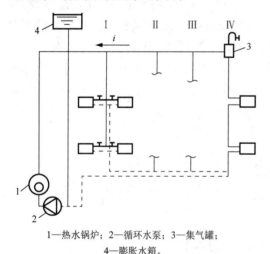

1—热水锅炉；2—循环水泵；3—集气罐；
4—膨胀水箱。

图4.12　同程式热水采暖系统图

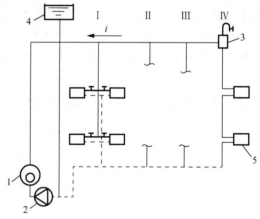

1—热水锅炉；2—循环水泵；
3—集气罐；4—膨胀水箱；5—散热器。

图4.13　异程式热水采暖系统图

同程式系统管道长度较大，管径稍大，因而比异程式系统多耗管材，在面积较小的多层建筑中不宜采用。

（2）下供下回式热水采暖系统

机械循环下供下回式热水采暖系统的供、回水干管都要敷设在底层散热器之下。在设有地下室的建筑物，或顶层房间难以布置供水干管时，常采用此种采暖系统，如图4.14所示。下供下回式热水采暖系统排除空气的方式主要有两种：一种是通过顶层散热器的冷风阀手动分散排气；另一种是通过专设的空气管手动或自动集中排气。

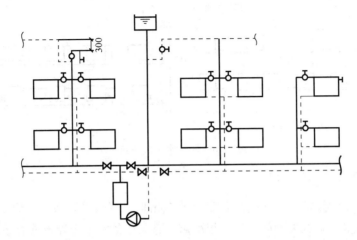

图 4.14　机械循环下供下回式热水采暖系统（单位：mm）

（3）中供式热水采暖系统

机械循环中供式热水采暖系统是把总立管引出的供水干管设在系统的中部。对于下部系统来说是上供下回式，对于上部系统来说可以采用下供下回式系统，也可采用上供下回式。这种系统可避免由于顶层梁底标高过低，致使供水干管挡住顶层窗户的问题，同时也可适当地缓解垂直失调现象，如图 4.15 所示。

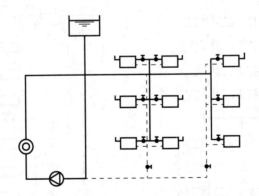

图 4.15　机械循环中供式热水采暖系统

（4）水平式系统

水平式系统按供水管与散热器的连接方式可分为顺流式和跨越式系统两种。水平式系统的结构简单，便于施工和检修，热力稳定性好，但缺点是需要在每组散热器上设置冷风阀分散排气或在同一层散热器上部串联一根空气管集中排气。此种连接形式适用于机械热水循环和重力热水循环系统。

如图 4.16 所示为单管水平式系统。图 4.16（b）又称为单管跨越式系统，与较小的水平式系统与垂直式系统相比，管路简单，无穿过各层的立管，施工方便，造价低。对于一些各层有不同功用或不同温度要求的建筑物，采用水平式系统，便于分层管理和调节。但单管水平式系统串联散热器很多时，容易出现前热后冷现象，即水平失调。

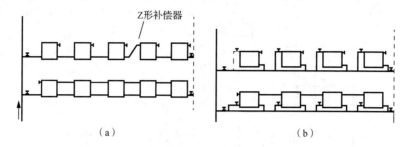

图 4.16　单管水平式系统

4. 高层建筑热水采暖系统

在高层建筑采暖设计中，一般其高度超过 50m 时，建筑采暖系统的静水压力较大。由于建筑物层数较多，垂直失调问题也会很严重，宜采用的管理布置形式有下面几种。

（1）竖向分区采暖系统

高层建筑热水采暖系统在垂直方向上分成两个或两个以上的独立系统称为竖向分区式采暖系统，如图 4.17 和图 4.18 所示。竖向分区采暖系统的低区通常直接与室外管网相连，高区与外网的连接形式主要有两种。

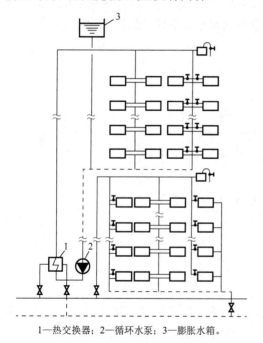

1—热交换器；2—循环水泵；3—膨胀水箱。

图 4.17　设热交换器的分区式采暖系统

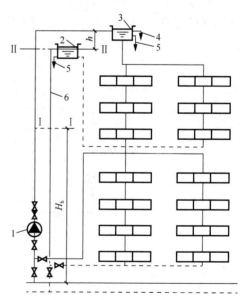

1—加压水泵；2—回水箱；3—进水箱；
4—进水箱溢流管；5—信号管；6—回水箱溢流管。

图 4.18　设双水箱的分区式采暖系统

1）设热交换器的分区式采暖系统如图 4.17 所示。该系统的高区水和外网水通过热交换器进行热量交换，热交换器作为高区热源，高区又设有水泵、膨胀水箱，使之成为一个与室外管网压力隔绝的、独立的完整系统。该方式是目前高层建筑供暖系统常用的一种形式，适用于外网是高温水的供暖系统。

2）设双水箱的分区式采暖系统如图 4.18 所示。该系统将外网水直接引入高区。压力低于该高层建筑的静水压力时，可在供水管上设加压水泵，使水进入高区上部的进水箱。高区的回水箱设溢流管与外网回水管相连，利用进水箱与回水箱之间的水位差克服高区阻力，使水在高区内自然循环流动。该系统适用于外网是低温水的供暖系统。此外，还有不在高区设水箱，在供水总管上设加压泵、回水总管上安装减压阀的分区式系统，以及高区采用下供上回式系统、回水总管上设排气断流装置的分区式系统。

（2）双线式采暖系统

高层建筑的双线式采暖系统有垂直双线单管式采暖系统和水平双线单管式采暖系统。

1）垂直双线单管式采暖系统如图 4.19（a）所示，立管上设置于同一楼层一个房间中的散热设备为两组。按热媒流动方向每一个房间的立管由上升和下降两部分构成，使得各层房间两组散热设备的平均温度近似相同，总传热效果接近，从而减轻竖向失调程度。立管阻力增加，提高了系统的水力稳定性。该系统适用于公共建筑一个房间可设置两组散热器或两块辐射板的情形。

2）水平双线单管式采暖系统如图 4.19（b）所示，水平方向的各组散热器内热媒平均温度近似相同，可避免水平失调问题，但容易出现垂直失调现象，可在每层供水管线上设置调节阀进行分层流量调节，或在每层的水平分支管线上设置节流孔板，增加各水平环路的阻力损失，减少垂直失调问题。

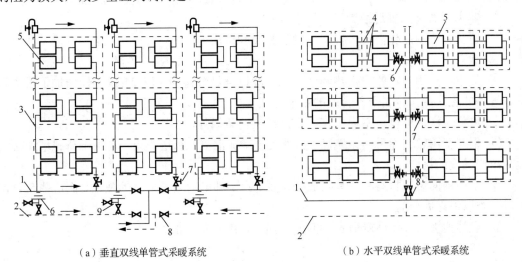

（a）垂直双线单管式采暖系统　　　　（b）水平双线单管式采暖系统

1—供水干管；2—回水干管；3—双线立管；4—双线水平管；
5—散热设备；6—节流孔板；7—调节阀；8—截止阀；9—排水阀。

图 4.19　双线式采暖系统

5. 低温热水地板辐射采暖

辐射采暖是一种利用建筑物内的屋顶面、地面、墙面或其他表面的辐射散热器设备散出的热量来达到房间或局部工作点采暖要求的采暖方法。

辐射采暖技术于 20 世纪 30 年代应用于发达国家一些高级住宅，由于它具有卫生、经济、节能、舒适等优点，所以很快就被人们所接受并得到迅速推广。近二十年来，几乎各类建筑都应用了辐射采暖，而且使用效果也比较好。在我国建筑设计中，近年来辐射采暖方式也逐步得到推广应用，特别是低温热水地板辐射采暖技术，目前在我国北方广大地区已有相当规模的应用，甚至在有的地区已形成热点。

辐射采暖具有辐射强度和温度的双重作用，创造了真正符合人体散热要求的热环境，体现了以人为本的理念。

（1）辐射采暖的特点

1）优点。

① 舒适性强。室内地表温度均匀，温度梯度合理，室温自下而上递减，给人以脚暖头凉的感觉，符合人体生理需要；整个地板作为蓄热体，热稳定性好，在间歇采暖条件下，温度变化缓慢；地板采暖需敷设地面保温层，既减少了层间传热，又增强了隔声效果。

② 节能。实践证明，在相同舒适感（实感温度相同）的情况下，辐射采暖的室内温度比对流采暖方式的室内温度低 2～3℃，减少了采暖热负荷。

③ 可方便地实施按户热计量，便于物业管理。

④ 为住户二次装修创造了条件。地板采暖，室内无暖气片和外露管道，既增大了用户使用面积，又节省了做暖气罩、隐蔽管道的费用；便于在室内设置落地窗或矮窗；用户不受传统挂墙散热器限制，可遵照自己的意愿灵活设置轻质隔墙，改变室内布局。

⑤ 使用寿命长，日常维护工作量小。

⑥ 适应住宅商品化需要，提高住宅的品质和档次。

2）缺点。

① 集中供热用户一般要换热降低供水温度以满足塑料管对温度的限制，增加了投资和运行管理的工作量，也属于不合理的用能方式。

② 增加了楼板厚度，室内净高减小，结构荷载增加。

③ 采暖费用较普通采暖系统高，另外还要增加混凝土垫层投资，且由于荷载增加必须提高结构强度的投资。

④ 室内地面装饰材料和家具摆放的位置、数量都影响地板采暖的效果，而这些在设计阶段是难以考虑周全的。

⑤ 虽然地板采暖使用寿命长，但一旦损坏，维修难度很大。

（2）辐射采暖的种类

辐射采暖的种类和形式很多，按辐射体表面温度可分为：低温辐射采暖系统，即辐射板面温度低于 80℃的采暖系统；中温辐射采暖系统，即辐射板面温度一般为 80～200℃的采暖系统；高温辐射采暖系统，即辐射板面温度高于 200℃的采暖系统。按辐射板构造可分为：埋管式和组合式。按辐射板位置可分为：顶面式、地面式和墙面式。按热媒种类可分为：低温热水辐射采暖系统、高温热水辐射采暖系统、电热式辐射采暖系统和燃气式辐射采暖系统。

目前，低温辐射采暖系统使用较多。它是把加热管直接埋设在建筑物构件内而形成散热面，散热面的主要形式有顶棚式、墙面式和地面式等。低温地板辐射采暖的一般做法是，在建筑物地面结构层上，首先铺设高效保温隔热材料，然后用 DN15 或 DN20 的通水管（通水管用盘管一般为蛇形管形状，近年来采用新型塑料管、铝塑复合管，一般为每根 120m）按一定管间距固定在保温材料上，最后回填碎石混凝土，经夯实平整后再做地面面层，如图 4.20 所示。

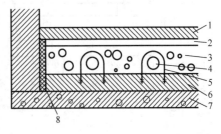

1—面层；2—找平层；3—混凝土；4—加热管；5—锚固卡钉；6—复合保温层；7—地面结构层；8—侧面绝热层。

图 4.20　地板辐射采暖结构图

从地面辐射供暖的安全、寿命和舒适考虑，规定供水温度不应超过 60℃，供、回水温差为 5～10℃。从舒适及节能考虑，地面供暖供水温度宜采用较低数值，国内外经验表明，35～45℃是比较合适的范围。保持较低的供水温度，有利于延长化学管材的使用寿命，有利于提高室内的热舒适感；控制供、回水温差，有利于保持较大的热媒流速，方便排除管内空气，也有利于保证地面温度的均匀。严寒和寒冷地区应在保证室内温度的基础上选择设计供水温度，严寒地区回水温度推荐不低于 30℃。

（3）系统组成

在住宅建筑中，地板辐射采暖的加热管一般应按户划分独立的系统，设置集配装置，如分水器和集水器，再按房间配置加热盘管，一般不同房间或住宅各主要房间宜分别设置加热盘管和集配装置相连。如图 4.21 所示为低温热水地板辐射采暖平面布置示意图。对于其他建筑，可根据具体情况划分系统，一般每组加热盘管的总长度不宜大于 120m，盘管阻力不宜超过 30kPa，住宅加热盘管间距不宜大于 300mm。加热盘管在布置时应保证地板表面温度均匀。

加热盘管安装示意图如图 4.22 所示，图中基础层为地板，保温层控制传热方向，豆石混凝土层为结构层，用于固定加热盘管和均衡表面温度。各加热盘管供、回水管应分别与集水器和分水器连接，每套集（分）水器连接的加热盘管不宜超过 8 组，且连接在同一集（分）水器上的盘管长度、管径等应基本相等。集（分）水器的安装如图 4.23 所示。分水器的总进水管上应安装球阀过滤器

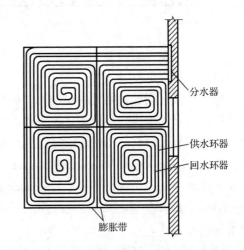

图 4.21　低温热水地板辐射采暖平面布置示意图

等；在集水器总出水管上应设有平衡阀、球阀等；各组盘管与集（分）水器连接处应设球阀，分水器顶部应设手动或自动排气阀。

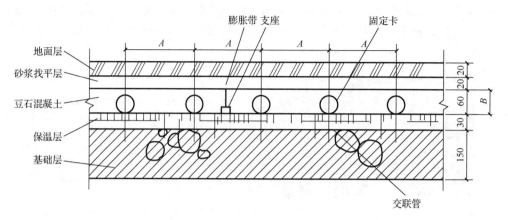

图 4.22　加热盘管安装示意图（单位：mm）

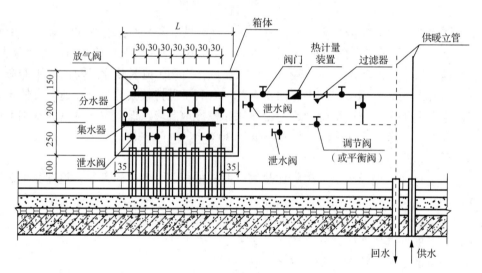

图 4.23　集（分）水器安装示意图（单位：mm）

（4）管材

加热盘管有钢管、铜管和塑料管。塑料管经特殊处理与加工后，能满足低温热水辐射采暖的耐高温、承压高、耐老化等要求，同时可以根据设计所要求的长度进行生产，使埋设的盘管部分无接头，杜绝埋管管段的渗漏问题，且易弯曲和施工。常用的塑料管有耐热聚乙烯（polyethylene of raised temperature resistance，PE-RT）管、交联聚乙烯（crosslinked polyethylene，PE-X）管、聚丁烯（polybutene，PB）管和无规共聚聚丙烯（random propylene copolymer，PP-R）管。它们共同的优点是耐老化、耐腐蚀、不结垢、承压高、无环境污染和沿程阻力小等。

钢管（如无缝钢管、焊接钢管）是传统采暖系统的常用管材，具有耐高温（可达 150℃以上）、承压能力强（适用于高压系统）、机械强度高等优点，常用于高温热水采暖或蒸汽系统。其缺点是易受腐蚀，需进行防腐处理（如镀锌、涂塑），且安装时需焊接或法兰连接，施工复杂、成本较高。在低温辐射采暖系统中应用较少，主要因重量大、灵活性差，无法实现无接头埋设，存在渗漏隐患，多用于散热器明装或工业管道系统。

铜管以紫铜或黄铜为原料，具备优异的导热性、耐腐蚀性及耐高温性（长期耐温≤110℃），承压性能稳定，使用寿命长。其连接方式以钎焊或卡压为主，密封性好，但成本高昂且热膨胀系数较大，需设置补偿器。铜管多用于高端住宅或对卫生性要求严格的场所（如医院），但在低温辐射采暖系统中较少采用，主要受限于造价高、弯曲加工难度大（需专用工具），且无法满足超长无接头埋设需求，更适用于散热器或小型分户采暖系统。

6. 分户计量采暖系统

为了推进城市采暖制度改革，促进城市采暖事业的健康发展，建设部（现为住房和城乡建设部）颁发了《民用建筑节能管理规定》。该规定第十二条明确指出：采用集中采暖制冷方式的新建民用建筑应当安设建筑物室内温度控制和用能计量设施，逐步实行基本冷热价和计量冷热价共同构成的两部制用能价格制度。

（1）分户热计量概述

分户采暖是对传统的顺流式采暖系统在形式上加以改变，以建筑中具有独立产权的用户为服务对象，使该用户的采暖系统具备分户调节、控制与关断的功能。

【拓展知识】

分户采暖的产生与我国社会经济发展紧密相连。20 世纪 90 年代以前，我国处于计划经济时期，采暖作为职工的福利，一直采取"包烧制"，即冬季采暖费用由政府或职工所在单位承担。之后，我国从计划经济向市场经济转变，相应的住房分配制度也进行了改革。职工购买了本属单位的共有住房或住房分配实现了商品化。加之所有制变革、行业结构调整、企业重组与人员优化等改革措施，职工所属单位发生了巨大变化。原有经济结构下的福利用热制度已不能满足市场经济的要求，严重困扰城镇采暖的正常运行与发展。因为在旧采暖体制下，采暖能耗多少与热用户经济利益无关，用户一般不考虑采暖节能，室温高开窗放，室温低就告状，能源浪费严重，采暖能耗居高不下。节能增效刻不容缓，分户采暖势在必行。

分户采暖是以经济手段促进节能。采暖系统节能的关键是改变热用户的现有"室温高，开窗放"的用热习惯，这就要求采暖系统在用户侧具有调节手段，先实现分户控制与调节，为下一步分户计量创造条件。

对于民用建筑的住宅用户，分户采暖就是改变传统的一幢建筑一个系统的"大采暖"系统的形式，实现分别向各个单元具有独立产权的热用户供热并具有调节与控制功能的采暖系统形式。因此分户采暖工作必然包含两方面的工作内容：一是既有建筑采暖系统的分户改造；二是新建住宅的分户采暖设计。

集中采暖分户计量的主要方式是采用热量表和热量分配表计量，一种是采用楼栋热量表进行楼栋计量再按户分摊；另一种是通过每户的热量表按户计量直接结算。

热计量的装置种类较多，其中热量表又称热表，是由多个部件组成的机电一体化仪表，主要由流量计、温度传感器和积算仪组成。流量计用于测量流经用户的热水的流量，分为机械型、压差型、电磁型和超声波型；温度传感器用于测量供、回水温度，采用铂电阻或热敏电阻等制成；积算仪根据流量计与温度传感器测得的流量和温度信号计算温差、流量、热量及其他参数，可显示、记录和输出所需数据。

（2）分户采暖的形式

分户采暖是实现分户热计量和用热的商品化的一个必要条件，不管形式上如何变化，它的首要目的仍是满足热用户的用热需求，并需在供暖形式上做分户的处理。分户采暖系统的形式是由我国城镇居民建筑具有公寓大型化的特点决定的——在一幢建筑的不同单元、不同楼层的不同居民住宅，产权不同。根据这一特点以及我国民用住宅的结构形式，楼梯间、楼道等公用部分应设置独立采暖系统，室内的分户采暖主要由以下三个系统组成。

1）满足热用户用热需求的户内水平采暖系统，就是按户分环，每一户单独引出供、回水管，一方面便于供暖控制管理，另一方面用户可实现分室控温。

2）向各个用户输送热媒的单元立管采暖系统，即用户的公共立管，可设于楼梯间或专用的采暖管井内。

3）向各个单元公共立管输送热媒的水平干管采暖系统。

分户热计量热水采暖系统的共同点是：在每一住户管路的起止点安装关断阀，在起止点其中一处安装调节阀，并且安装流量计或热表。流量计或热表安装在流出用户的回水管道上时，水温低，有利于延长其使用寿命，但若住户从采暖系统取水，无法监视和控制，使供暖系统的失水率增加。因此，许多热表安装在住户管道入口的供水管上。各住户的关断阀及向各楼层、各住户供给热媒的供、回水立管及热计量装置设在公共的楼梯间竖井内。竖井有检查门，便于采暖管理部门在住户外启闭各户水平支路上的阀门、调节住户的流量、抄表和计量供热量。但分户采暖系统相对于传统的大采暖系统没有本质的变化，仅仅是利用已有的采暖系统形式，采取新的组合方式，在形式上满足热用户一家一户供暖的要求，使其具有分别调节、控制、关断功能，便于管理与未来分户计量的开展，它的服务对象主要是民用住宅建筑。

（3）分户采暖的方式

1）每个住户设置一个热量表，直接测量住户用热量，作为收费分摊的依据。热量表是通过对热媒的焓差和质量流量在一定时间内的积分进行热量计量的。

2）住宅楼设总热量表，每个住户单位仅测量与热量有关的一个或多个参量的值，假定该参量的值与住户用热量成比例，进行热费分摊。可以以时间为参量，即以各住户用热时间的长短来分摊热费；可以以温度并按时间累计，按此累计值分摊热费；也可以以蒸发式热表所充液体的蒸发量为参量分摊热费。

3）测量仅反映室内热舒适度的参量及使用延续时间。一般以室内空气干球温度为参量。

4）各种方案都应在供热入口设总表。

集中采暖住宅分户热计量采暖系统有共用立管分户采暖系统、单户独立式采暖系统。集中采暖住宅分户热计量水平放射式采暖系统示意图如图 4.24 所示。

7. 热水采暖系统集中供热调节

运行调节是指当热负荷发生变化时，为实现按需供热而对供热系统的流量、供水温度等进行的调节。热水供热系统的热用户，主要有供暖、通风、热水供应和生产工艺等热用户，这些用户的热负荷并不是恒定的，如供暖、通风热负荷随室外气温变化，热水供应和生产工艺随使用条件等因素不断变化。为了保证供热质量，满足使用要求，并使热能制备和输送经济合理，就要对运行中的供热系统进行调节。

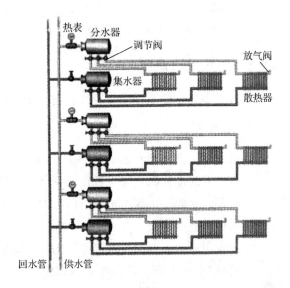

图 4.24　集中采暖住宅分户热计量水平放射式采暖系统示意图

在城市集中供热系统中供暖热负荷是系统的最主要热负荷，甚至是唯一的。因此，在供暖系统运行过程中，通常按照供暖热负荷随室外温度的变化规律，作为供热调节的依据。供热（暖）调节的目的，在于使供暖用户的散热设备的散热量与用户热负荷的变化规律相适应，以防止供暖热用户室温偏离设计值，过高或过低。

根据供热调节位置不同，供热调节可分为集中调节、局部调节和个体调节三种调节方式。集中调节在热源处进行调节，局部调节在热力站或用户入口处进行调节，而个体调节直接在散热设备（如散热器、暖风机、换热器等）处进行调节，如分户计量供热系统的用户在散热设备处利用手动或温控阀的自主调节。

集中供热调节容易实施，运行管理方便，是最主要的供热调节方法。但即使对只有单一供暖热负荷的供热系统，也往往需要对个别热力站或用户进行局部调节，调整用户的用热量。对有多种热负荷的热水供热系统，通常根据供暖热负荷进行集中供热调节，而对于其他热负荷（如热水供应、通风等热负荷），由于其变化规律不同于供暖热负荷，则需要在热力站或用户处配以局部调节，以满足其要求。对多种热用户的供热调节，通常称为供热综合调节。对于分户计量的供暖系统，用户根据自己的需要进行个体调节，热源根据用户及室外气温的变化进行被动的集中运行调节。

集中供热调节的方法主要有下列几种。

① 质调节：供热系统流量不变，只改变管路的供水温度。

② 分阶段改变流量的质调节：供热系统根据供暖季热负荷变化情况分阶段调整管路的循环流量，并在每个阶段保持循环流量不变，只改变系统的供、回水温度。

③ 间歇调节：只改变每天供暖小时数。

④ 质量-流量调节：同时改变管路循环流量和供、回水温度。

⑤ 量调节：只改变管路的循环流量（很少单独使用）。

4.1.3 蒸汽采暖系统

蒸汽采暖系统的主要设备有疏水器、减压阀、二次蒸发箱（器）、安全阀等。

1. 疏水器

如前所述，蒸汽疏水器的作用是自动阻止蒸汽逸漏，并且迅速地排出用热设备及管道中的凝水，同时能排除系统中积留的空气和其他不凝性气体。疏水器是蒸汽采暖系统中最重要的设备。它的工作状况对系统运行的可靠性和经济性影响极大。

（1）疏水器的分类

根据作用原理不同，疏水器可分为三种类型。

① 机械型疏水器。机械型疏水器是指利用蒸汽和凝水的密度不同，形成凝水液位，以控制凝水排水孔自动启闭工作的疏水器。主要产品有浮筒式疏水器、钟形浮子式疏水器、自由浮球式疏水器和倒吊筒式疏水器等。

② 热动力型疏水器。热动力型疏水器是指利用蒸汽和凝水热动力学（流动）特性的不同来工作的疏水器。主要产品有圆盘式疏水器、脉冲式疏水器、孔板或迷宫式疏水器等。

③ 热静力型（恒温型）疏水器。热静力型（恒温型）疏水器是指利用蒸汽和凝水的温度不同引起恒温元件膨胀或变形来工作的疏水器。主要产品有波纹管式疏水器、双金属片式疏水器和液体膨胀式疏水器等。

（2）浮筒式疏水器

浮筒式疏水器属机械型疏水器。

工作原理：凝结水流入疏水器外壳内，当壳内水位升高时，浮筒浮起，将阀孔关闭。继续进水，凝水进入浮筒。当水即将充满浮筒时，浮筒下沉，阀孔打开，凝水借蒸汽压力排入凝水管。当凝水排出到一定数量后，浮筒的总重量减轻，浮筒再度浮起，又将阀孔关闭。如此反复循环动作。

浮筒的容积，浮筒及阀杆等的重量，阀孔直径及阀孔前后凝水的压差决定着浮筒的正常沉浮工作。浮筒底附带的可换重块，可用来调节它们之间的配合关系，适应不同凝水压力和压差等工作条件。

浮筒式疏水器在正常工作情况下，漏气量只等于水封套筒上排气孔的漏气量，数量很小。它能排出具有饱和温度的凝水。疏水器前凝水的表压力 P_1 在 500kPa 或更小时便能启动疏水。排水孔阻力较小，因而疏水器的背压可较高。它的主要缺点是体积大、排量小、活动部件多、筒内易沉渣垢、阀孔易磨损、维修量较大。

（3）圆盘式疏水器

它属于热动力型疏水器。

工作原理：当过冷的凝水流入孔时，靠圆盘形阀片上下的压差顶开阀片，水经环形槽，从向下开的小孔排出。由于凝水的比容几乎不变，凝水流动通畅，阀片常开，连续排水。当凝水带有蒸汽时，蒸汽在阀片下面从 A 孔经 B 槽流向出口，在通过阀片和阀座之间的狭窄通道时，压力下降，蒸汽比容急剧增大，阀片下面蒸汽流速激增，遂造成阀片下面的静压下降。与此同时，蒸汽在槽与出口孔处受阻，被迫从阀片和阀盖之间的缝隙冲入阀片上部的控制室，动压转化为静压，在控制室内形成比阀片下更高的压力，迅速将阀片向下关闭而阻气。阀片关闭一段时间后，由于控制室内蒸汽凝结，压力下降，会使阀片瞬时开启，造成周期性漏气。因此，新型的圆盘式疏水器凝水先通过阀盖夹套再进入中心孔，以减缓控制室内蒸汽凝结。

圆盘式疏水器的优点有体积小、重量轻、结构简单、安装维修方便。其缺点是有周期漏气现象；在凝水量小或疏水器前后压差过小（$P_1-P_2<0.5P_1$）时，会发生连续漏气；当周围环境气温较高，控制室内蒸汽凝结缓慢，阀片不易打开，会使排水量减少。

（4）温调式疏水器

温调式疏水器属热静力型疏水器，疏水器的动作部件是一个波纹管的温度敏感元件。波纹管内部充以易蒸发的液体。当具有饱和温度的凝水到来时，由于凝水温度较高，使液体的饱和压力增大，波纹管轴向伸长，带动阀芯，关闭凝水通路，防止蒸汽逸漏。当疏水器中的凝水由于向四周散热而温度下降时，液体的饱和压力下降，波纹管收缩，打开阀孔，排放凝水。疏水器尾部带有调节螺钉，向前调节可减小疏水器的阀孔间隙，从而提高凝水过冷度。此种疏水器的排放凝水温度为 60～100℃。为使疏水器前凝水温度降低，疏水器前 1～2m 管道不保温。

温调式疏水器加工工艺要求较高，适用于排除过冷凝水，安装位置不受水平限制，但不宜安装在周围环境温度高的场合。

无论是哪一种类型的疏水器，在性能方面，应能在单位压降下的排凝水量较大，漏气量要小（标准为不应大于实际排水量的 3%），同时能顺利地排除空气，而且应对凝水的流量、压力和温度的波动适应性强。在结构方面，应结构简单、活动部件少、便于维修、体积小、金属耗量少，以及使用寿命长。近十年来，我国疏水器的制造有了长足的进展，开发了不少新产品，但对于蒸汽采暖系统的重要设备，疏水器的漏、短、缺问题仍未能很好地解决。漏——密封面漏气；短——使用寿命短；缺——品种规格不全。提高产品性能仍是目前迫切要解决的问题。

2. 减压阀

减压阀通过调节阀孔大小对蒸汽进行节流而达到减压目的，并能自动地将阀后压力维持在一定范围内。

目前国产减压阀有活塞式、波纹管式和薄膜式等几种。

活塞式减压阀工作可靠，工作温度和压力较高，适用范围广。

波纹管式减压阀的主阀开启大小靠通至波纹箱的阀后蒸汽压力和阀杆下调节弹簧的弹力相互平衡来调节。压力波动范围在 ±0.025MPa 以内。阀前与阀后的最小调压差为 0.025MPa。波纹管式减压阀适用于工作温度低于 200℃，工作压力达 1.0MPa 的蒸汽管道。

波纹管式减压阀的调节范围大，压力波动范围较小，特别适用于减为低压的低压蒸汽供暖系统。

加压阀中旁通管的作用是为了保证供汽。当减压阀发生故障需要检修时，可关闭减压阀两侧的截止阀，暂时通过旁通管供汽，减压阀两侧应分别装设高压和低压压力表，为防止减压后的压力超过允许的限度，阀后应装设安全阀。

3. 二次蒸发箱（器）

二次蒸发箱的作用是，将室内各用气设备排出的凝水在较低的压力下分离出一部分二次蒸汽，并将低压的二次蒸汽输送到热用户利用。高压含汽凝水沿切线方向的管道进入管内，由于进口阀的节流作用，压力下降，凝水分离出一部分二次蒸汽。水的旋转运动更易使汽水分离，水向下流动，沿凝水管送回凝水箱去。

4. 安全阀

启闭件受外力作用处于常闭状态，但是当设备或管道内的介质压力升高超过规定值时，启闭件开启，安全阀是向系统外排放介质来防止管道或设备内介质压力超过规定数值的特殊阀门。安全阀属于自动阀类，主要用于锅炉、压力容器和管道上，控制压力不超过规定值，对人身安全和设备运行起重要保护作用。

安全阀按结构不同主要有两大类：弹簧式和杠杆式。弹簧式安全阀阀瓣与阀座的密封靠弹簧的作用力，杠杆式安全阀是靠杠杆和重锤的作用力。安全阀的排放量决定于阀座的口径与阀瓣的开启高度，也可分为两种：微启式，开启高度是阀座内径的 1/20～1/40；全启式，开启高度是阀座内径的 1/3～1/4。

各种安全阀的进出口公称直径都相同，设计时应注明适用压力范围，安全阀的蒸汽进口接管直径不应小于其内径。通至室外的排气管直径不应小于安全阀的内径，且不得小于40mm。法兰连接的单弹簧或单杠杆安全阀阀座的内径一般比公称直径小一号，如 *DN*100 的阀座内径为 80mm，双弹簧或双杠杆安全阀阀座的内径一般比公称直径小两号，如 *DN*100 的阀座内径为 2×65mm。

任务训练 1

基于对建筑采暖工程基础知识的学习和日常生活常识，完成以下任务。
1）想一想在生活中建筑采暖系统的主要功能以及它的重要性。
2）简单说说地采暖与散热器采暖的优劣势。
3）通过对采暖系统的认识，简单谈谈热水采暖与蒸汽采暖的使用范围的异同。

任务*4.2*　建筑采暖工程施工图

4.2.1　认识建筑采暖工程施工图

室内采暖施工图包括设计说明、采暖平面图、采暖系统图（轴测图）、详图及设备与主要材料明细表等，简单工程可不编制设备材料表。其基本内容如下所述。

1. 设计说明

设计图纸上用图或符号表达不清楚的内容，或用文字能更简单明了表达清楚的内容，用文字加以说明，即设计说明。其主要内容有以下几项。

1）建筑物的采暖面积。

2）采暖系统的热源种类、热媒参数、系统总热负荷。

3）系统形式，进出口压力差（即采暖所需资用压力）。

4）各个房间设计温度。

5）散热器型号及安装方式。

6）管材种类及连接方式。

7）管道防腐、保温的做法。

8）所采用标准图号及名称。

9）施工注意事项，施工验收应达到的质量要求。

10）系统的试压要求。

11）有关图例。

一般中、小型工程的设计说明可以直接写在图纸上，工程较大、内容较多时另附页面编写，放在一份图纸的首页。施工人员看图时，应首先看设计说明，然后再看图，在看图过程中，针对图上的具体问题再看设计说明。

2. 室内采暖平面图

采暖施工图的图示方法与给水施工图相同，只是采用的图例和符号有所不同。室内采暖平面图，主要表示采暖管道、附件与散热器在建筑平面图上的位置以及它们之间的相互关系，管道用粗线（粗实线、粗虚线）表示，其余均用细线表示。图纸内容反映采暖系统入口位置及系统编号，室内地沟的位置及尺寸，干管、立管、支管的位置及立管编号等。采暖平面图一般有底层平面图、标准层平面图、顶层平面图。

3. 室内采暖系统图

采暖系统图是表明从供热总管入口直至回水总管出口整个采暖系统的管道、散热设备、主要附件的空间位置和相互连接情况的图样。采暖系统图通常是用正面斜等轴测方法绘制的，因此又称轴测图。

4. 设备安装与构造详图

详图是施工图的一个重要组成部分。采暖系统供热管、回水管与散热器之间的具体连接形式、详细尺寸和安装要求，以及设备和附件的制作、安装尺寸、接管情况，一般都有标准图，无须自己设计，需要时从标准图集中选择索引再加入一些具体尺寸就可以了。因此，施工人员必须会识读图中的标准代号，会查找并掌握这些标准图，记住必要的安装尺寸和管道连接用的管件，以便做到运用自如。通用标准图有以下几项。

1）膨胀水箱和凝结水箱的制作、配管与安装。

2）分气罐、分水器、集水器的构造、制作与安装。

3）疏水管、减压阀、调压板的安装和组成形式。

4）散热器的连接与安装。

5）采暖系统立、支干管的连接。

6）管道支、吊架的制作与安装。

7）集气罐的制作与安装。

采暖施工详图通常只画平面图、系统轴测图中需要标明而通用、标准图中没有的局部节点图。

5. 设备与主要材料明细表

此表是施工图纸的重要组成部分，至少应包括序号、设备名称、规格型号、数量、单位及备注栏等。

4.2.2 建筑采暖制图标准

1. 管道代号

管道代号应符合表 4.3 的规定。

表 4.3 管道代号

管道名称	代号	管道名称	代号
供暖管线（通用）	HP	凝结水管（通用）	C
蒸汽管（通用）	S	有压凝结水管	CP
饱和蒸汽管	S	自流凝结水管	CG
过热蒸汽管	SS	排汽管	EX
二次蒸汽管	FS	给水管（通用）自来水管	W
高压蒸汽管	HS	生产给水管	PW
中压蒸汽管	MS	生活给水管	DW
低压蒸汽管	LS	锅炉给水管	BW
省煤器回水管	ER	溢流管	OF

管道名称	代号	管道名称	代号
连续排污管	CB	取样管	SP
定期排污管	PB	排水管	D
冲回水管	SL	放气管	V
供水管（通用）采暖供水管	H	冷却水管	CW
回水管（通用）采暖回水管	HR	软化水管	SW
一级管网供水管	H1	除氧水管	DA
一级管网回水管	HR1	除盐水管	DM
二级管网供水管	H2	盐液管	SA
二级管网回水管	HR2	酸液管	AP
空调用供水管	AS	碱液管	CA
空调用回水管	AR	亚硫酸钠溶液管	SO
生产热水供水管	P	磷酸三钠溶液管	TP
生产热水回水管（或循环管）	PR	燃油管（供油管）	O
生活热水供水管	DS	回油管	RO
生活热水循环管	DC	污油管	WO
补水管	M	燃气管	G
循环管	CI	压缩空气管	A
膨胀管	E	氮气管	N
信号管	SI		

注：油管代号可用于重油、柴油等；燃气管可用于天然气、煤气、液化气等，但应附加说明。

2. 管道规格与画法

管道规格变化处应绘制异径管图形符号，并应在该图形符号前后标注管道规格。有若干分支且不变径的管道，应在起止管段处标注管道规格；当不变径的管道过长或分支数多时，尚应在其中间位置加注 1～2 处管道规格（图 4.25）。

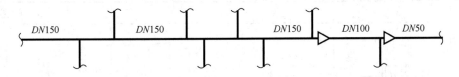

图 4.25　分出支管和变径时管道规格的标注

当管道转向时，90°弯头和非 90°弯头的绘制应符合表 4.4 的规定。

建筑设备安装工程识图与施工工艺

表 4.4　管道转向画法

名称		单线绘制	双线绘制
90°弯头	正视一（弯头朝向观测者）		
	正视二（弯头背向观测者）		
	正视三　左视（与90°弯头正视一对应）		
	俯视		
非90°弯头	正视一（弯头朝向观测者）		
	正视二（弯头背向观测者）		
	正视三　左视（与非90°弯头正视一对应）		
	俯视		

　　管道图中常用阀门的画法应符合表 4.5 的规定，阀体长度、法兰直径、手轮直径及阀杆长度宜按比例采用细实线绘制，阀杆尺寸宜取其全开位置时的尺寸，阀杆方向应与设计一致。

表 4.5　管道图中常用阀门画法

名称	俯视	仰视	主视	侧视	轴测投影
蝶阀					

续表

名称	俯视	仰视	主视	侧视	轴测投影
闸阀					
截止阀					
弹簧式安全阀					

注：本表以阀门与管道法兰连接为例编制。

电动、气动、液动、自动阀门等宜按比例绘制简化实物外形、附属驱动装置和信号传递装置。

4.2.3　建筑采暖工程施工图的识读

1. 采暖施工图的识读方法

（1）识读基本方法

识读图纸的方法没有统一规定，可按适合于自己的能够迅速熟读图纸的方法进行识读。这需要在掌握采暖系统组成、系统形式、安装施工工艺、施工图常用图例及表示方法等知识的基础上，多进行识图练习，并不断总结，灵活掌握识图的基本方法，形成适于自己迅速、全面识读图纸的方法。

识读室内采暖施工图的基本方法和顺序如下。

1）熟悉、核对施工图纸。迅速浏览施工图，了解工程名称、图纸内容、图纸数量、设计日期等。对照图纸目录，检查整套图纸是否完整，确认无误后再正式识读。

2）认真阅读施工图设计与施工说明。通过阅读文字说明，能够了解采暖工程概况，有助于读图过程中正确理解图纸中用图形无法表达的设计意图和施工要求。

3）以系统为单位进行识读。识读时必须分清系统，不同编号的系统不能混读。可按水流方向识读，先找到采暖系统的入口，按供水总管、供水水平干管、供水立管、供水支管、散热设备、回水支管、回水立管、回水水平干管、回水总管的顺序识读；也可按从主管到支管的顺序识读，先看总管，再看支管。

4）平面图与系统图对照识读。识读时应将平面图与系统图对照起来看，以便相互补充和相互说明，建立全面、完整、细致的工程形象，以全面地掌握设计意图。

5）细看安装大样图。安装大样图很重要，用以指导正确的安装施工。安装大样图多选用全国通用标准安装图集，也可单独绘制。对单独绘制的安装大样图，也应将平面大样与系统大样对照识读。

（2）采暖平面图的识读

要掌握的主要内容与阅读方法如下。

1）首先查明供热总干管和回水总干管的出入口位置，了解供热水平干管与回水干管的分布位置及走向。图中供热管用粗虚线表示，供热管与回水管通常是沿墙分布。若采暖系统为上行下回式双管采暖，则供热水平干管绘在顶层平面图上，供热立管与供热水平干管相连，回水干管绘在底层平面图上，回水立管与回水干管相连。

2）查看立管的编号。立管编号标志是 Ln，其含义是 L 表示采暖立管代号，n 表示编号，用阿拉伯数字编号。通过立管的编号可知整个采暖系统立管的数量、立管的安装位置。

3）查看散热器的布置。凡是有供热立管（供热总立管除外）的地方就有散热器与之相连，并且散热器通常都布置在窗口处，了解散热器与立管的连接情况，可知该散热器组由哪根供热立管供热，回水又流入哪根回水立管。

4）了解管道系统上的设备附件的位置与型号。热水采暖系统要查明膨胀水箱、集气罐的位置、连接方式和型号。若为蒸汽采暖系统，要查明疏水器的位置及规格尺寸，还要了解供热水平干管和回水水平干管固定支点的位置和数量，以及在底层平面图上管道通过地沟的位置与尺寸等。

5）看管道的管径尺寸、管道敷设坡度及散热器的片数。供热管的管径设置原则是入口的管径大，末端的管径小；回水管的管径是起点管径小，出口的回水总管管径大。管道坡度通常只标注水平干管的坡度，散热器的片数通常标注在散热器图例旁。

6）要重视识读设计说明，从中了解设备的型号、施工安装的要求及所用的通用图等，如散热器的类型、管道连接要求、阀门设置位置及系统防腐要求等。

（3）采暖系统图的识读

要掌握的主要内容与阅读方法如下。

1）沿着热媒流动的方向查看供热总管的入口位置，与水平干管的连接及走向，各供热立管的分布，散热器通过支管与立管的连接形式，以及散热器、集气罐等设备、管道固定支点的分布与位置。

2）从每组散热器的末端起看回水支管、立管、回水干管，直到回水干管出口的整个回水系统的连接、走向及管道上的设备附件、固定支点和过地沟的情况。

3）查看管径、管道坡度、散热器片数的标注。在热水采暖系统中，一般是供热水平干管的坡度顺水流方向越走越高，回水水平干管的坡度顺水流方向越走越低。散热器要看设计说明中所采用的类型与规格。

4）看楼（地）面的标高、管道的安装标高，从而掌握管道安装时在房间中的位置，如供热水平干管是在顶层顶棚下面还是底层地沟内，回水干管是在地沟里还是在底层地面上等。

2. 采暖施工图识读举例

某宿办楼工程施工图通过 www.abook.cn 网站下载得到。

任务训练 2

基于对建筑采暖工程施工图的学习，完成以下任务。

1）简单说说施工图纸中设计说明主要包括的内容有哪几项。

2）抽取管道代号进行随机提问，查看掌握情况。

3）在掌握识读基本方法的前提下，分析并找出平面图与系统图识读时的差异。

任务 4.3　建筑采暖工程施工

4.3.1　采暖管道及施工

采暖管道的布置和施工应符合暖通设计规范和施工安装技术规程上的要求。它的布置和敷设是否合理，将直接影响系统的造价和使用效果，因此，在布置时，要考虑建筑物的类型、用途、外形、结构尺寸和使用要求，同时也要考虑已确定的采暖系统种类、系统形式和热源种类、位置、连接方式等诸多因素。

室内管道除了在建筑美观要求较高的房间内采用暗装外，一般都是明装。这样便于系统安装和维修。在布置管道之前，首先应确定引入口位置。引入口宜设置在建筑物热负荷对称分配的位置，一般可设在建筑物中部，这样可缩短系统的作用半径。在布置干管时，首先应确定系统的形式。系统应合理地分成若干支路，而且尽量使它们的阻力损失易于平衡。

室外采暖管道通常指从锅炉房或热交换站引出接至建筑物之间的采暖管道。室外采暖管道布置应力求简短顺直，尽量利用各类自然补偿方式，管道的敷设应考虑当地气象、水文、地质、交通线、绿化和总平面图布置、维修方便等因素，并做好经济比较。

管道附件也是采暖管线输送热媒的主体部分之一。管道附件是采暖管道上的三通、弯头等管件及阀门，补偿器，支座和放气、放水、疏水、除污等装置的总称。这些附件是构成采暖管线和保证采暖管线正常运行的重要部分。

1. 管材及阀门

（1）管材

供暖系统中常用管材主要有钢管、铝塑复合管、塑料管等。钢管的优点是能承受较大的内压力和动荷载，管道连接简便，但缺点是钢管内部及外部易受腐蚀。供暖管材的选用与供暖系统类型及管道安装位置等因素有关。室内明装供暖管道常采用钢管，埋地设置。供暖管道也常使用铝塑复合管。

（2）管道的连接方式

钢管的连接可采用焊接、法兰连接和螺纹连接。焊接连接可靠，施工简便迅速，广泛用于管道之间及补偿器等的连接。法兰连接装卸方便，通常用在管道与设备、阀门等需要拆卸的附件连接上。对于室内供暖管道，通常借助三通、四通、管接头等管件进行螺纹连接，也可采用焊接或法兰连接。具体要求为：$DN \leqslant 32mm$ 的焊接钢管宜采用螺纹连接，$DN > 32mm$ 的焊接钢管和无缝钢管宜采用焊接；管道与阀门或其他设备、附件连接时，可采用螺纹连接或焊接；与散热器连接的支管上应设活接头或长丝，以便于拆卸；安装阀门处应设置检查孔。铝塑复合管的连接方式主要有热熔连接和卡套连接。

（3）阀门

阀门是用来开闭管路和调节输送介质流量的设备。在供暖管道上，常用的阀门形式有截止阀、闸阀、蝶阀、止回阀和调节阀等。

2. 室内采暖管道安装的基本技术要求

1）供暖系统所使用的材料和设备在安装前，应按设计要求检查规格、型号和质量，符合要求方可使用。

2）管道穿越基础、墙和楼板应配合土建预留孔洞。预留孔洞尺寸如设计无明确规定时，可按《民用建筑供暖通风与空气调节设计规范》（GB 50736—2012）规定预留。

3）管道和散热器等设备安装前，必须认真清除内部污物，安装中断或完毕后，管道敞口处应适当封闭，防止进入杂物堵塞管道。

4）管道从门窗或其他洞口、梁柱、墙垛等处绕过，转角处如高于或低于管道水平走向，在其最高点和最低点应分别安装排气或泄水装置。

5）管道穿墙壁和楼板时，应分别设置铁皮套管和钢套管。安装在内墙壁的套管，其两端应与饰面相平。管道穿过外墙或基础时，应加设钢套管，套管直径比管道直径大两号为宜。

安装在楼板内的套管其顶部应高出地面 20mm，底部与楼板相平。管道穿过厨房、卫生间等容易积水的房间楼板，应加设钢套管，其顶部应高出地面不小于 30mm。

6）明装钢管成排安装时，直线部分应互相平行，曲线部分曲率半径应相等。

7）水平管道纵、横方向弯曲、立管垂直度、成排管段和成排阀门安装允许偏差要符合相关规范的规定。

8）安装管径 $DN \leqslant 32mm$ 的不保温供暖双立管，两管中心距应为 80mm，允许偏差5mm。热水或者蒸汽立管应该置于面向的右侧，回水立管置于左侧。

9）管道支架附近的焊口，要求其距支架净距大于 50mm，最好位于两个支座间距的1/5 位置处。

3. 室内采暖管道的安装

室内供暖管道应按照力求管道最短，便于维护管理，不影响房间美观，尽可能地少占房间使用面积的原则进行布置。

当采用散热器热水供暖系统时，室内供暖管道主要包括供、回水干管，供、回水立管和供、回水支管。

（1）干管安装

室内供暖干管的安装程序、安装方法和安装要求，根据工程的施工条件、劳动力、材料、设备和机具的准备情况确定。同样的工程，施工条件不同，安装程序、方法和要求也不同。有的工程在土建施工时，墙上支架和穿墙套管安装同时进行；有的工程在土建工程完成后单独安装供暖工程。

干管安装程序一般是：栽支架，管道就位，对口连接，管道找坡并固定在支架上。

干管安装一般按下述步骤进行。

1）按照图纸要求，在建筑物实体上定出管道的走向、位置和标高，确定支架位置。

2）栽支架。根据确定好的支架位置，把已经预制好的支架栽到墙上或焊在预埋的铁件上。

3）管道预制加工。在建筑物墙体上，依据施工图纸，按照测线方法，绘制各管段的加工图，划分出加工管段，分段下料，编好序号，打好坡口以备组对。

4）管道就位。把预制好的管段对号入座，摆放到栽好的支架上。根据管段的长度不同，重量也不同，适当地选用滑轮、绞磨、卷扬机或者手动链式葫芦等机具进行吊装。

5）管道连接。在支架上，把管段对好口，按要求焊接或者螺纹连接，连成系统。

6）找坡。按设计图纸的要求，将干管找好坡度。如栽支架时已考虑找坡问题，当干管连成系统之后，要再检查校对坡度，合格后把干管固定在支架上。

干管的安装应符合下列要求。

1）横向干管的坡向和坡度，要符合设计图纸的要求和施工验收规范的规定，要便于管道泄水和排气。

2）干管的弯曲部位，有焊口的部位不要接支管。设计上要求接支管时，也要按规范要求躲开焊口一定的距离。

3）当热媒温度超过 100℃时，管道穿越易燃和可燃性墙壁，必须按照防火规范的规定加设防火层。一般管道与易燃和可燃建筑物的净距需保持在 100mm 以上。

4）供暖干管中心与墙、柱距离应符合表 4.6 的规定。

表 4.6　干管中心与墙、柱表面的安装距离　　　　　　　　　　（单位：mm）

公称直径	25	32	40	50	65	80	100	125	150	200
保温管中心	150	150	150	180	180	200	200	220	240	280
不保温管中心	100	100	120	120	140	140	160	160	180	210
钢立管净距	25～30		35～50			55			60	

（2）立管安装

立管的安装方法如下。

1）确定立管的安装尺寸。根据干管和散热器的实际安装位置，确定立管及其三通和四通的位置，并用测线方法量出立管的安装尺寸。

2）根据安装长度计算出管段的加工长度。

3）加工各管段。对各管段进行套丝、煨弯等加工处理。

4）将各管段按实际位置组装连接。立管安装应由底层到顶层逐层安装，每安装一层时切记穿入钢套管，并将其固定好，随即用立管卡将管子调整固定于立管中心线上。

立管安装要符合下列要求。

1）管道外表面与墙壁抹灰面的距离规定为：$DN \leqslant 32mm$ 时为 $25 \sim 35mm$；$DN > 32mm$ 时为 $30 \sim 50mm$。

2）立管上接支管的三通位置，必须能满足支管的坡度要求。

3）立管卡子安装。层高不超过 4m 的房间，每层安装一个立管卡子，距地面高度为 $1.5 \sim 1.8m$。

4）立管与支管垂直交叉时，立管应该设半圆形让弯绕过支管。

5）主立管用管卡或托架安装在墙壁上，其间距为 $3 \sim 4m$。主立管的下端要支撑在坚固的支架上。管卡和支架不能妨碍主立管的胀缩。

（3）供暖立管与干管的连接

1）顶棚内立管与干管连接形式如图 4.26 所示。

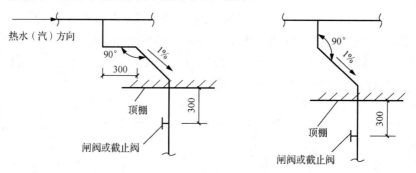

（a）四层以上蒸汽采暖或五层以上热水采暖　　（b）三层以下蒸汽采暖或四层以下热水采暖

图 4.26　顶棚内立管与干管的连接形式（单位：mm）

2）室内干管与立管的连接形式如图 4.27 所示。

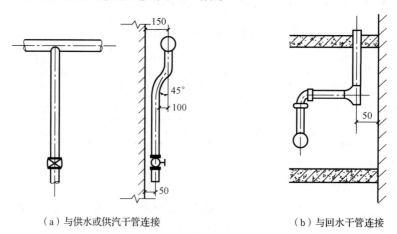

（a）与供水或供汽干管连接　　　　　　（b）与回水干管连接

图 4.27　干管与立管的连接形式（单位：mm）

3）主干管与分支干管的连接形式如图 4.28 所示。

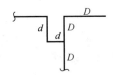

图 4.28　主干管与分支干管的连接形式

（4）散热器支管的安装

散热器支管安装应在散热器安装并经稳固、校正合格后进行。散热器支管安装的基本技术要求如下。

1）散热器支管的安装必须具有良好坡度，一般为 0.01。

2）供水（汽）管、回水支管与散热器的连接均应是可拆卸连接。

3）采暖支管与散热器连接时，对半暗装散热器应用直管段连接，对明装和全暗装散热器应用煨制或弯头配制的弯管连接。用弯管连接时，来回弯管中心距散热器边缘尺寸不宜超过 150mm。

4）当散热器支管长度超过 1.5m 时，中部应加托架固定。水平串联管道可不受安装坡度限制，但不允许倒坡安装。

5）散热器支管应采用标准化管段进行集中加工预制。散热器支管安装，一般应在散热器与立管安装完毕后进行，也可与立管同时进行。

4. 补偿器与管道支架的安装

（1）补偿器

在热媒流过管道时，由于温度升高，管道会伸长，为减少由于热膨胀而产生的轴向应力对管道、阀门等产生的破坏，需根据伸长量的大小选配补偿器。补偿器的种类很多，主要有管道的自然补偿、方形补偿器、波纹管补偿器、套筒补偿器和球形补偿器等。前三种是利用补偿器材料的变形来吸收热伸长；后两种是利用管道的位移来吸收热伸长。供暖系统常用补偿器的形式为自然补偿和方形补偿器。

1）自然补偿。

利用供暖管道自身的弯曲管段（如 L 形或 Z 形等）来补偿管段的热伸长的补偿方式称为自然补偿。自然补偿不必特设补偿器，因此考虑管道的热补偿时，应尽量利用其自然弯曲的补偿能力。自然补偿的缺点是管道变形时会产生横向位移，而且补偿的管段不能很长。

2）方形补偿器。

方形补偿器是由四个 90° 弯头构成的 U 形的补偿器，如图 4.29 所示，靠其弯管的变形来补偿管段的热伸长。方形补偿器通常用无缝钢管煨弯或机制弯头组合而成。也有将钢管弯曲成 S 形或 Q 形的补偿器，这种用与供暖直管等径的钢管构成呈弯曲形状的补偿器称为弯管补偿器。

弯管补偿器的优点是制造方便，不用专

图 4.29　方形补偿器

门维修，因而不需要为它设置检查室，工作可靠，作用在固定支架上的轴向推力相对较小。其缺点是介质流动阻力大，占地多。方形补偿器在供暖管道上应用很普遍。安装弯管补偿器时，经常采用冷拉的方法来增强其补偿能力。

3）波纹管补偿器。

波纹管补偿器是用单层或多层薄壁金属管制成的具有轴向波纹的管状补偿设备。工作

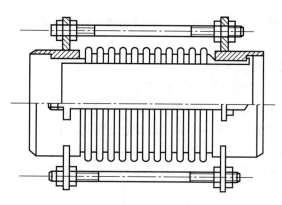

图4.30　内压轴向式波纹管补偿器结构示意图

时，它利用波纹变形进行管道热补偿。供暖管道上使用的波纹管多用不锈钢制造。波纹管补偿器按波纹形状主要分为U形和Q形两种；按补偿方式分为轴向、横向和铰接等形式，轴向补偿器可吸收轴向位移；按其承压方式又分为内压式和外压式。图4.30所示为内压轴向式波纹管补偿器的结构示意图。横向式补偿器可沿补偿器径向变形，常装于管道中的横向管段上吸收管道热伸长。铰接式补偿器可以其铰接轴为中心折曲变形，类似球形补偿器，需要成对安装在转角段上。

波纹管补偿器的主要优点是占地小，不用专门维修，介质流动阻力小。内压轴向式波纹管补偿器在国内热网工程中应用逐步增多，但造价较高。

4）套筒补偿器。

套筒补偿器由填料密封的套管和外壳体组成，两者同心套装并可沿轴向补偿。图4.31所示为一单向套筒补偿器。套管与外壳体之间用填料圈密封，填料被紧压在前压兰与后压兰之间，以保证封口紧密。补偿器直接焊接在供暖管道上。填料采用石棉夹铜丝盘根，更换填料时需要松开前压兰，维修不便。目前有采用柔性密封填料的套筒补偿器。柔性密封填料可直接通过外壳小孔注入补偿器的填料圈中，因而可以在不停止运行的情况下进行维护和检修，维修工艺简便。

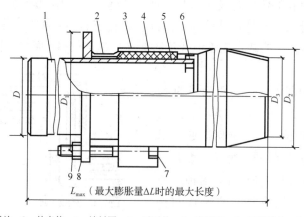

1—套管；2—前压兰；3—外壳体；4—填料圈；5—后压兰；6—防脱肩；7—T形螺栓；8—垫圈；9—螺帽。

图4.31　单向套筒补偿器

套筒补偿器的补偿能力大，一般可达 250～400mm，占地小，介质流动阻力小，造价低，但其压紧、补充和更换填料的维修工作量大；同时管道地下敷设时，要增设检查室，如管道变形有横向位移时，易造成填料圈卡住，只能用在直线管段上。当其使用在弯管或阀门处时，其轴向产生的盲板推力也较大，需要设置加强的固定支座。近年来，国内出现的内力平衡式套筒补偿器可消除此盲板推力。

（2）管道支架

为了使管道的伸长能均匀合理地分配给补偿器，使管道不偏离允许的位置，在管段的中间应用支架固定。管道支架是直接支承管道、限制管道位移并承受管道作用力的管路附件。

管道支架安装应平整牢固、位置正确，埋入墙内的，要将洞眼内冲洗干净，采用 1∶3 水泥砂浆填实抹平；在预埋铁件上焊接的，要将预埋件表面清理干净，使用 T422 焊条焊接，焊缝应饱满；利用膨胀螺栓固定的，用于钻孔的钻头应与膨胀螺栓规格一致，钻孔的深度与膨胀螺栓外套的长度相同，不宜过深或深度不够，与墙体固定牢固；柱抱梁安装时，其螺栓应紧固牢靠。管道支架安装距离的规定如下。

1）水平安装管道支架最大间距，见表 4.7。

表 4.7　水平安装管道支架的最大间距

公称直径/mm		15	20	25	32	40	50	70	80	100	125
最大间距/m	保温管	1.5	2	2	2.5	3	3	4	4	4.5	5
	不保温管	2	2.5	2.5	3	3	4	5	5	6	6

2）立管管卡安装：层高小于或等于 5m 的，每层安装一个，位置距地面 1.8m；层高大于 5m 时，每层安装两个，安装位置均匀。

5. 管道及设备的防腐与保温

采暖管道及散热器应按施工与验收规范要求做防腐处理。一般明装在室内的采暖管道及散热器除锈后先涂刷两道红丹底漆，再涂刷两道银粉漆。设在管沟、技术夹层、闷顶、管道竖井或易冻结地方的管道，应采取保温措施。保温防腐结构图如图 4.32 所示。

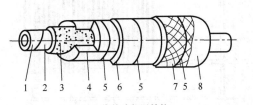
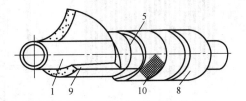

（a）绑扎法保温结构　　　　　　（b）棉毡绑扎保温结构

1—管道；2—防锈漆；3—胶泥；4—保温材料；5—镀锌铁丝；6—沥青油毡；7—玻璃制品；
8—保护层；9—保温毡或布；10—镀锌铁丝网。

图 4.32　保温防腐结构图

4.3.2 采暖系统安装

1. 主要设备安装

（1）散热器

散热器的安装应在土建内墙抹灰及地面施工完成后进行。安装前应按施工图纸提供的位置画线、打眼，并把做过防腐处理的托钩安装牢固。

同一房间内的散热器必须在同一高度，以保证美观。挂好散热器后，再安装与散热器连接的支管。如果需要安装手动跑风门，应在散热器不装支管的丝堵上锥丝。

散热器的安装位置，应根据具体工程的采暖设计图确定。一般多沿外墙装于窗台下面，对于特殊的建筑物或房间也可设在内墙下。楼梯间内散热器应尽量布置在下面几层，各楼层散热器的分配比例见表4.8。为了防止冻裂，在双层门的外室以及门斗中不宜设置散热器。散热器在安装前应进行水压试验，安装时应首先明确散热器托钩及卡架的位置，并用画线尺和线坠准确画出，然后打出孔洞，栽入托钩或固定卡，经反复核查后，再用砂浆抹平压实，待砂浆达到强度后再进行安装。散热器距墙面净距离为30~50mm。具体连接方法如图4.33所示。

表4.8 楼梯间散热器的分配比例

房屋总层数	被考虑层数				房屋总层数	被考虑层数			
	1	2	3	4		1	2	3	4
2	65%	35%			5	50%	25%	15%	10%
3	50%	30%	20%						
4	50%	30%	20%		6	50%	20%	15%	15%

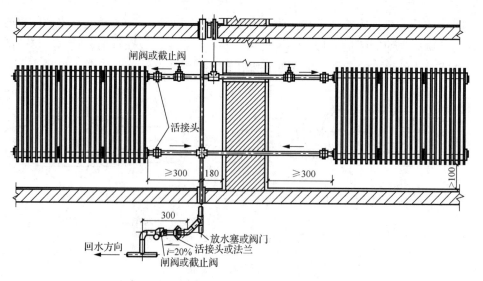

图4.33 长翼型铸铁散热器（单位：mm）

（2）膨胀水箱

膨胀水箱一般用钢板制作，通常是圆形或矩形。如图 4.34 所示为膨胀水箱配管示意图。箱上连有膨胀管、溢流管、信号管、排水管及循环管等。

膨胀水箱与系统连接点处的压力在系统不工作或运行时都是恒定的，因此此点称为定压点。当系统充水的水位超过溢流管口时，通过溢流管将水自动溢流排出。溢流管一般可接到附近下水道。信号管用来检查膨胀水箱是否存水，一般应引到管理人员容易观察到的地方，如接回锅炉房或建筑物底层的卫生间等。排水管用来清洗水箱时防控存水和污垢，它可与溢流管一起接至附近下水道。

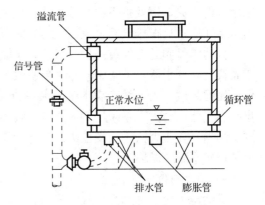

图 4.34　膨胀水箱配管示意图

在机械循环系统中，循环管应接到系统定压点前的水平回水干管上。该点与定压点之间应保持 1.5～3m 的距离，同时膨胀水箱应考虑保温。在自然循环系统中，循环管也接到供水干管上，也应与膨胀管保持一定的距离。

在膨胀管、循环管和溢流管上，严禁安装阀门，以防止系统超压、水箱水冻结或水从水箱溢出。

水箱间高度为 2.2～2.6m，应有良好的通风和采光。为便于操作管理，水箱之间及其与建筑结构之间应保持一定的距离。如水箱与墙面的距离：当水箱侧无配管时最小 0.3m，当有配管时最小间距 0.7m，水箱外表面净距 0.7m，水箱至建筑物结构最低点不小于 0.6m。

（3）集气罐及排气阀

为排除系统中空气，热水采暖系统设有排气设备，目前常见的主要有集气罐、自动排气阀、手动排气阀等。

1）集气罐。

集气罐用直径 100～250mm 的短管制成，有立式和卧式两种。在机械循环上供下回式系统中，集气罐应设在系统各分环环路的供水干管末端的最高处，如图 4.35 所示。在系统运行时，定期手动打开阀门，将热水中分离出来并聚集在集气罐内的空气排除。

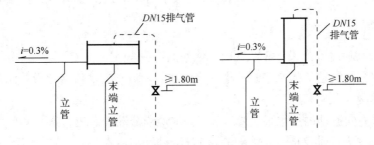

图 4.35　集气罐安装示意图

2）自动排气阀。

自动排气阀是靠阀体内的启闭机构自动排除空气的装置，种类较多。它安装方便，体积小巧，且避免了人工操作管理的麻烦，在热水采暖系统中被广泛采用。国内生产的自动排气阀，大多采用浮球启闭机构，当阀内充满水时，浮球升起，排气口自动关闭；阀内空气量增加时，水位降低，浮球依靠自重下垂，排气口打开排气。自动排气阀常会因水中污物堵塞而失灵，需要拆下清洗或更换，因此，排气阀前装一个截止阀、闸阀或球阀，此阀门常年开启，只在排气阀失灵，需检修时临时关闭。

自动排气阀通常安装在如暖气片、地板采暖、锅炉系统中，经常安装在系统的最高点，或者直接与分水器、暖气片一起配套使用。主要是为排除内部空气，使暖气片内充满暖水，保证房间温度。当系统充满水时，水中的气体因为温度和压力变化不断逸出，向最高处聚集，当气体压力大于系统压力时，浮筒便会下落带动阀杆向下运动，阀口打开，气体不断排出。当气体压力低于系统压力时，浮筒上升带动阀杆向上运动，阀口关闭。自动排气阀就是这样不断地循环运作。

3）手动排气阀。

手动排气阀又称为冷风阀，多用在水平式和下供下回式系统中，它旋紧在散热器上部专设的丝孔上，以手动方式排除空气。

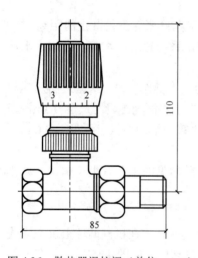

图4.36 散热器温控阀（单位：mm）

（4）散热器温控阀

散热器温控阀是安装在散热器上的自动控制阀门。它是无须外加能量即可工作的比例式调节控制阀，它通过改变采暖热水流量来调节、控制室内温度，是一种经济节能产品。如图4.36所示，它由两部分组成，一部分为阀体部分，另一部分为感温元件控制部分。当室内温度高于给定的温度值时，感温元件受热，其顶杆压缩阀杆，将阀口关小，进入散热器的水流量减小，散热器散热量减小，室温下降。当室内温度下降到低于设定值时，感温元件开始收缩，其阀杆靠弹簧的作用，将阀杆抬起，阀口开大，水流量增大，散热器散热量增加，室内温度开始升高，从而保证室温处在设定的温度值上。温控阀控温范围通常在13～28℃之间，按设定要求自动控制和调节散热器的热水供应量，温控误差为±1℃。

2. 相关规范

1）管道安装坡度，当设计未注明时，应符合下列规定。

① 汽、水同向流动的热水采暖管道和汽、水同向流动的蒸汽管道及凝结水管道，坡度应为3‰，不得小于2‰。

② 汽、水逆向流动的热水采暖管道和汽、水逆向流动的蒸汽管道，坡度不应小于5‰。

③ 散热器支管的坡度应为1%，坡向应利于排气和泄水。

2）补偿器的型号、安装位置及预拉伸和固定支架的构造及安装位置应符合设计要求。

3）方形补偿器制作时，应用整根无缝钢管煨制，如需要接口，其接口应设在垂直臂的中间位置，且接口必须焊接。

4）方形补偿器应水平安装，并与管道的坡度一致；如其臂长方向垂直安装必须设排气及泄水装置。

5）采暖系统入口装置及分户热计量系统入户装置，应符合设计要求。安装位置应便于检修、维护和观察。

6）散热器支管长度超过 1.5m 时，应在支管上安装管卡。

7）在管道干管上焊接垂直或水平分支管道时，干管开孔所产生的钢渣及管壁等废弃物不得残留在管内，且分支管道在焊接时不得插入干管内。

8）膨胀水箱的膨胀管及循环管上不得安装阀门。

9）当采暖热媒为 110～130℃的高温水时，管道可拆卸件应使用法兰，不得使用长丝和活接头。法兰垫料应使用耐热橡胶板。

10）管道、金属支架和设备的防腐和涂漆应附着良好，无脱皮、起泡、流淌和漏涂缺陷。

3. 采暖系统的试压冲洗

（1）试验压力

系统安装完毕，应做水压试验，水压试验的试验压力应符合设计要求，当设计未注明时，应符合下列规定。

1）蒸汽、热水采暖系统，应以顶点工作压力加 0.1MPa 做水压试验，同时在系统顶点的试验压力不小于 0.3MPa。

2）高温热水采暖系统，试验压力应为系统顶点工作压力加 0.4MPa。

3）使用塑料管及复合管的热水采暖系统，应以系统顶点工作压力加 0.2MPa 做水压试验，同时系统顶点的试验压力不小于 0.4MPa。

（2）试压方法

室内采暖系统的水压试验可分段进行，也可以整个系统进行。对于分段或分层试压的系统，如果有条件，还应进行一次整个系统的试压。对于系统中需要隐蔽的管段，应分段试压，试压合格后方可隐蔽，同时填写隐蔽工程验收记录。

1）试压准备。打开系统最高点的排气阀；打开系统所有阀门；采取临时措施隔断膨胀水箱和热源；在系统下部安装手摇泵或电动泵，接通自来水管道。

2）系统充水。依靠自来水的压力向管道内充水，系统充满水后不要进行加压，应反复进行充水、排气，直到将系统中的空气排除干净；关闭排气阀。

3）系统加压。确定试验压力，用试压泵加压。一般应分 2～3 次升至试验压力。在试压过程中，每升高一次压力，都应停下来对管道进行检查，无问题后再继续升压，直至升到试验压力。

4）系统检验。采用金属及金属复合管的采暖系统，在试验压力下观测 10min，压力降不应大于 0.02MPa，然后降到工作压力进行检查，不渗不漏为合格。采用塑料管的采暖系统，在试验压力下稳压 1h，压力降不得超过 0.05MPa，然后在工作压力的 1.15 倍状态下稳压 2h，压力降不大于 0.03MPa，同时检查各连接处，不渗不漏为合格。

（3）试压注意事项

1）气温低于 4℃时，试压结束后及时将系统内的水放空，并关闭泄水阀。

2）系统试压时，应拆除系统的压力表、打开疏水器旁通阀，避免压力表、疏水器被污物堵塞。

3）试压泵上的压力表应为合格的压力表。

（4）冲洗

系统试压合格后，应对系统进行冲洗，冲洗的目的是清除系统的泥砂、铁锈等杂物，保证系统内部清洁，避免运行时发生阻塞。

热水采暖系统可用水冲洗。冲洗的方法是：将系统内充满水，打开系统最低处的泄水阀，使系统中的水连同杂物由此排出，反复多次，直至排出的水清澈透明。

蒸汽采暖系统可用蒸汽冲洗。冲洗的方法是：打开疏水装置的旁通阀，送汽时，送汽阀门满满开启，蒸汽由排汽口排出，直至排出干净的蒸汽。

采暖系统试压、冲洗结束后，方可进行防腐和保温处理。

任务训练 3

基于对建筑采暖工程施工的学习，完成以下任务。

1）简述管道各种连接方式的优缺点。

2）简述散热器安装的完整步骤与相关规范。

3）管道试压时的注意事项包括哪些？

拓 展 练 习

一、单选题

1. 地板采暖方式属于（　　）。

A. 导热供暖　　　B. 对流供暖　　　C. 辐射供暖　　　D. 综合供暖

2. 供热系统里不具备排气作用的设备有（　　）。

A. 膨胀水箱　　　B. 排气阀　　　C. 集气罐　　　D. 补偿器

3. 能起到阻汽排水作用的元件是（　　）。

A. 排气阀　　　B. 疏水器　　　C. 延迟器　　　D. 补偿器

4. 膨胀水箱的膨胀管在自然循环里与系统的连接点是（　　）。

A. 供水立管最上端　　　　　　B. 回水立管最上端

C. 供水总管泵的入口处　　　　D. 回水总管泵的入口处

5. 在供暖建筑物内，同一竖向各房间，不符合设计要求的温度，而出现上下冷热不均的现象被称为（　　）。

A. 垂直失调　　　B. 水平失调　　　C. 水力失调　　　D. 流量失调

二、多选题

1. 热水采暖系统管路布置要求（　　）。

A. 管道走向布置合理　　　　　B. 节省管材

C. 便于调节和排除空气　　　　D. 阻力损失易于平衡

2．民用建筑不采用蒸汽采暖系统的原因主要是（　　）。

    A．卫生条件差　　　　　　　　　　B．易出现跑冒滴漏现象

    C．能耗不稳定　　　　　　　　　　D．散热器面积大

3．可通过阀门自动控制的物理量为（　　）。

    A．速度　　　　　B．流量　　　　　C．温度　　　　　D．压力

4．减少水击的措施包括（　　）。

    A．及时排除凝结水　　　　　　　　B．加快蒸汽流速

    C．设置合适坡度　　　　　　　　　D．在恰当位置设置排气装置

5．低温地板辐射采暖加热管道的敷设方式主要有（　　）。

    A．平行盘管　　　B．平行排管　　　C．蛇形排管　　　D．蛇形盘管

三、简答题

1．热水采暖系统和蒸汽采暖系统各有什么特点？

2．常用的采暖系统管道的布置形式有哪些？

3．低温热水地板辐射采暖与散热器采暖的主要优点是什么？

4．暖通施工图的主要内容包括哪些？

5．集中供热调节的方法主要有哪几种？

项 目

建筑通风空调工程

■ 项目概述

建筑通风空调工程主要功能是提供人呼吸所需要的氧气,稀释室内污染物或气味,排除室内工艺过程产生的污染物,除去室内的余热或余湿,提供室内燃烧所需的空气,是建筑安装设备的重要组成部分之一,在工业建筑及民用公共建筑中较为常用,如工业厂房、商业广场、酒店、学校等,在住宅建筑中应用较少。工业建筑中的通风空调工程为生产提供了良好的空气环境,保证了人身安全,提升了劳动条件;民用建筑中的通风空调工程应用于商业广场、酒店住宿、营业餐饮和学校等,为人民的生活与工作带来了方便快捷的舒适体验。本项目以《通风与空调工程施工质量验收规范》(GB 50243—2016)为主要依据,参照《建筑制图标准》(GB/T 50104—2010)、《房屋建筑制图统一标准》(GB/T 50001—2017)、《暖通空调制图标准》(GB/T 50114—2010)、《民用建筑设计统一标准》(GB 50352—2019)以及《建筑设计防火规范(2018年版)》(GB 50016—2014),进行民用建筑和工业建筑通风空调工程基础知识、识图技巧及施工工艺等方面的介绍。

■ 学习目标

知识目标	能力目标	素质目标
1. 了解通风空调系统基本概念; 2. 了解通风空调系统的设备与构件; 3. 掌握通风空调系统的分类与组成; 4. 了解通风空调施工图的组成,能够对通风空调施工图进行识读; 5. 掌握建筑通风空调系统设备的安装与检验方法	1. 具备建筑通风空调工程的基本常识; 2. 具备建筑通风空调工程施工图识读能力; 3. 初步具备建筑通风空调系统安装能力; 4. 初步具备建筑通风空调系统检验能力	1. 培养学生认真严谨、刻苦钻研的求学态度; 2. 培养学生善于观察思考、举一反三的学习习惯; 3. 培养学生团结协作的团队精神和沟通交流能力; 4. 培养学生绿色环保、经济节能的设计安装理念

■ 课程思政

党的二十大报告指出,大自然是人类赖以生存发展的基本条件。尊重自然、顺应自然、保护自然,是全面建设社会主义现代化国家的内在要求。必须牢固树立和践行绿水青山就是金山银山的理念,站在人与自然和谐共生的高度谋划发展。我们要推进美丽中国建设,坚持山水林田湖草沙一体化保护和系统治理,统筹产业结构调整、污染治理、生态保护、应对气候变化,协同推进降碳、减污、扩绿、增长,推进生态优先、节约集约、绿色低碳发展。

通过了解建筑通风、防排烟、空调系统的相关知识，以及我国现阶段能源利用情况和发展态势，培养学生具备可持续发展理念，牢固树立质量安全意识，保证人民生命安全是第一位的，践行绿色发展，提倡节能减排，为积极稳妥推进碳达峰碳中和出一份力。同时，通过施工图识读、系统安装等环节的学习，培养学生团队协作和沟通交流能力，使之具备集体意识和大局观念，时刻从整体设计的角度思考问题；督促学生向大国工匠学习，刻苦钻研，积极进步，同步提高思想道德水平、职业素质能力以及专业知识素养，实事求是开展工作，努力提升人生价值。

▌任务发布

1）图纸：某球场通风空调系统平面图，包括存包室、餐厅、仓库等，占地面积 622.04m^2，工程图纸通过 www.abook.cn 网站下载得到。

2）图纸识别范围：①通风管道平面图；②空调管道平面图；③空调水管平面图。

3）参考规范：

《通风与空调工程施工质量验收规范》（GB 50243—2016）；

《建筑制图标准》（GB/T 50104—2010）；

《民用建筑设计统一标准》（GB 50352—2019）；

《建筑防烟排烟系统技术标准》（GB 51251—2017）；

《建筑设计防火规范（2018 年版）》（GB 50016—2014）。

4）成果文件：该球场通风空调工程汇报文件一份。

【拍一拍】

家用空调在我们身边无处不在，但是建筑通风空调系统在民用住宅建筑中应用较少，而我们在商场、酒店、机场、火车站、学校等诸多地方却总能找到系统设备的身影（图 5.1 和图 5.2）。同学们可以拍一拍你身边的建筑通风空调装置，感受一下通风空调系统在我们生活中的重要性。

图 5.1 方形散流器　　　　图 5.2 条形风口

【想一想】

通风空调管道是将室外空气直接运送到室内来改善空气环境的吗？

任务 5.1 建筑通风空调工程简介

5.1.1 认识建筑通风空调工程

1. 通风空调系统主要作用

（1）通风系统

采用自然或机械的方法，把室外的新鲜空气适当处理后送进室内，把室内的污浊气体经消毒、除害后排至室外，从而保持室内空气的新鲜程度，这种方式叫作通风。通风工程则是送风、排风、除尘、气力输送以及防排烟系统工程的统称，是一种实现空气洁净度处理和控制并保持有害物浓度在一定卫生要求范围内的技术。它的首要任务就是排除或稀释建筑物内的各种空气污染物并向建筑物补充新鲜空气，从而减少室内多余的热量和湿量，满足人体舒适度要求。《民用建筑工程室内环境污染控制标准》（GB 50325—2020）规定的民用建筑室内环境污染物浓度限量值如表 5.1 所示。

表 5.1 民用建筑室内环境污染物浓度限量

污染物	I 类民用建筑工程	II 类民用建筑工程
氡/（Bq/m³）	≤150	≤150
甲醛/（mg/m³）	≤0.07	≤0.08
氨/（mg/m³）	≤0.15	≤0.20
苯/（mg/m³）	≤0.06	≤0.09
甲苯/（mg/m³）	≤0.15	≤0.20
二甲苯/（mg/m³）	≤0.20	≤0.20
TVOC/（mg/m³）	≤0.45	≤0.50

注：Bq，贝可，为放射性活度单位，放射性元素每秒有一个原子发生衰变时，其放射性活度即为 1 贝可。TVOC 为空气中总挥发性有机化合物的量（total volatile organic compounds）的简称。

大多数情况下，可以利用建筑物本身的门窗进行换气，利用穿堂风降温等手段满足建筑通风要求。当这些方法不能满足建筑通风要求时，可利用机械通风的方法有组织地向建筑物室内送入新鲜空气，并将污染的空气及时排出。

在工业上，工艺过程中可能散发各种工业粉尘、有害气体、蒸汽并携带大量热和湿，必然危害工作人员身体健康。工业通风的任务就是控制生产过程中产生的粉尘、有害气体、高温、高湿，并尽可能对污染物回收，变害为宝，防止环境污染，从而创造良好的生产环境和大气环境。

（2）防排烟系统

随着社会的发展，城市中高层建筑数量逐渐增多，建筑高度也越来越高，其内部功能多样，独立建筑单元较多，如办公室、客房、会议室、餐厅、商场、厨房、机房、变配电室、各种库房等，有大量火源和可燃物，若使用或管理不当极易引起火灾，所以对高层建筑防排烟系统的需求与日俱增。防排烟系统的存在不仅保证了初期火灾发生时建筑物内人员的疏散，还能为消防队员的扑救赢得时间。

防排烟系统由送排风管道、管井、防火阀门、开关设备、送排风机等设备组成。通过防烟和排烟的方法来实现对火场烟气的控制，从而在建筑物内创造无烟或烟气含量极低的疏散通道或安全区，控制烟气合理流动，尽可能让它流向室外，保证烟气不流向或慢速流向疏散通道、安全区和非着火区，为火场疏散提供有利条件。

【拓展知识】

据班固《汉书·霍光传》记载，从前有户人家，灶上的烟囱笔直地冲着屋檐，灶口堆着许多柴草。烧火煮饭时，浓烟夹着火星，直往屋檐上冒，椽子已经被熏得又黑又焦。灶膛里的炭火掉在柴草上，就得赶快扑打弄灭。有人看到这种情形，对那家主人说："这样太危险了，弄不好要发生火灾的。应当把烟囱改成弯的，不要冲着屋檐，这样火星就不会飞到椽子上去了。要把灶口的柴草搬开，烧火时就是有炭火掉下来，也不要紧了。"主人不听那人的劝告，依然照旧。没过多少天，那户人家果然失火了，左邻右舍赶快来救火，生怕火势蔓延开。幸亏发现得早，大家救得及时，终于把火扑灭了。这就是成语"曲突徙薪"的故事。

（3）空气调节系统

空气调节可以通过加热或冷却、加湿或减湿等方法来达到控制空气温度和湿度的目的，还可以通过过滤或其他方法来达到洁净空气的目的。这种以空气为介质，通过其在房间内的流通，使空调房间内的空气温度、相对湿度、空气流速、空气洁净度等参数保持在一定范围内的技术统称为空气调节技术。这种能够对空气进行净化、冷却、干燥、加热、加湿等环节处理，并促使其流动的设备系统，称为空气调节系统，简称空调系统。

舒适的环境令人精神愉快、精力集中，从而确保人们能有效地工作和愉快地生活，然而，影响舒适度的因素很多，如建筑环境的空间大小，空气温度，墙壁、顶棚表面温度，空气湿度，空气的流速，空气的品质，室内照明水平、噪声及视觉环境等也都会影响人的心情和生活质量。

一些公共建筑为了更好地满足各种不同的使用需求，对空气环境提出了较高的要求，如能容纳万人的大礼堂和宴会厅，考虑到来宾的正常活动和舒适性，要求空气有一定的温湿度且新鲜；体育馆除满足上述要求外，如进行乒乓球、羽毛球类比赛时，为了不影响球的运动方向和落点，要求风速不能超过 0.2m/s；如进行冰上运动时，既要保持冰面不能融化，又要及时消除冰面上的积雾。

新建的高层建筑，如宾馆、饭店、办公楼等，均采用轻质材料和大面积玻璃幕墙，为了使室内人员与室外噪声隔绝，以及防止灰尘和烟气进入室内，通常不开启窗户，由于设有空调设备，因此能满足通风要求。

随着社会生产力的发展，工业、农业及科学研究的需要，为稳定生产环境和保证产品质量，有一些工业建筑要优先考虑工艺过程的需要，对空气环境提出了严格的要求，如机械制造工业的精密机械加工，各种计量室、高精度刻划机等，对空气温度和湿度的基数和允许波动的范围都有较高的要求，如空气温度 $t=(20\pm1)$℃，空气相对湿度 $\phi=55\%\pm5\%$ 等。棉纺织工业是以纯棉或棉与化学纤维混纺为原料的加工业，棉、纤维具有吸湿和放湿性能，对空气湿度比较敏感，如果空气湿度太低，会使纱线变粗而脆，加工时易产生静电，容易造成飞花和断头；如果湿度太高，会使纱线粘结，影响产品的质量。电子工业的光刻、扩散、制版、显影，光学仪器工业的抛光、细磨、镀膜、胶合、精密刻划，医药工业的抗菌药制造、无菌分类、针剂及注射液调配，印刷工业纸张胀缩等均对空气洁净度具有严格的要求。

不同建筑物，根据其性质、用途对空气环境提出各种不同的要求，空调系统的任务就是在不同建筑物中创造适宜的室内空气环境，将空气的各项参数指标调节到人们需要的范围内，以保证人们的健康，提高人们的工作效率，确保各种生产工艺的要求，满足人们对舒适生活环境的需求。因此，空气调节可以分为舒适性空气调节和工艺性空气调节。

舒适性空气调节是指根据不同用途而确定、能满足人们舒适要求的空气诸参数的空气调节；工艺性空气调节则是指根据工艺生产的不同而确定诸参数的空气调节。《实用供热空调设计手册》中民用建筑室内空调设计参数要求（推荐值）见表 5.2。

表 5.2   民用建筑室内空调设计参数要求（推荐值）

建筑类型（房间名称）			夏季			冬季			新风量	噪声 NC/ dB	空气 含尘量/ (mg/m³)
			风速/ (m/s)	湿度/ %	温度/ ℃	风速/ (m/s)	湿度/ %	温度/ ℃			
旅馆	客房	一级	0.25	55	24	0.15	50	24	100m³/h	30	0.15
		二级		60	25		40	23	80m³/h	35	0.3
		三级		65	25		30	22	60m³/h	35	0.3
		四级		70	26			22	30m³/h	50	
	客房（睡眠）		0.15	60	26	0.15	50	22	分别减少 20m³/h	30	0.3
	餐厅 宴会厅	一级	0.25	65	24	0.15	40	23		35	0.3
		二级			25			21	40m³/(h·人)	40	0.3
		三级			25			21	25m³/(h·人)	40	0.3
		四级			26			20	18m³/(h·人)	50	
	会议室、办公室、接待室	一级	0.25	55	25	0.15	50	24		30	0.15
		二级		60	26		40	23	50m³/(h·人)	35	
		三级		65	27		30	22	30m³/(h·人)	40	0.3
		四级		70	27			22		40	
	商店、服务机构	一级	0.25	65	24	0.15	40	23	18m³/(h·人)	50	0.3
		二级			25			21			
		三级			26			20			
		四级			27			20			
	门厅、走道、中庭、四季厅	一级	0.3	66	25	0.3	30	20	18m³/(h·人) 门厅为0	40	0.3
		二级			26			18		45	
		三级			27			17		45	
		四级			27			16		50	

建筑类型（房间名称）		夏季			冬季			新风量	噪声 NC/ dB	空气 含尘量/ (mg/m³)
		风速/ (m/s)	湿度/ %	温度/ ℃	风速/ (m/s)	湿度/ %	温度/ ℃			
旅馆	美容、理发室	0.15	60	26	0.15	50	23	30m³/ (h·人)	35	0.15
	健身房	0.25	60	24	0.25	40	19	80m³/ (h·人)	40	0.15
	保龄球房	0.25	60	25	0.25	40	21	40m³/ (h·人)	40	0.3
	室内游泳池	0.15	65	26	0.15	50	24	30m³/ (h·人)	40	0.15
	弹子房	0.15	65	26	0.15	50	24	30m³/ (h·人)	40	0.15
	餐厅、酒吧 非跳舞	0.15	60	26	0.15	40	23	18m³/ (h·人)	40	
	餐厅、酒吧 跳舞	0.15	65	23	0.15	50	18	40m³/ (h·人)	40	
	餐厅、宴会厅（非用餐）	0.15	60	25	0.15	40	21	18m³/ (h·人)	40	0.3
公寓	卧室 高级	0.25	60	25	0.15	40	23	30m³/ (h·人)	30	0.3
	卧室 一般	0.25	70	26	0.15		22	20m³/ (h·人)	35	0.3
	起居室 高级	0.25	60	25	0.15	40	23	90m³/ (h·人)	35	
	起居室 一般	0.25	70	26	0.15		22	70m³/ (h·人)	40	
医院	高级病房、CT 诊断室	0.25	60	25	0.15	40	23	20m³/ (h·人)	35	0.3
	手术室	0.15	60	25	0.15	50	25	20m³/ (h·人)	35	
大会堂、体育馆、展览厅		0.25	65	26	0.2	40	20	10m³/ (h·人)	50	
办公大楼、银行		0.25	65	26	0.15	40	20	20m³/ (h·人)	40	
商业中心、百货大楼、商场		0.25	70	27	0.25	35	18	10m³/ (h·人)	55	
影剧院、剧院、候机厅		0.25	65	26	0.15	40	20	15m³/ (h·人)	40	
人均占地：办公室 4～8m²/人，会议室、多功能厅 1.5～2m²/人，客房 15～30m²/人，商店 3～4m²/人										

2. 通风空调系统常用材料

（1）金属板材

通风空调系统常用的金属板材有普通薄钢板、复合钢板、不锈钢板和铝板。

1）普通薄钢板由碳素软钢经热轧或冷轧制成。通风空调系统用的薄钢板表面应平整、光滑，厚度均匀，允许有紧密的氧化铁薄膜，但不得有裂纹、结疤等缺陷。

① 热轧钢板表面为蓝色发光的氧化铁薄膜，性质较硬而脆，加工时易断裂，货源多，价格便宜，但其表面容易生锈，需刷油漆进行防腐，多用于排气、除尘系统，较少用于一般送风系统。

② 冷轧钢板牌号一般为 Q195、Q215、Q235，有板材和卷材，常用厚度为 0.5～2mm，板材规格为 750mm×1800mm、900mm×1800mm 及 1000mm×2000mm 等。冷轧薄钢板价格高于热轧薄钢板，稍低于镀锌钢板；其表面平整、光洁，性质较软，由于受潮易生锈，也需及时刷漆；其漆面附着力较强，使用寿命较长，多用于送风系统，可以达到外观精美的要求。

2）为了使普通钢板免遭锈蚀，可用电镀、粘贴和喷涂的方法，在钢板的表面罩上一层"外衣"，形成复合钢板。镀锌钢板、塑料复合钢板等都属于复合钢板。

① 镀锌钢板表面呈银白色，俗称"白铁皮"，它是在普通钢板表面镀了一层厚度为 0.5～1.5mm 的锌层。其表面的镀锌层起到了防腐蚀的作用。在通风工程中，常用镀锌钢板制作不含酸、碱气体的通风系统和空调系统的风管，在送风、排气、空调、净化系统中使用广泛。

② 塑料复合钢板是在普通钢板的表面喷一层塑料薄膜，或喷上 0.2～0.4mm 厚的塑料层而制成的，后一种塑料复合钢板有时也称为塑料涂层钢板。

塑料复合钢板分单面复合和双面复合两种，可以耐酸类、碱类、油类以及醇类的侵蚀，耐水性能好，但对有机溶剂的耐腐蚀性能差；绝缘、耐磨性能较好；又具有普通钢板弯折、咬口、铆接、切断、钻孔等加工性能，常用于制作防尘要求较高的空调系统，加工温度以20～40℃为宜，可在 10～60℃下长期使用，短期可耐 120℃。

3）不锈钢板表面有铬形成的钝化保护膜，起隔绝空气、防止被氧化的作用。它具有较高的塑性、韧性和机械强度，耐酸性气体、碱性气体、溶液和其他介质的腐蚀。它是一种不易生锈的合金钢，因而多用于化学工业中输送含有腐蚀性气体的通风系统。

4）铝板有纯铝板和合金铝板两种，用于制作化工工程通风管时，一般以纯铝板为主。铝板质轻，表面光洁，具有良好的可塑性和传热性能，在摩擦时不易产生火花，因此常用在有爆炸可能的通风系统中。合金铝板机械强度较好，但抗腐蚀能力不及纯铝板。

> **【拓展知识】**
>
> 铝板在空气中和氧接触时，表面会生成一层致密的氧化铝薄膜，因此它有较好的抗化学腐蚀性能，对浓硝酸、醋酸、稀硫酸等有一定的抗腐蚀能力，但容易被盐酸和碱类物质腐蚀。

（2）非金属板材

非金属板材主要是指硬质聚氯乙烯塑料板材，是完全不含或仅含少量（5%）增塑剂的PVC 塑料板材，又称未增塑 PVC 塑料板材。它是由聚氯乙烯树脂掺入稳定剂和少许增塑剂加热制成的。它具有良好的耐腐蚀性，在各种酸类、碱类和盐类物质的作用下，本身不会发生化学变化，具有很好的化学稳定性；但其在强氧化剂（如浓硝酸、发烟硫酸和芳香族碳水化合物）的作用下是不稳定的；同时还具有较高的强度和弹性，但热稳定性较差，在较低温度环境中使用时较脆、易裂，在较高温度环境中使用时强度降低，只有在 60℃以下温度时才能保证适当的强度，故硬质聚氯乙烯塑料板材只适用于温度为-10～60℃的环境。硬质聚氯乙烯塑料板材的表面应平整，不得含有气泡、裂缝；厚度要均匀，无离层等现象，在通风系统中常用于制作输送含有腐蚀性气体的风管和部件。

（3）金属型材

金属型材在通风系统中被用来制作风管的法兰、管道和通风、空调设备的支架，以及风管部件和管道配件等。常用的金属型材有圆钢、扁钢、角钢、槽钢等。

1）圆钢。在通风空调系统中，常用到普通碳素钢中的热轧圆钢（直条），其规格用直径（ϕ）表示，单位为毫米（mm），如ϕ6.5。圆钢适用于加工制作 U 形螺栓和抱箍（支、吊架）等。

2）扁钢。扁钢常用普通碳素钢热轧而成，其规格以"宽度×厚度"表示，单位为毫米（mm），如 14×6。扁钢在通风空调系统中主要用来制作风管法兰、加固圈和管道支架等。

3）角钢。角钢的规格以"边宽×边宽×厚度"表示，并在规格前加符号"L"，单位为毫米（mm），如 L25×16×3。工程中常用等边角钢，其边宽为 20～200mm，厚度为 3～24mm，如边宽为 36mm、厚度为 4mm 的角钢可以表示为 L36×4。角钢是通风空调系统中应用广泛的金属型材，可用于制作通风管道法兰盘、各种箱体容器设备框架和管道支架等。

4）槽钢。槽钢在通风空调系统中主要用来制作箱体框架、设备机座、管道及设备支架等。槽钢的规格以号（高度）表示，单位为毫米（mm）。槽钢分为普通型和轻型两种，工程中常用普通型。

（4）辅助材料

通风空调系统常用的辅助材料有垫料和紧固件。

1）垫料。垫料主要用在风管之间、风管与设备之间的连接处，用于保证接口的严密性。常见的垫料有橡胶板、石棉橡胶板、石棉绳等。

2）紧固件。紧固件是指螺栓、螺母、铆钉、垫圈等。

① 螺栓、螺母用于法兰的连接和设备与支座的连接，螺栓的规格以"公称直径×螺杆长度"表示，而螺母一般只说公称直径，均用字母 M 表示，如内六角螺栓 M8×30，对应螺母 M8。

② 铆钉用于金属板材与材料、风管和部件之间的连接，种类非常多，常见的有半圆头铆钉、平头铆钉、抽心铆钉等。

③ 垫圈指垫在被连接件与螺母之间的零件，有平垫圈和弹簧垫圈，用于使连接件表面免遭螺母擦伤，防止连接件松动。

5.1.2　建筑通风系统

1. 通风方式

（1）自然通风

建筑物的自然通风由室外风力提供的风压或者由室内外温度差和建筑物高度产生的热压差来实现的。自然通风消耗的仅仅是自然能或室内人为因素造成的附加能（这种附加能一般指室内工艺设备运行时散发的热量使室内空气温度上升的能量）。因此，绿色环保、经济节能、造价低廉的自然通风方式被许多建筑采用，并且取得了较好的建筑通风效果。住宅建筑、产生轻度空气污染物的民用或工业建筑、产生较大热量的工业建筑大都采用自然通风方式来达到通风换气、改善室内空气质量的目的。

1）风压作用下的自然通风。

室外气流与建筑物相遇时，将发生绕流，如图 5.3 所示。由于建筑物的阻挡，建筑物四周室外气流的压力发生变化：室外气流首先冲击到建筑物的迎风面，此时，动压降低，静压升高，侧面和背风面由于产生涡流，静压降低。与远处未受干扰的气流相比，这种静压的升高或降低统称为风压。静压升高，风压为正，称为正压；静压降低，风压为负，称为负压。

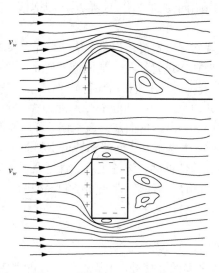

图 5.3　建筑物四周的风压分布

建筑物四周的风压分布与该建筑物的几何形状以及室外的风向有关。风向一定时，建筑物外围护结构上各点的风压值可按以下公式计算：

$$P_f = k \frac{v_w^2}{2} \rho_w$$

式中，P_f——某点的风压（Pa）；

k——空气动力系数；

v_w——室外空气流速（m/s）；

ρ_w——室外空气密度（kg/m³）。

如果在建筑物外围护结构上风压值不同的两个部位开设窗孔，处于 $k>0$ 位置的窗孔将进风，而处于 $k<0$ 位置上的窗孔则排风，由此，风压作用下的建筑物便实现了自然通风，如图 5.4 所示。

2）热压作用下的自然通风。

相同压力状态下，温度高的空气密度小于温度低的空气密度，因此，当室内外空气温度存在差别时就会形成重力压差，这种重力压差称为热压。当室内空气温度比室外空气温度高时，室内空气的密度就比室外空气的密度小。在建筑物下部，由室外空气柱形成的压力要比室内空气柱形成的压力大。这种因温度差形成的压力差促使室外温度较低的空气从建筑物下部门窗孔隙处进入室内。同时，室内温度较高的空气被置换抬升后从建筑物上部窗孔缝隙排出室外。这种因室内外空气温度差而形成的空气自然交换形式就是热压自然通风，如图 5.5 所示。

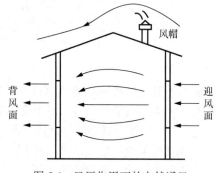

图 5.4　风压作用下的自然通风

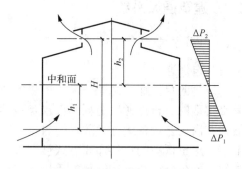

图 5.5　热压作用下的自然通风

（2）机械通风

自然通风虽然具有绿色环保、经济节能、结构简单、无须专人管理等优点，但自然通风容易受室外自然环境影响，通风量及通风效果不易控制，且风压较小，难以满足对通风要求较高场所的要求。机械通风依靠风机提供的风压、风量，通过管道和送、排风口系统可以有效地将室外新鲜空气或经过处理的空气送到建筑物的任何工作场所；还可以将建筑物内受到污染的空气及时排至室外，或者送至净化装置处理合格后再予排放。因此，机械通风作用范围大，风量、风压易受控制，通风效果显著，可满足建筑物内任何位置处的工作场所对通风的要求。

机械通风系统一般由风机，风道，阀门，送、排风口组成。根据需要，机械通风系统还可设置空气处理装置、大气污染物治理装置。机械通风系统根据作用范围的大小、通风功能的区别可划分为全面通风和局部通风两大类。

1）全面通风。

对整个建筑物或者整个房间进行机械通风换气的通风方式称为全面通风。全面通风的主要目的是把散发在整个建筑空间内的污浊空气排出室外，同时将新鲜空气从室外送入室内，使空气达到卫生标准。

① 通风系统。

根据室内通风换气的不同要求，或者室内空气污染物的不同情况（污染物性质、浓度等），可选择不同的送风、排风形式进行全面通风。常见的室内全面通风系统有以下几种组合。

a. 机械送风、自然排风。室外新鲜空气经过热湿处理达到要求的空气状态后，由风机通过风管、送风口送入室内。室外空气会源源不断地送入室内，室内呈正压状态。这种全面通风方式通常在以产生辐射热为主要危害的建筑物内使用。若建筑物内有大气污染物存在，其浓度较高，且自然排风时会渗入到相邻房间时，一般不能采用此种方式。

b. 自然进风、机械排风。室内污浊空气通过吸风口、风管由风机排至室外。由于室内空气连续排出，室内造成负压状态。这种全面通风方式在室内存在热湿及大气污染物危害物质时较为适用，但在相邻房间同样存在热湿及大气污染物、危害物质时也不能使用。因为在负压状态下，相邻房间内的危害物质会渗入通道进入室内，使室内全面通风达不到预期的效果。

c. 机械进风、机械排风。室外新鲜空气经过热湿处理达到要求的空气状态后，由风机通过风管、送风口送入室内。室内污浊空气通过吸风口、风管由风机排至室外。这种全面通风方式可以根据室内工艺及大气污染物散发情况灵活、合理地进行气流组织，以达到全室全面通风的预期效果，同样，投资及运行费用也较高。

② 气流组织。

除了选择合理的全面通风系统外，通风房间内的气流组织形式对通风效果的好坏亦起着非常重要的作用。合理选择、设置送、排风系统的风口、数量和位置，合理组织气流，对改善通风效果可起到事半功倍的作用，甚至可起到决定性的作用。通风房间气流组织的常用形式有上送下排、下送上排、中间送上下排等。选用时应按照房间功能、污染物类型、有害源位置及分布情况、工作地点的位置等因素来确定。图 5.6 所示为几种错误的气流组织案例。

因此，气流组织设计时应遵循以下原则。

a. 送风口应尽量接近并经过人员工作地点，再经污染区排至室外。

b. 排风口尽量靠近有害物源或有害物浓度高的区域，以利于把有害物迅速从室内排出。

c. 在整个通风房间内，尽量使进风气流均匀分布，减少涡流，避免有害物质在局部地区积聚。

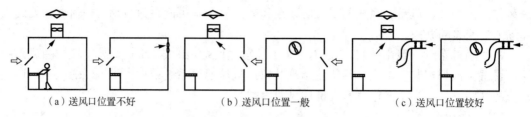

（a）送风口位置不好　　　　（b）送风口位置一般　　　　（c）送风口位置较好

图 5.6　几种错误的气流组织案例

③ 风量平衡和热平衡。

任何一个通风系统，为了能够正常进风和排风，必须保持室内压力稳定不变。为此，必须使进入建筑物的总风量等于排出建筑物的总风量，即控制建筑物内的空气量平衡。在通风房间中，无论采用哪种通风方式，单位时间进入室内的空气量应和同一时间内排出的空气量保持相等，即通风房间的空气量保持平衡，这就是空气平衡，其数学表达式为 $G_{jj}+G_{zj}=G_{jp}+G_{zp}$，也就是说，机械进风量（$G_{jj}$）与自然进风量（$G_{zj}$）的和等于机械排风量（$G_{jp}$）与自然排风量（$G_{zp}$）的和。

在实际工程中，为保证通风的卫生效果，对产生空气污染物的建筑物，为防止空气污染物向邻室扩散，常使建筑物的排风量大于进风量（一般总排风量取 1.1～1.2 倍的总进风量），使室内形成一定的负压，不足的进风量由邻室和自然渗透弥补。对于要求较清洁的建筑物，其周围环境较差时，取总进风量大于总排风量（一般总进风量取 1.05～1.1 倍的总排风量），以保持室内一定的正压，阻止外界的空气进入室内。此时，室内多余的风量可以自然渗透出去，或通过泄压风阀予以排出。

建筑物的热量平衡指其得热量（含进风带入的热量及其他得热量）与失热量（含排风带出的热量及其他失热量）相等，这时建筑物内的空气温度稳定不变，即总得热量等于总失热量 $\Sigma Q_d=\Sigma Q_s$。

在寒冷地区的冬季，建筑物要求保持一定的室内温度，不允许将温度过低的室外空气直接送入室内作业场所。在设计全面通风系统时，需将风量平衡和热量平衡统一考虑，既保证要求的通风换气量，又可保持一定的室内温度。

2）局部通风。

用局部气流的方法向建筑物内的工作场所送风，或将该场所散发的热、湿、空气污染物排出建筑物的通风方式称作局部通风。它在捕集、治理空气污染物方面比全面通风方式更有效、更具针对性，而且节省投资、节省能耗，被广泛应用在空气污染物的环保治理工程方面。

① 局部送风。

在产生有害物质的厂房中，经常采用向工作区域输送经过处理、符合要求的新鲜空气，由此达到改善工作环境的目的。局部送风系统一般由进风口、空气处理设备、风机、送风管和送风口组成，如图 5.7 所示。

② 局部排风。

将有害物质在产生的地点就地排除，并在排除之前不与工作人员相接触的方式称为局部排风。它既能有效防止有害物质对人体的危害，又能大大减少通风量。局部排风系统由排风罩、风管、净化设备、风机、风帽等组成，如图 5.8 所示。排风罩是排除有害物质的关键设备，它的性能对局部排风系统的技术经济效果有着直接影响。选用的排风罩应能以最小的风量有效而迅速地排除工作地点的有害物。常用局部排风罩有密闭罩、外部吸气罩、吹吸式排风罩和接受罩。

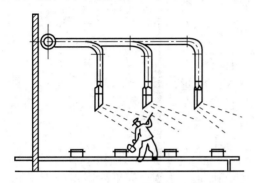

图 5.7 局部送风系统示意图

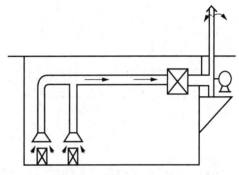

图 5.8 局部排风系统示意图

2. 主要设备和构件

（1）室内送、排风口

室内送风口是送风系统中的风道末端装置，由送风道输送来的空气通过送风口以适当的速度分配到各个指定的送风地点。最简单的形式就是在风道上开设孔口，孔口可开在侧部或底部，用于侧向和下向送风。图 5.9（a）所示的送风口没有任何调节装置，不能调节送风流量和方向；图 5.9（b）所示为插板式送、吸风口，插板可用于调节孔口面积的大小，这种风口虽可调节送风量，但不能控制气流的方向。常用的送风口还有百叶式送风口，如图 5.10 所示。对于布置在墙内或暗装的风道可采用这种送风口，将其安装在风道末端或墙壁上。百叶式送风口有单、双层和活动式、固定式之分，双层式不但可以调节风向，还可以调节送风速度。

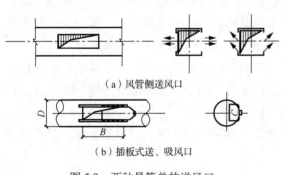

（a）风管侧送风口

（b）插板式送、吸风口

图 5.9 两种最简单的送风口

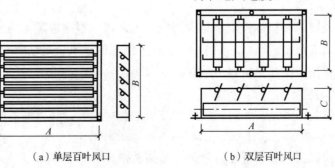

（a）单层百叶风口　　　　　　　　（b）双层百叶风口

图 5.10 百叶式送风口

在工业车间中往往需要大量的空气从较高的上部风道向工作区送风，而且为了避免工作地点有"吹风"的感觉，要求送风口附近的风速迅速降低。在这种情况下常用的室内送风口形式是空气分布器，它是通过特殊织物纤维织成的空气分布系统，通过纤维渗透和喷孔射流的独特出风模式，达到均匀送风的送风末端装置，如图5.11所示。

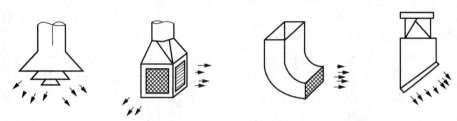

图5.11　空气分布器

室内排风口是室内被污染的空气进入排风管的通道，一般没有特殊要求，种类较少，通常采用单层百叶风口作为排风口。

室内送、排风口的布置情况，是决定通风气流方向的一个重要因素，它的位置决定了通风房间的气流组织形式，并且对通风效果形成直接影响。

（2）风道

风道是采用混凝土、砖等材料砌筑而成、用于空气流通的通道。

风道的形式很多，一般采用圆形或矩形风管。圆形风管强度大，消耗材料少，但加工工艺复杂，占用空间大，不易布置得美观，常用于暗装。圆形风管 $D=100\sim2000mm$。矩形风管易布置，弯头及三通等部件的尺寸较圆形风管部件小，且容易加工，因而使用较为普遍，矩形风管的宽高之比宜≤3，矩形风管 $A\times B=120mm\times120mm\sim2000mm\times1250mm$。

风道的布置应服从整个通风系统布局，在确定送风口、排风口、风机的位置后进行，并与土建、生产工艺和给排水等专业互相协调、配合。风道布置应尽量避免穿越沉降缝、伸缩缝和防火墙等，对于埋地风道应尽量避开建筑物基础及生产设备基础。

风道布置时应力求缩短风道长度，但不能影响生产过程，以及避免各种工艺设备相冲突，并尽可能布置得美观。

（3）室外进、排风装置

1）室外进风装置。

室外进风口是通风和空调系统采集新鲜空气的入口，根据进风室的位置不同，室外进风口可采用竖直风道塔式进风口，如图5.12（a）所示的进风口是贴附于建筑物的外墙上，（b）中的进风口是做成离开建筑物而独立的构筑物。

2）室外排风装置。

室外排风装置的任务是将室内被污染的空气由排风口、排风管通过排风装置直接排至室外大气。

排风系统的排风口一般设置在屋顶上，如图5.13所示。为了保证排风效果，往往在排风口上加设一个风帽或百叶风口。若从屋顶排风不便时，也可以从侧墙上排出。

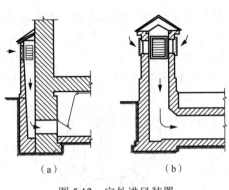

图 5.12　室外进风装置

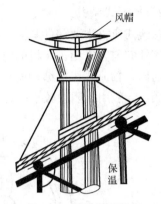

图 5.13　室外排风装置

一般而言，排风口应高出屋面 1.0m 以上。若附近设有进风装置，则应比进风口至少高出 2.0m。

（4）风机

风机为通风系统中的空气流动提供动力，它分为离心式风机和轴流式风机两种类型。根据输送气体的组成和特性，制造风机的材料有全钢、塑料和玻璃钢，前两者适合输送类似空气一类性质的气体，后者适合输送具有腐蚀性质的各类废气。当输送具有爆炸危险的气体时，还可以用异种金属分别制成机壳和叶轮，以确保当叶轮和机壳摩擦时无任何火花产生，这类风机称为防爆风机。

1）离心式风机。

离心式风机主要由叶轮、机轴、机壳、集流器（吸气口）、排气口等组成。叶轮上有一定数量的叶片，机轴由电动机带动旋转，空气由进风口吸入，空气在离心力的作用下被抛出叶轮甩向机壳，获得了动能与压能，由出风口排出。当叶轮中的空气被压出后，叶轮中心处形成负压，此时室外空气在大气压力作用下由吸风口吸入叶轮，再次获得能量后被压出，形成连续的空气流动，如图 5.14 所示。进风口与出风口方向呈 90°，进风口可以是单侧吸入，也可以是双侧吸入，但出风口只有一个。

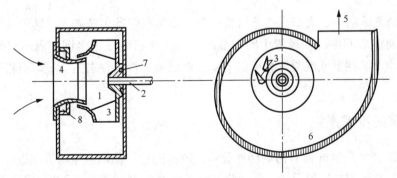

1—叶轮；2—机轴；3—叶片；4—吸气口；5—出口；
6—机壳；7—轮毂；8—扩压环。

图 5.14　离心式风机构造示意图

2）轴流式风机。

轴流式风机主要部件与离心式风机类似，叶片安装在旋转的轮毂上，叶片旋转时将气流吸入并向前方送出。风机的叶轮在电动机的带动下转动时，空气由机壳一侧吸入，从另一侧送出。轴流式风机结构简单，内部的空气流动与叶轮旋转轴相互平行，能够提供的风压较低，一般用于阻力较小的通风换气系统中。图 5.15 所示为轴流式风机构造示意图。

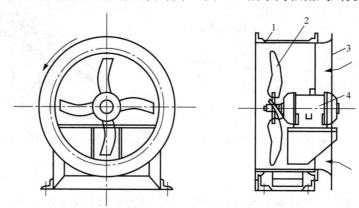

1—圆筒形机壳；2—叶轮；3—进口；4—电动机。

图 5.15　轴流式风机构造示意图

3）风机基本性能参数。

① 风量（L）——风机在标准状况下单位时间内所输送的气体体积，单位为 m³/h。

② 全压（P）——每立方米空气通过风机应获得的动压和静压之和，单位为 Pa。

③ 轴功率（N）——电动机施加在风机轴上的功率，单位为 kW。

④ 有效功率（N_e）——空气通过风机后实际获得的功率，单位为 kW。

⑤ 转数（n）——风机叶轮每分钟的旋转数，单位为 r/min。

⑥ 效率（η）——风机的有效功率与轴功率的比值，用%来表示。

在选择风机时，应根据通风系统所需的风量和风压进行运行工况分析，然后确定所选风机的风量和风压。为了节约能源，通风系统有条件时，应尽量选用变速风机。

4）风机的安装。

用于输送气体的中、大型离心式风机一般应安装在混凝土基础上，轴流式风机通常安装在风道中间或墙洞中。在风管中间安装时，可将风机装在用角钢制成的支架上，再将支架固定在墙上、柱上或混凝土楼板的下面。对隔振有特殊要求的情况，应将风机安装在减振台座上。

5.1.3　建筑防排烟系统

凡建筑高度大于 24m 设有防烟楼梯及消防电梯的建筑物均应设防排烟设施。高层民用建筑的防排烟设计应与建筑设计、防火设计和通风及空气调节设计同时进行，根据建筑物用途、平立面组成、单元组合、可燃物数量以及室外气象条件的影响等因素综合考虑，确定经济合理的防排烟设计方案。

1. 火灾烟气控制原理

烟气控制的主要目的是在建筑物内创造无烟或烟气含量极低的疏散通道或安全区。烟气控制的实质是控制烟气合理流动，也就是使烟气不流向疏散通道、安全区和非着火区，而向室外流动。基于以上目的，通常用防烟和排烟两种方法对烟气进行控制。

（1）防烟系统

通常，对安全疏散区采用加压防烟方式来达到防烟的目的。加压防烟就是凭借机械力，将室外新鲜空气送入应该保护的疏散区域，如前室、楼梯间、封闭避难层（间）等，以提高该区域的室内压力，阻挡烟气的侵入。系统通常由加压送风机、风道和加压送风口组成。

（2）排烟系统

利用自然或机械作用力，将烟气排到室外，称之为排烟。利用自然作用力的排烟方式称为自然排烟；利用机械作用力（风机）的排烟方式称为机械排烟。排烟的部位有两类：着火区和疏散通道。着火区排烟的目的是将火灾发生的烟气（包括空气受热膨胀的体积）排到室外，降低着火区的压力，不使烟气流向非着火区，以利于着火区的人员疏散及救火人员的扑救。疏散通道的排烟是为了排除可能侵入的烟气，保证疏散通道无烟或少烟，利于人员安全疏散及救火人员的通行。

2. 防排烟方式

（1）自然排烟

自然排烟是利用热烟产生的浮力、热压或其他自然作用力使烟气排出室外。

自然排烟有两种方式。①利用外窗或专设的排烟口排烟［图 5.16（a）和（b）］。②利用竖井排烟，如图 5.16（c）所示，利用专设的竖井，即相当于专设一个烟囱，这种排烟方式实质上是利用烟囱的原理。在竖井的排出口设避风风帽，还可以利用风压的作用。但是由于烟囱效应产生的热压很小，而排烟量又大，因此需要竖井的截面和排烟风口的面积都很大，如此大的面积很难为建筑业主和设计人员所欢迎。因此我国并不推荐使用这种排烟方式。

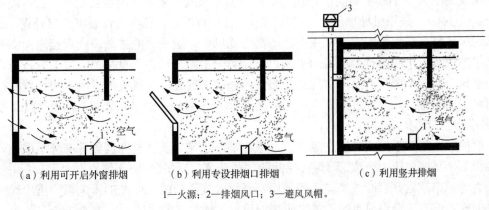

（a）利用可开启外窗排烟　　（b）利用专设排烟口排烟　　（c）利用竖井排烟

1—火源；2—排烟风口；3—避风风帽。

图 5.16　自然排烟方式

通常有如下两种情形时可采用自然排烟系统。

1）当下列场所的厂房或仓库符合自然排烟条件时，应设置自然排烟设施，不符合自然排烟条件时，应设置机械排烟设施。

① 丙类厂房内建筑面积大于300m² 且经常有人停留或可燃物较多的地上房间，人员或可燃物较多的丙类生产场所。

② 建筑面积大于5000m² 的丁类生产车间。

③ 占地面积大于1000m² 的丙类仓库。

④ 高度大于32m 的高层厂房（仓库）内长度大于20m 的疏散走道，其他厂房（仓库）内长度大于40m 的疏散走道。

2）当民用建筑的下列场所或部位符合自然排烟条件时，应设置自然排烟设施，不符合自然排烟条件时，应设置机械排烟设施。

① 设置在一、二、三层且房间建筑面积大于100m² 的歌舞、娱乐、放映、游艺场所和设置在四层及以上楼层、地下或半地下的歌舞、娱乐、放映、游艺场所。

② 中庭。

③ 公共建筑内建筑面积大于100m² 且经常有人停留的地上房间。

④ 公共建筑内建筑面积大于300m² 且可燃物较多的地上房间。

⑤ 建筑内长度大于20m 的疏散走道。

（2）机械防烟

机械防烟是利用风机产生的气流和压力差来控制烟气流动方向的防烟技术。在高层建筑的垂直疏散通道，如防烟楼梯间、前室、合用前室及封闭的避难层等部位，进行机械送风和加压，使上述部位室内空气压力值处于相对正压，阻止烟气进入，以便人们进行安全疏散和扑救。这种防烟设施系统简单、安全，近年来在高层建筑的防排烟设计中得到了广泛的应用。

按《建筑设计防火规范（2018 年版）》（GB 50016—2014）规定，在以下部位应设置独立的机械加压送风的防烟设施：不具备自然排烟条件的防烟楼梯间、消防电梯前室或合用前室；采用自然排烟措施的防烟楼梯间，其不具备自然排烟条件的前室；封闭的避难层（间）。

建筑高度大于 100m 的高层建筑，其机械加压送风应竖向分段独立设置，且每段高度不应超过100m。采用机械加压送风的场所不应设置百叶窗，且不宜设置可开启外窗。机械加压送风风机可采用轴流式风机或中低压离心式风机。送风机的进风口宜直接通向室外。送风机的进风口不应与排烟风机的出风口设在同一层面，当必须设在同一层面时，送风风机的进风口与排烟风机的出风口应分开布置：竖向布置时，送风机的进风口应设置在排烟机出风口的下方，其两者边缘最小垂直距离不应小于 3.0m；水平布置时，两者边缘最小水平距离不应小于 10.0m。

机械加压送风系统由加压送风机、风道、加压送风口及其自控装置等部分组成。为保持楼梯间全高度内压力一致，防烟楼梯间的加压送风口宜每隔2～3 层设一个风口；采用自垂式百叶风口或常开百叶式风口；当采用常开百叶式风口时，应在加压风机的压出管上设置单向阀；前室或合用前室的送风口应每层设置，送风口的风速不宜大于7m/s，送风口不宜设置在被门挡住的部位；每个风口的有效面积按 1/3 系统总风量确定；加压空气的排出，可通过走廊或房间的外窗、竖井自然排出，也可利用走廊的机械排烟装置排出。

防烟楼梯间及其前室、消防电梯前室及合用前室加压送风方案及压力控制如表 5.3 所示。

表 5.3　防烟楼梯间及消防电梯间加压送风系统方式

序号	加压送风系统方式	图示
1	进入防烟楼梯间加压送风时 （前室不加压）	
2	对防烟楼梯间及前室分别加压	
3	对防烟楼梯间及有消防电梯的合用 前室分别加压	
4	仅对消防电梯的前室加压	
5	当防烟楼梯间具有自然排烟条件时， 仅对前室及合用前室加压	

注：图中"++""+""－"表示各部位静压力的大小。

（3）机械排烟

机械排烟是使用排烟风机进行强制排烟，可分为局部排烟和集中排烟两种方式。局部排烟是在每个需要排烟的部位设置独立的排烟风机直接进行排烟；集中排烟是将建筑物划分为若干个区，在每个区内设置排烟风机，通过排烟风道排烟。

1）机械排烟系统的设置。

根据《建筑设计防火规范（2018 年版）》（GB 50016—2014）规定：一类高层建筑和建筑高度超过 32m 的二类建筑的以下部位，应设置机械排烟的设施。

① 超过一定长度的走道、超过一定面积的房间、舞台等需要设置排烟设施的场所，当不具备自然排烟条件时。

② 需要设置排烟的场所不具备自然排烟条件时。

③ 不具备自然排烟条件或净空高度超过 12m 的中庭。

④ 除利用窗井等开窗进行自然排烟的房间外，各房间总面积超过 200m²，或一个房间

面积超过 50m²，且经常有人停留或可燃物较多的地下或半地下建筑（室）、地上建筑内的无窗房间。

2）机械排烟系统的布置。

① 排烟气流应与机械加压送风的气流合理组织，并尽量考虑与疏散人流方向相反。

② 机械排烟系统横向应按每个防火分区独立设置。

③ 建筑高度超过 100m 的高层建筑，排烟系统应竖向分段独立设置，且每段高度不应超过 100m。

④ 为防止风机超负荷运转，排烟系统竖直方向可分成数个系统，不过不能采用将上层烟气引向下层的风道布置方式。

⑤ 每个排烟系统设置排烟口的数量不宜过多，以减少漏风量对排烟效果的影响。

⑥ 独立设置的机械排烟系统可兼作平时通风排气用。

3）机械排烟系统的组成。

机械排烟系统由烟壁（活动式或固定式挡烟壁）、排烟口（或带有排烟阀的排烟口）、防火排烟阀、排烟管道、排烟风机和排烟出口等部件组成。

机械排烟系统大小与布置应考虑排烟效果、可靠性与经济性。系统服务的房间过多（即系统大），则排烟口多、管路长、漏风量大、最远点的排烟效果差；水平管路太多时，布置困难，但优点是风机少、占用房间面积少。若系统小，则恰相反。

3. 主要设备和部件

防排烟系统设置的目的是当建筑物着火时，保障人们安全疏散及防止火灾进一步蔓延。其设备和部件均应在发生火灾时运行和起作用，因此产品必须经过公安消防监督部门的认可并颁发消防生产许可证方能有效。

防排烟系统的设备及部件主要包括防火阀、排烟阀（口）、压差自动调节阀、余压阀以及专用排烟轴流式风机、自动排烟窗等。

（1）防火阀、防排烟阀（口）分类

阀门主要起两种作用：一是启闭作用，二是调节作用。在防排烟系统中，主要由带有防火功能的防火阀、排烟阀根据排烟系统的需求打开火灾区域的防排烟系统通路；关闭火灾区域的空调、通风系统空气流动通路。调节作用的阀门适用于送风或排烟需要平衡风量的情况。但无论是防火、防烟或排烟类的阀门，都应满足耐火稳定性和火灾完整性的基本要求。

防火阀、防排烟阀（口）基本分类见表 5.4。

表 5.4　防火阀、防排烟阀（口）基本分类表

类别	名称	性能	用途
防火类	防火阀	平时呈开启状态，发生火灾后当管道内烟气温度达到 70℃时阀门熔断器自动关闭，并在一定时间内满足漏烟量和耐火完整性要求，起隔烟阻火作用	用于通风空调系统风管内，防止火势沿风管蔓延
	防烟防火阀	靠烟感器控制动作，用电信号通过电磁铁关闭（防烟），还可以用 70℃温度熔断器自动关闭（防火）	用于通风空调系统风管内，防止火势沿风管蔓延

续表

类别	名称	性能	用途
防烟类	加压送风口	靠烟感器控制，电信号开启，也可手动（或远距离缆绳）开启，可设 280℃温度熔断器重新关闭装置，输出动作电信号，联动加压风机开启	用于加压送风系统的风口，起赶烟、防烟作用
排烟类	排烟阀	平时呈关闭状态并满足漏风量要求，火灾或需要排烟时手动和电信号开启，联动排烟风机开启	安装在机械排烟系统各支管端部（烟气吸入口）处
	排烟防火阀	平时呈开启状态，发生火灾后当排烟管道内烟气温度达到 280℃时关闭，输出电信号，并在一定时间内满足漏烟量和耐火完整性要求，起隔烟、阻火作用	用于排烟风机系统或排烟风机入口的管段上
	排烟口	电信号开启，也可远距离缆绳开启，输出电信号联动排烟机开启，可设 280℃温度熔断器重新关闭装置	用于排烟部位的顶棚和墙壁
	排烟窗	具有排烟作用的可开启外窗，靠烟感控制器控制动作，电信号开启，还可用缆绳手动开启	用于自然排烟处的外墙上
分隔类	防火卷帘	用于不能设置防火墙或水幕保护处	划分防火分区
	挡烟垂壁	手动或自动控制	划分防烟分区

（2）压差自动调节阀

压差自动调节阀由调节板、压差传感器、调节执行机构等装置组成，其作用是对需要保持正压值的部位进行送风量的自动调节，同时在保证一定正压值的条件下防止正压值超压而进行泄压。

（3）余压阀

为了保证防烟楼梯间及前室、消防电梯前室和合用前室的正压值，防止正压值过大而导致门难以推开，根据设计的需要有时需在楼梯间与前室、前室与走道之间设置余压阀。余压阀通过阀体上的重锤平衡来限制加压送风系统的余压不超过规定的余压值。

（4）自垂式百叶风口

风口竖直安装在墙面上，平常情况下，靠风口百叶的自重自然下垂，隔绝在冬季供暖时楼梯间内的热空气在热压作用下上升而通过上部送风管和送风机逸出室外。当发生火灾进行机械加压送风时，气流将百叶吹开而送风。自垂式百叶风口结构如图 5.17 所示。

（5）排烟风机

排烟风机主要有离心式风机和轴流式风机，还有自带电源的专用排烟风机。排烟风机应有备用电源，并应有自动切换装置；排烟风机应耐热、变形小，使其在排送 280℃烟气时连续工作 30min 仍能达到设计要求。排烟风机入口处应设置 280℃能自动关闭的排烟防火阀，该阀应与排烟风机连锁，当该阀关闭时，排烟风机应能停止运转。

一台排烟风机竖向可以担负多个楼层的排烟，担负楼层的总高度不宜大于 50m，当超过 50m 时，系统应设备用风机。

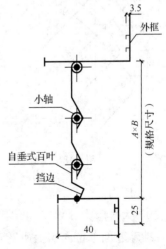

图 5.17　自垂式百叶风口结构图

排烟风机宜设置在排烟系统的顶部，烟气出口宜朝上，并应高于加压送风机和补风机的进风口。

排烟风机应设置在专用机房内，该房间应采用耐火极限不低于 2.0h 的隔墙和不低于 1.5h 的楼板及甲级防火门与其他部位隔开，且风机两侧应有 600mm 以上的空间。当必须与其他风机合用机房时，应符合下列条件。

1）机房内应设有自动喷水灭火系统。

2）机房内不得设有用于机械加压送风的风机与管道。

3）排烟风机与排烟管道上不宜设有软接管；当排烟风机及系统中设置有软接头时，该软接头应能在 280℃的环境下连续工作不少于 30min。

5.1.4 建筑空调系统

1. 基础知识

（1）湿空气的基本概念

空调工程中所处理的空气和特定空间内部的空气称为湿空气，该空气是由于空气和一定量的水蒸气混合组成的混合物。干空气的主要成分是氮气（N_2）、氧气（O_2）、氩气（Ar）、二氧化碳（CO_2）及其他微量气体。多数成分比较稳定，少数随季节变化有所波动，但是这种改变对于干空气的热工特性的影响很小，因此总体上可以将干空气作为一种稳定的混合物来看待。

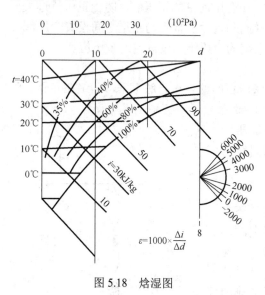

图 5.18 焓湿图

在湿空气中水蒸气的含量比较少，但其变化却对空气环境的干燥和潮湿程度产生重要影响，而且水蒸气含量的变化也对一些工业生产的产品质量产生影响。因此研究湿空气中水蒸气含量的调节在空气调节中占有重要地位。

空气的状态参数有很多，与空气调节最密切的几个主要状态参数绘制在焓湿图（$i\text{-}d$图）上，如图 5.18 所示。1911 年，美国的威利斯·开利（Willis Carrier）博士发现了空气干球温度、湿球温度和露点温度间的关系，以及空气显热、潜热和焓值间的关系，绘制了湿空气焓湿图。焓湿图为空调调节技术奠定了理论基础。威利斯·开利被誉为空调之父。

1）压力。

① 大气压力 B。

地球表面单位面积上所受到的大气的压力称为大气压力。大气压力不是一个定值，它随着海拔高度、季节和气候条件而变化。通常把 0℃以下、北纬 45°处海平面上的大气压作为一个标准大气压（atm），其值为：1atm=101325Pa=1.01325bar。

② 水蒸气分压力 P_q。

湿空气中水蒸气单独占湿空气的容积，并具有与湿空气相同的温度时所产生的压力称为湿空气中水蒸气的分压力。水蒸气分压力的大小反映空气中水蒸气含量的多少。空气中水蒸气含量越多，水蒸气分压力就越大。

③ 饱和水蒸气分压力 $P_{q.b}$。

在一定温度下，湿空气中水蒸气含量达到最大限度时，称湿空气处于饱和状态，此时相应的水蒸气分压力称为饱和水蒸气分压力。湿空气的饱和水蒸气分压力是温度的单值函数。

2）温度。

温度是反映空气冷热程度的状态参数。温度值的高低用温标表示。常用的温标有绝对温标（T，单位：K）和摄氏温标（t，单位：℃），二者之间的关系为 $t = T-273$℃。

3）含湿量 d。

含湿量的定义为对应于 1kg 干空气的湿空气中所含有的水蒸气量。含湿量的大小随空气中水蒸气含量的多少而改变，它可以确切地反映空气中水蒸气含量的多少。

4）相对湿度 ϕ。

相对湿度的定义为湿空气中的水蒸气分压力与同温度下饱和湿空气中的水蒸气分压力之比，表示为 $\phi = P_q/P_{q.b}$。

相对湿度反映了湿空气中水蒸气接近饱和含量的程度，反映了空气的潮湿程度。当相对湿度 $\phi = 0$ 时，为干空气；当相对湿度 $\phi = 100\%$ 时，为饱和湿空气。

5）焓 i。

每千克干空气的焓加上与其同时存在的 d kg 水蒸气的焓的总和，称为（$1+d$）kg 湿空气的焓。

在空气调节中，空气的压力变化一般很小，可近似定压过程，因此湿空气变化时初、终状态的焓差，反映了状态变化过程中热量的变化，表示为 $i = 1.01t + （2500 + 1.84t） d$。

6）露点温度 t_1。

在含湿量保持不变的条件下，湿空气达到饱和状态时所具有的温度称为该空气的露点温度。当湿空气被冷却时，只有湿空气温度大于或等于其露点温度，就不会出现结露现象，因此湿空气的露点温度是判断是否结露的判据。

7）湿球温度 t_s。

在理论上，湿球温度是在定压绝热条件下，空气与水直接接触达到稳定热湿平衡时的绝热饱和温度。

在现实中，在温度计的感温包上包敷纱布，纱布下端浸在盛有水的容器中，在毛细现象的作用下，纱布处于湿润状态，这支温度计称为湿球温度计，所测量的温度称为空气的湿球温度。

通常所见的没有包纱布的温度计称为干球温度计，所量的温度称为空气的干球温度，也就是空气的实际温度。

湿球温度计的读数反映了湿球纱布中水的温度。对于一定状态的空气，干、湿球温度的差值实际上反映了空气相对湿度的大小。差值越大，说明该空气相对湿度越大。

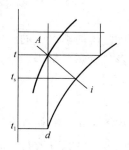

图 5.19 露点温度与湿球温度在
焓湿图上的表示

露点温度与湿球温度在焓湿图上的表示如图 5.19 所示。当相对湿度为 100%时，湿球温度＝干球温度＝露点温度。当相对湿度小于 100%时，露点温度＜湿球温度＜干球温度。

（2）空调温湿度与空调精度

不同使用目的的空调系统的空气状态参数控制指标是不同的，一般情况下，主要是控制空气的温度和相对湿度。空调房间室内温度、湿度通常用空调基数和空调精度两组指标来规定。

空调基数是指在空调区域内所需保持的空气基准温度与基准相对湿度。空调精度是指根据生产工艺或人体的舒适性要求，在空调区域内空气的温度和相对湿度被容许的波动范围。例如，温度 t_n＝（20±1）℃和相对湿度 ϕ_n＝（50±5）%，其中 20℃和 50%是空调基数，±1℃和±5%是空调精度。就温度而言，按允许波动范围的大小，一般分为 $\Delta t_n \geqslant \pm 1$℃、$\Delta t_n = \pm 0.5$℃和 $\Delta t_n = \pm$（0.1～0.2）℃三类精度级别。

根据《民用建筑供暖通风与空气调节设计规范》（GB 50736—2012）中关于舒适性空调室内计算参数的规定，人员长期逗留区域空调室内设计参数应符合表 5.5 的规定。

表 5.5 人员长期逗留区域空调室内设计参数

类别	热舒适度等级	温度/℃	相对湿度/%	风速/（m/s）
供热工况	Ⅰ级	22～24	≥30	≤0.2
	Ⅱ级	18～22	—	≤0.2
供冷工况	Ⅰ级	24～26	40～60	≤0.25
	Ⅱ级	26～28	≤70	0.3

注：1. Ⅰ级热舒适度较高，Ⅱ级热舒适度一般。

2. 热舒适度等级划分按《民用建筑供暖通风与空气调节设计规范》（GB 50736—2012）第 3.0.4 条确定。

人员短期逗留区域空调供冷工况室内设计参数宜比长期逗留区域提高 1～2℃，供热工况宜降低 1～2℃。短期逗留区域供冷工况风速不宜大于 0.5m/s，供热工况风速不宜大于 0.3m/s。

2. 空调系统的基本组成部分

一个典型的空调系统应由空调冷源和热源、空气处理设备、空调风系统、空调水系统、空调的自动控制和调节装置这五大部分组成，如图 5.20 所示。

（1）空调冷源和热源

冷源是为空气处理设备提供冷量以冷却送风空气。常用的空调冷源是各类冷水机组，它们提供低温水给空气冷却设备，以冷却空气。也有用制冷系统的蒸发器来直接冷却空气的。热源是用来提供加热空气所需的热量。常用的空调热源有热泵型冷热水机组、各类锅炉、电加热器等。

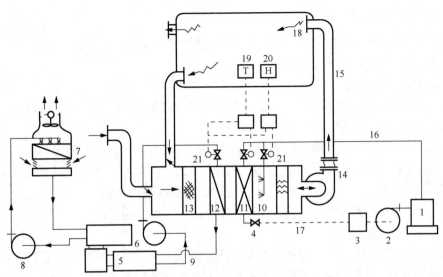

1—锅炉；2—给水泵；3—回水率器；4—疏水器；5—制冷机组；6—冷冻水循环泵；7—冷却塔；
8—冷却水循环泵；9—冷水管系；10—空气加湿器；11—空气加热器；12—空气冷却器；
13—空气过滤器；14—风机；15—送风管道；16—蒸汽管；17—凝水管；18—空气分配器；
19—温度控制器；20—湿度控制器；21—冷、热能量自动调节阀。

图 5.20 空调系统示意图

（2）空气处理设备

空气处理设备（也称空调机组）的作用是将送风空气处理到规定的送风状态。空气处理设备是空气调节系统的核心。它可以集中于一处，为整幢建筑物服务（小型建筑物多采用）；也可以分散设置在建筑物各层面，常用的空气处理设备有空气过滤器、空气冷却器（也称表冷器）、空气加热器、空气加湿器和喷水室等。

（3）空调风系统

空调风系统包括送风系统和排风系统。送风系统的作用是将处理过的空气送到空调区，其基本组成部分是风机、风管系统和室内送风口装置。风机是使空气在管内流动的动力设备。排风系统的作用是将空气从室内排出，并将排风输送到规定的地点。可将排风排放至室外，也可将部分排风送至空气处理设备与新风混合后作为送风。重复使用的这一部分排风称为回风。排风系统的基本组成是室内排风口装置、风管系统和风机。在小型空调系统中，有时送排风系统合用一个风机，排风靠室内正压，回风靠风机负压。

（4）空调水系统

空调水系统的作用是将冷媒水或热媒水从冷源或热源输送至空气处理设备。空调水系统的基本组成是水泵和水管系统。空调水系统分为冷（热）水系统、冷却水系统和冷凝水系统三大类。

（5）空调的自动控制和调节装置

由于各种因素，空调系统的冷热负荷是多变的，这就要求空调系统的工作状况也要有所变化。所以，空调系统应装备必要的控制和调节装置，借助它们可以（人工或自动）调节送风参数、送排风量、供水量和供水参数等，以维持所要求的室内空气状态。

3. 空调系统的分类

空调系统有很多类型，可以采用不同的方法对空调系统进行分类。

（1）按空气处理设备的位置分类

1）集中式空调系统。

集中式空调系统是指空气处理设备集中放置在空调机房内，空气经过处理后，经风道输送和分配到各个空调房间的系统。

集中式空调系统可以严格地控制室内温度和相对湿度；可以进行理想的气流分布；可以对室外空气进行过滤处理，满足室内空气洁净度的不同要求。空调风道系统复杂，布置困难，而且空调各房间被风管连通，发生火灾时会通过风管迅速蔓延。

对于大空间公共建筑物的空调设计，如体育馆，可以采用这种空调系统。

2）半集中式空调系统。

半集中式空调系统是指空调机房集中处理部分或全部风量，然后送往各房间，由分散在各空调房间内的二次设备（又称末端装置）再进行处理的系统。

半集中式空调系统可根据各空调房间负荷情况自行调节，只需要新风机房，机房面积较小；当末端装置和新风机组联合使用时，新风风量较小，风管较小，利于空间布置；对室内温湿度要求严格时，难以满足；水系统复杂，易漏水。

对于层高较低且主要由小面积房间构成的建筑物的空调设计，如办公楼、旅馆、饭店，可以采用这种空调系统。

3）分散式空调系统（局部空调系统）。

分散式空调系统是指把空气处理所需的冷热源、空气处理设备和风机整体组装起来，直接放置在空调房间内或空调房间附近，控制一个或几个房间的空调系统。

分散式空调系统布置灵活，各空调房间可根据需要启停；各空调房间之间不会相互影响；室内空气品质较差；气流组织困难。

（2）按负担室内负荷所用介质分类

1）全空气系统。

全空气系统是指室内的空调负荷全部由经过处理的空气来负担的空调系统。集中式空调系统就属于全空气系统。由于空气的比热较小，需要用较多的空气才能消除室内的余热、余湿，因此这种空调系统需要有较大断面的风道，占用建筑空间较多。

2）全水系统。

全水系统是指室内的空调负荷全部由经过处理的水来负担的空调系统。由于水的比热比空气大得多，因此在相同的空调负荷情况下，所需的水量较小，可以解决全空气系统占用建筑空间较多的问题；但不能解决房间通风换气的问题，因此一般不单独采用这种系统。

3）空气-水系统。

空气-水系统是指室内的空调负荷由空气和水共同来负担的空调系统。风机盘管加新风的半集中式空调系统就属于空气-水系统。这种系统实际上是前两种空调系统的组合，既可以减少风道占用的建筑空间，又能保证室内的新风换气要求。

4）制冷剂系统。

制冷剂系统是指由制冷剂直接作为负担室内空调负荷介质的空调系统。例如，多联机、窗式空调器、分体式空调器就属于制冷剂系统。

这种系统是把制冷系统的蒸发器直接放在室内来吸收室内的余热、余湿，通常用于分散式安装的局部空调。由于制冷剂不宜长距离输送，因此不宜作为集中式空调系统来使用。

4. 常用空调系统简介

（1）一次回风系统

1）工作原理。

一次回风系统属于典型的集中式空调系统，也属于典型的全空气系统。该系统是由室外新风与室内回风在喷淋室前进行混合，混合后的空气经过处理后，经风道输送到空调房间。

这种空调系统的空气处理设备集中放置在空调机房内，房间内的空调负荷全部由输送到室内的空气负担。空气处理设备处理的空气一部分来自室外（这部分空气称为新风）。另一部分来自室内（这部分空气称为回风）。所谓一次回风是指回风和新风在空气处理设备中只混合一次。一次回风式空调系统结构示意图如图 5.21 所示。

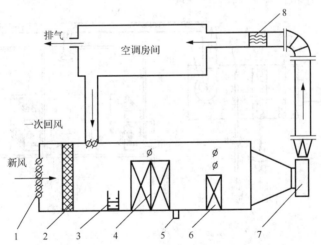

1—新风口；2—过滤网；3—电极加湿器；4—表面冷却器；5—排水口；
6—二次加热器；7—送风机；8—精加热器。

图 5.21　一次回风式空调系统结构示意图

2）系统的应用。

一次回风系统具有能耗低、过滤器维护成本低、相关参数易控制等优点，缺点是增加回风管路后夹层的风管路线较为复杂，新鲜空气供应不够充足。从它具体的特点分析，这种空调系统适用于空调面积大、各房间室内空调参数相近、各房间的使用时间也较一致的场合。会馆、影剧院、商场、体育馆，还有旅馆的大堂、餐厅、音乐厅等公共建筑场所都广泛采用这种系统。

根据空调系统所服务的建筑物情况，有时需要划分成几个系统。建筑物的朝向、层次等位置相近的房间可合并在一个系统，以便于管路的布置、安装和管理；工作班次和运行时间相同的房间可划分成一个系统，以便于运行管理和节能；对于体育馆、纺织车间等空调风量特别大的地方，为了减少和建筑配合的矛盾，可根据具体情况划分成几个系统。

（2）风机盘管加新风系统

1）工作原理。

风机盘管加新风系统属于半集中式空调系统，也属于空气-水系统。它由风机盘管机组和新风系统两部分组成。风机盘管设置在空调系统内作为系统的末端装置，将流过机组盘管的室内循环空气冷却、加热后送入室内；新风系统是为了保证人体健康的卫生要求，给房间补充一定的新鲜空气。通常室外新风经过处理后，送入空调房间。

这种空调系统主要有三种新风供给方法。

① 靠渗入室外新鲜空气补给新风。这种方法比较经济，但是室内的卫生条件较差。

② 墙洞引入新风直接进入机组。这种方法常用于要求不高或在旧建筑中增设空调的场合。

③ 独立新风系统。由设置在空调机房的空气处理设备把新风集中处理到一定参数，然后送入室内，如图 5.22 所示。

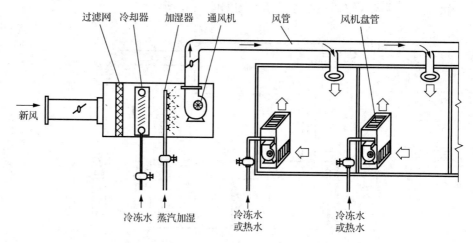

图 5.22　新风与风机盘管送风各自送入室内

2）系统的应用。

风机盘管加新风系统具有半集中式空调系统和空气-水系统的特点。目前这种系统已广泛应用于宾馆、办公楼、公寓等商用或民用建筑。

对于大型办公楼（建筑面积超过 1 万 m^2）的外区（由外围护结构往内 4～6m 区域）往往采用轻质幕墙结构，由于热容量较小，室内温度随室外空气温度的变化而波动明显。所以空调外区一般冬季需要供热，夏季需要供冷。内区（建筑物除去外区的其他区域）由于基本不受室外空气和日射的直接影响，室内负荷主要是人体、照明和设备发热，全年基本上是冷负荷，且全年负荷变化较小，为了满足人体需要，新风量较大。所以针对负荷特点，内区可以采用全空气系统或全新风系统，外区采用风机盘管系统。

对于中小型办公楼，由于建筑面积较小或平面形状呈长条形，通常不分内、外区，可以采用风机盘管加新风系统空调方式。

对于客房空调，多采用风机盘管加新风系统的典型方式。

（3）二次回风系统

空调系统的回风与室外新风在喷淋室前混合并经喷雾处理后，再次与回风混合，称二次回风系统。在回风可以循环利用的情况下，先将部分回风与新风在喷淋室前进行混合，经过水喷雾处理后再与剩余的回风混合，经处理后送入空调房间，如图 5.23 所示。这种系统形式常用于高洁净等级、工艺发热量较小的洁净室。特点是部分接入到新风过滤段，对新风温度进行中和，从而有效降低新风处理所需的能源消耗，二次回风的利用节省了部分再热热量和部分制冷量，有效降低了运行成本。缺点与一次回风系统相同。

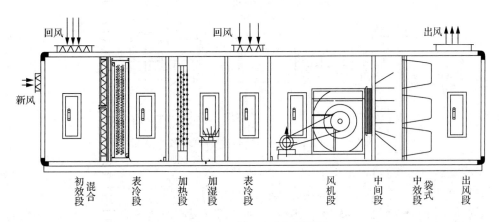

图 5.23 二次回风系统效果图

5. 制冷系统

（1）空调冷源与制冷原理

1）空调冷源。

空调工程中使用的冷源分为天然和人工两种。

天然冷源包括一切可能提供低于正常环境温度的天然物质，如深井水、天然冰等。其中地下水是常用的天然冷源。在我国的大部分地区，用地下水喷淋空气都具有一定的降温效果，特别是北方地区，由于地下水的温度较低（如东北地区的北部和中部为 $4\sim12$℃）可以采用地下水来满足空调系统降温的需要。但必须强调指出，我国水资源不够丰富，在北方尤其突出。许多城市，由于对地下水的过分开采，导致地下水位明显降低，甚至造成地面沉陷。因此，节约用水和重复利用水是空调技术中的一项重要课题。此外，各地地下水的温度也并非都能满足空调要求。

由于天然冷源受时间、地区、气候条件的限制，不可能总能满足空调工程的要求，因此，目前世界上用于空调工程的主要冷源依然是人工冷源。人工制冷的设备叫作制冷机。空调工程中使用的制冷机有压缩式、吸收式和蒸汽喷射式三种，其中以压缩式制冷机应用最为广泛。

2）压缩式制冷。

压缩式制冷机的工作原理是，利用"液体气化时要吸收热量"这一物理特性，通过制冷剂的热力循环，以消耗一定量的机械能作为补偿条件来达到制冷的目的。

压缩式制冷机是由制冷压缩机、冷凝器、膨胀阀（节流阀）和蒸发器四个主要部件组成的，并用管道连接，构成一个封闭的循环系统。制冷剂在制冷系统中历经蒸发、压缩、冷凝和节流四个热力过程，如图 5.24 所示。

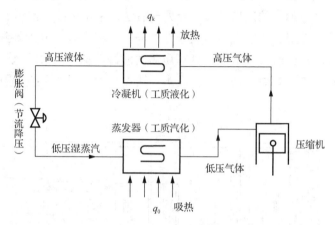

图 5.24　压缩式制冷循环原理图

在蒸发器中，低温低压的制冷剂液体吸收被冷却介质（如冷水）的热量，蒸发成低温低压的制冷剂蒸汽，每小时吸收的热量 Q_1 即为制冷量。

低温低压的制冷剂蒸汽被压缩机吸入，并被压缩成高温高压的蒸汽后排入冷凝器，在压缩过程中，制冷压缩机消耗机械功 W。

在冷凝器中，高温高压的制冷剂蒸汽被冷却水冷却，冷凝成高压的液体，放出热量 Q_2（$Q_2=Q_1+W$）。

从冷凝器排出的高压液体，经膨胀阀节流后变成低温低压的液体，进入蒸发器再次蒸发制冷。

由于冷凝器中所使用的冷却介质（水或空气）的温度比被冷却介质的温度高得多，因此上述人工制冷过程实际上就是从低温物质中夺取热量而传递给高温物质的过程。由于热量不可能自发地从低温物体转移到高温物体，故必须消耗一定量的机械功 W 作为补偿条件，正如要使水从低处流向高处时，需要通过水泵消耗电能才能实现一样。

制冷系统中循环流动的工作介质叫制冷剂，它在系统的各个部件间循环流动以实现能量的转换和传递，达到制冷机向高温热源放热，从低温热源吸热，实现制冷的目的。

目前常用的制冷剂有氨和氟利昂。氨（R717）除了毒性大以外，是一种廉价且效果很好的制冷剂，从 19 世纪 70 年代至今，一直被广泛应用。氨具有良好的热力学性能，其最大优点就是单位容积制冷量大，蒸发压力和冷凝压力适中，制冷效率高，而且对臭氧层无破坏。但氨的最大缺点是具有强烈的刺激性，对人体有危险。同时，当氨中含有水分时，对铜和铜合金有腐蚀作用。目前氨作为大型制冷设备的制冷剂多用于生产企业。

氟利昂是饱和碳氢化合物的卤代烃的总称，种类很多，其中很多具有良好的热力学、物理和化学特性，可以满足各种制冷要求。氟利昂的优点是无毒无臭，无燃烧爆炸危险，当氟利昂不含水分对金属无腐蚀作用，但价格高，极易渗漏且不易被发现。中小型空调制冷系统多采用氟利昂作制冷剂。

制冷剂是根据物质的化学组成来表示的，种类繁多。它们由于组成成分的不同，对大气臭氧层的破坏能力也各不相同。很多制冷剂因为环境保护的因素，大多数已经被禁用了。

3）吸收式制冷。

吸收式制冷的工作原理与压缩式制冷基本相似，不同之处是用发生器、吸收器和溶液泵代替了制冷压缩机，如图 5.25 所示。吸收式制冷不是靠消耗机械功来实现热量从低温物质向高温物质的转移传递，而是靠消耗热能来实现这种非自发的过程。

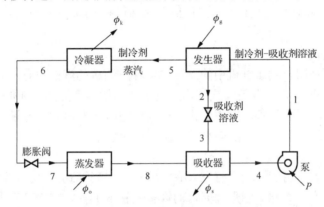

图 5.25　吸收式制冷循环原理图

在吸收式制冷机中，吸收器相当于压缩机的吸入侧，发生器相当于压缩机的压出侧。低温低压的液态制冷剂在蒸发器中吸热蒸发成为低温低压的制冷剂蒸汽后，被吸收器中的液态吸收剂吸收，形成制冷剂-吸收剂溶液，经溶液泵升压后进入发生器。在发生器中，该溶液被加热、沸腾，其中沸点低的制冷剂变成高压制冷剂蒸汽，与吸收剂分离，然后进入冷凝器液化，经膨胀阀节流的过程与压缩式制冷一致。

吸收式制冷目前常用的有两种工质，一种是溴化锂-水溶液，其中水是制冷剂，溴化锂为吸收剂，制冷温度为 0℃ 以上；另一种是氨-水溶液，其中氨是制冷剂，水是吸收剂，制冷温度可以低于 0℃。

吸收式制冷可利用低位热能（如 0.05MPa 蒸汽或 80℃ 以上热水）用于空调制冷，因此有利用余热或废热的优势。由于吸收式制冷机的系统耗电量仅为离心式制冷机的 20% 左右，在供电紧张的地区可选择使用。

（2）制冷系统主要部件

1）压缩机。

制冷压缩机是压缩式制冷装置的一个重要设备。制冷压缩机的形式很多，根据工作原理的不同，可分为容积型和速度型两类。容积型压缩机是靠改变工作腔的容积，周期性地吸入气体并压缩。常用的容积型压缩机有活塞式压缩机、螺杆式压缩机、滚动转子压缩机和涡旋式压缩机，应用较广的是活塞式压缩机和螺杆式压缩机。速度型压缩机是靠机械的

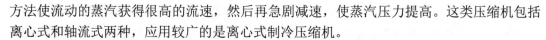

方法使流动的蒸汽获得很高的流速，然后再急剧减速，使蒸汽压力提高。这类压缩机包括离心式和轴流式两种，应用较广的是离心式制冷压缩机。

① 活塞式压缩机。

活塞式压缩机是应用最为广泛的一种制冷压缩机，它的压缩装置由活塞和汽缸组成。活塞式压缩机有全封闭式、半封闭式和开启式三种构造形式。全封闭式压缩机一般是小型机，多用于空调机组中；半封闭式除用于空调机组外，也常用于小型的制冷机房中；开启式压缩机一般都用于制冷机房中。氨制冷压缩机和制冷量较大的氟利昂压缩机多为开启式。

② 离心式压缩机。

离心式压缩机是靠离心力的作用，连续地将所吸入的气体压缩。离心式压缩机的特点是制冷能力大，结构紧凑、质量轻，占地面积少，维修费用低，通常可在30%~100%负荷范围内无级调节。

③ 螺杆式压缩机。

螺杆式压缩机是回转式压缩机中的一种，这种压缩机的汽缸内有一对相互啮合的螺旋形阴阳转子（即螺杆），两者相互反向旋转。转子的齿槽与汽缸体之间形成 V 形密封空间，随着转子的旋转，空间容积不断发生变化，周期性地吸入并压缩一定量的气体。与活塞式压缩机相比，其特点是效率高、能耗小，可实现无级调节。

2）冷凝器。

空调制冷系统中常用的冷凝器有立式壳管式和卧式壳管式两种。这两种冷凝器都是以水作为冷却介质，冷却水通过圆形外壳内的许多钢管或铜管，制冷剂蒸汽在管外空隙处冷凝。立式冷凝器用于氨制冷系统，卧式冷凝器在氨和氟利昂制冷系统中均可使用。

3）膨胀阀（节流阀）。

常用的膨胀阀有手动膨胀阀、浮球式膨胀阀、热力膨胀阀等。膨胀阀在制冷系统中的作用如下。

① 保证冷凝器和蒸发器之间的压力差。这样可以使蒸发器中的液态制冷剂在要求的低压下蒸发吸热；同时，使冷凝器中的气态制冷剂在给定的高压下放热、冷凝。

② 供给蒸发器一定数量的液态制冷剂。供液量过少，将使制冷系统的制冷量降低；供液量过多，部分液态制冷剂来不及在蒸发器内气化，就随同气态制冷剂一起进入压缩机，引起湿压缩，甚至发生冲缸事故。

4）蒸发器。

蒸发器有两种类型，一种是直接用来冷却空气的，称为直接蒸发式表面冷却器，这种类型的蒸发器只能用于无毒害氟利昂系统，直接装在空调机房的空气处理室中；另一种是冷却盐水或普通水用的蒸发器，在这种类型的蒸发器中，氨制冷系统常采用一种水箱式蒸发器，其外壳是一个矩形截面的水箱，内部装有直立管组或螺旋管组。此外，还有一种卧式壳管式蒸发器，可用于氨和氟利昂制冷系统。

（3）制冷机房

设置制冷设备的房屋称为制冷机房或制冷站，小型制冷机房一般附设在主体建筑内，氟利昂制冷设备也可设在空调机房内。规模较大的制冷机房，特别是氨制冷机房，则应单独修建。

1）对制冷机房的要求。

　　单独修建的制冷机房，宜布置在厂区夏季主导风向的下风侧，在动力站区域内，一般应布置在乙炔站、钢炉房、煤气站、堆煤场等的上风侧，以保持制冷机房的清洁。

　　氨制冷机房不应靠近人员密集的房间或场所，以及有精密贵重设备的房间等，以免发生事故时造成重大损失。

　　制冷机房应尽可能设在冷负荷的中心处，力求缩短冷冻水和冷却水管路。当制冷机房是全厂的主要用电负荷时，还应尽量靠近变电站。

　　规模较小的制冷机房可不分隔间，规模较大的按不同情况可分为机器间（布置制冷压缩机和调节站）、设备间（布置冷凝器、蒸发器、储液器等设备）、水泵间（布置水泵和水箱）、变电室（耗电量大时应有专用变压器）、值班室、维修间和生活间等。

　　制冷机房的高度，应根据设备情况确定，并应符合下列要求：对于氟利昂压缩式制冷，不应低于 3.6m；对于氨压缩式制冷，不应低于 4.8m。溴化锂吸收式制冷机顶部至屋顶的距离应不低于 1.2m。设备间的高度也不应低于 2.5m。

　　对于制冷机房的防火要求应按现行的《建筑设计防火规范（2018 年版）》（GB 50016—2014）执行，制冷机房应有每小时不少于 3 次换气的自然通风措施，氨制冷机房还应有每小时不少于 7 次换气的事故通风设备。

　　制冷机房的机器间和设备间应有良好的自然采光，窗孔投光面积与地板面积的比例不小于 1∶6。

　　在仪表集中处应设局部照明，在机器间及设备间的主要通道和站房的主要出入口应设事故照明。

　　制冷机房的面积占总建筑面积的 0.6%～0.9%，一般按每 1163kW 冷负荷需要 100m² 估算。

　　制冷机房应有排水措施。在水泵、冷水机组等四周设排水沟，集中后排出；在地下室常设集水坑，再用潜水泵抽出。

　　2）设备布置原则。

　　制冷系统一般应由 2 台以上制冷机组组成，但不宜超过 6 台。制冷机的型号应尽量统一，以便维护管理。除特殊要求外，可不设置备用制冷机组。大、中型制冷系统，宜同时设置 1～2 台制冷量较小的制冷机组，以适应低负荷运行时的需要。

　　机房内的设备布置应保证操作、检修的方便，同时要尽可能使设备布置紧凑，以节省占地面积。设备上的压力表、温度计等应设在便于观察的地方。

　　机房内各主要操作通道的宽度必须满足设备运输和安装的要求。

　　制冷机房应设有为主要设备安装维修的大门及通道，必要时可设置设备安装孔。

　　制冷机房的高度，应根据设备情况确定。对于 R22、R134a 等压缩式制冷，不应低于 3.6m；对于氨压缩式制冷，不应低于 4.8m。制冷机房的高度，指自地面至屋顶或楼板的净高。

　　制冷机房的地面载荷为 4～6t/m²，且有振动。

　　冷却塔一般设置在屋顶上，占地面积为总建筑面积的 0.5%～1%。

　　冷却塔的基础载荷：横式冷却塔为 1t/m²；立式冷却塔为 2～3t/m²。

6. 空气处理设备

（1）基本空气处理方法

在空调系统中，通过使用各种设备及技术手段使空气的温度、湿度等参数发生变化，最终达到要求的状态。对空气的主要处理过程包括热湿处理与净化处理两大类，其中热湿处理是最基本的处理方式。

常用的空气处理过程有加热、冷却、加湿、除湿、过滤，其中前四种是最简单的空气热湿处理过程。所有实际的空气处理过程都是上述各种单一过程的组合，如夏季最常用的冷却去湿过程就是除湿与降温过程的组合，喷水室内的等焓加湿过程就是加湿与降温的组合。在实际空气处理过程中有些过程往往不能单独实现，如降温有时伴随着除湿或加湿。

1）加热。

单纯的加热过程是容易实现的，主要的实现途径是用表面式空气加热器或电加热器加热空气。如果用温度高于空气温度的水喷淋空气，则会在加热空气的同时又使空气的湿度升高。

2）冷却。

采用表面式空气冷却器或温度低于空气温度的水喷淋空气都可使空气温度下降。如果表面式空气冷却器的表面温度高于空气的露点温度，或喷淋水的水温等于空气的露点温度，则可实现单纯的降温过程；如果表面式空气冷却器的表面温度或喷淋水的水温低于空气的露点温度，则空气会实现冷却去湿过程；如果喷淋水的水温高于空气的露点温度，则空气会实现冷却加湿的过程。

3）加湿。

单纯的加湿过程可通过向空气加入干蒸汽来实现。直接向空气喷入水雾可实现等焓加湿过程。

4）除湿。

除了可用表面式空气冷却器与喷冷水对空气进行减湿处理外，还可以使用液体或固体吸湿剂来进行除湿。液体吸湿是利用某些盐类水溶液对空气中的水蒸气的强吸收作用来对空气进行除湿，方法是根据要求的空气处理过程的不同（降温、加热或等温），用一定浓度和温度的盐水喷淋空气。固体吸湿剂是利用有大量孔隙的固体吸附剂（如硅胶）对空气中的水蒸气的表面吸附作用来除湿的。但在吸附过程中固体吸附剂会放出一定的热量，所以空气在除湿过程中温度会升高。

5）过滤。

一般来说，空气调节工程的主要矛盾是空气的温湿度的处理和调节，由于处理空气的来源是室外新风和室内回风两者的混合物。新风中因室外环境有尘埃的污染，而室内空气则因人的生活、工作和工艺发生污染。空气中所含的灰尘除对人体危害外，对空气处理设备（如加热、冷却等设备的传热效果）亦不利。所以要除去空气中的悬浮尘埃，此外在某些场合还要进行除臭、增加空气负离子等。另一种情况是从生产工艺的空气环境要求，必须采用"净化空调"，即空调是以净化为主要任务，对空气环境的要求已远远超过从卫生角度出发的尘埃要求。有这种要求的生产车间，即"洁净室"或"超净车间"，这种车间的设计是一项综合技术，它包括生产工艺、建筑设计、空气调节、空气净化及操作管理等。

对绝大多数的空调系统来说，设置一道粗效过滤器将空气中大颗粒灰尘过滤掉即可。

对于一部分空调系统，有一定的洁净要求，但提不出确切的洁净度指标，或者提出的洁净度指标还达不到最低级别洁净室的洁净度要求，在这种系统中需设置两道过滤器，即第一道为粗效过滤器，第二道为中效过滤器。

所谓洁净室，从工艺的特殊要求出发，以及空气的洁净要求，除了设置上述两道空气过滤器外，在空调送风口前需再设置第三道过滤器，即高中效、亚高效或高效过滤器。

空气过滤器按过滤灰尘颗粒直径的大小可分为：

粗效过滤器过滤 ≥5.0μm 的大颗粒灰尘。

中效、高中效过滤器过滤 ≥1.0μm 的中等颗粒灰尘。

亚高效过滤器过滤 ≥0.5μm 的小颗粒灰尘。

高效过滤器过滤 ≥0.3μm 的细小颗粒灰尘。

实践表明，过滤器不仅能过滤掉空气中的灰尘，还可以过滤掉细菌。

过滤器材料大多采用化纤无纺布滤料，有一部分粗效、中效过滤器仍然采用泡沫塑料，亚高效过滤器多数采用聚丙烯超细纤维滤料。高效过滤器采用超细玻璃纤维滤纸。

此外，去除空气中某些有味、有毒的气体可以采用活性炭过滤器。利用活性炭对有害气体的吸附性能和内部孔隙中形成的较大表面面积，当污染空气通过活性炭过滤器时，将污浊气体去除掉。近年来，在空气净化的技术领域内，空气的离子化也逐渐受到人们的重视。

（2）典型空气处理设备

1）表面式换热器。

表面式换热器是空调工程中最常用的空气处理设备，它的优点是结构简单、占地少、水质要求不高、水侧的阻力小。目前应用的这类设备都由肋片管组成，管内流通冷水、热水、蒸汽或制冷剂，空气经过管外通过管壁与管内介质换热。使用时一般多排串联，以提高空气的换热量；如果通过的空气量较大，为避免迎风风速过大，也可以多个并联。

表面式换热器可分为表面式空气加热器与表面式空气冷却器两类。

① 表面式空气加热器用热水或蒸汽做热媒，可实现对空气的等湿加热。

② 表面式空气冷却器用冷水或制冷剂做冷媒，因此又可分为冷水式与直接蒸发式两种。其中直接蒸发式冷却器就是制冷系统中的蒸发器。使用表面式冷却器可实现空气的干式冷却或湿式冷却过程，过程的实现取决于表面式冷却器的表面温度是高于还是低于空气的露点温度。

风机盘管机组中的盘管就是一种表面式换热器，空调机组中的空气冷却器是直接蒸发式冷却器。

2）喷水室。

喷水室的空气处理方法是向流过的空气直接喷淋大量的水滴，被处理的空气与水滴接触，进行热湿处理，达到要求的状态。喷水室由喷嘴、水池、喷水管路、挡水板、外壳组成，如图 5.26 所示。目前在一般建筑中已很少使用，但在纺织厂、卷烟厂等以调节湿度为主要任务的场合仍大量使用。

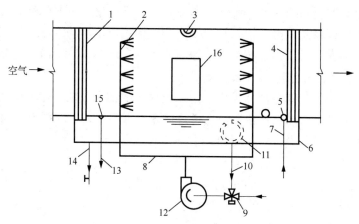

1—前挡水板；2—喷水排管；3—防水灯；4—后挡水板；5—浮球阀；6—底池；7—补水管；8—供水管；
9—三通混合阀；10—回水管；11—滤水器；12—水泵；13—溢水管；14—泄水管；15—溢水器；16—检查门。

图 5.26　喷水室构造

3）加热与除湿设备。

① 喷蒸汽加湿。

蒸汽喷管是最简单的加湿装置，它由直径略大于供气管的管段组成，管段上开有多个小孔。蒸汽在管网压力作用下由小孔喷出，灌入空气中。为保证喷出的蒸汽中不夹带冷凝水滴。蒸汽喷管外有保温套管，如图 5.27 所示。使用蒸汽喷管需要由集中热源提供蒸汽，它的优点是节省动力用电，加湿稳定、迅速，运行费用低，因此在空调工程中应用广泛。

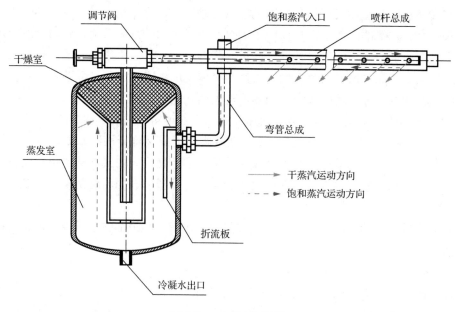

图 5.27　干蒸汽加湿器

② 电加湿器。

电加湿器是一种喷蒸汽的加湿器，它是利用电能使水气化，然后用短管直接将蒸汽喷入空气中，电加湿器包括电热式和电极式两种。

a. 电热式加湿器是由管状电热元件置于水槽中做成的。电热元件通电后加热水至沸腾，产生蒸汽。

b. 电极式加湿器是利用三根不锈钢棒或镀铬铜棒做电极，插入水容器中制成；以水作为电阻，通电之后水被加热产生蒸汽；蒸汽由排气管送到空气里，水位越高，导热面积越大，通过电流越强，产生的蒸汽也越多；通过改变溢流管的高低来调节水位的高低，从而调节加湿量。

这两种电加湿器的缺点是耗电量大，电热元件与电极上易结垢；优点是结构紧凑，加湿量易于控制，经常应用于小型空调系统中。

③ 冷冻除湿机。

冷冻除湿机是由制冷系统与送风装置组成的。其中制冷系统的蒸发器能够吸收空气中的热量，并通过压缩机的作用，把所吸收的热量从冷凝器排到外部环境中去。冷冻除湿机的工作原理是由制冷系统的蒸发器将要处理的空气冷却除湿，再由制冷系统的冷凝器把冷却除湿后的空气加热。这样处理后的空气虽然温度较高，但湿度很低，适用于只需要除湿，而不需要降温的场合。

④ 氯化锂转轮除湿机。

这是一种固体吸湿剂除湿设备，是由除湿转轮传动机构外壳风机与再生电加热器组成。它利用含有氯化锂和氯化锰晶体的石棉纸来吸收空气中的水分。吸湿纸做的转轮缓慢转动，用加热器处理的再生空气流过 3/4 面积的蜂窝状通道被除湿，再生空气经过滤器与加热器进入另 1/4 面积通道，带走吸湿纸中的水分排出室外。这种设备吸湿能力强，维护管理简单，是比较理想的除湿设备。

⑤ 电加热器。

电加热器是让电流通过电阻丝发热来加热空气的设备。其优点是加热均匀、热量稳定、易于控制、结构紧凑，可以直接安装在风管内；缺点是电耗高。因此一般用于温度、精度要求较高的空调系统和小型空调系统，加热量要求大的系统不宜采用。电加热器有裸线式和管式两种类型。通过电加热器的风速不能过低，以避免造成电加热器表面温度过高。通常电加热器和通风机之间要有启闭连锁装置，只有通风机运转时，电加热器才能接通。

（3）组合式空调机组

组合式空调机组也称为组合式空调器，是将各种空气热湿处理设备和风机、阀门等组合成一个整体的箱式设备。箱内的各种设备可以根据空调系统的组合顺序排列在一起，能够实现各种空气的处理功能。可选用定型产品，也可自行设计。如图 5.28 所示为一种组合式空调机组。

（4）局部空调机组

局部空调机组属于直接蒸发表冷式空调机组。它是指一种由制冷系统、通风机、空气过滤器等组成的空气处理机组。

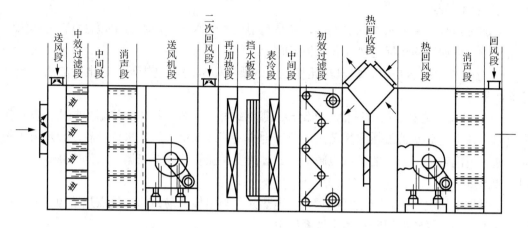

图 5.28　组合式空调机组

　　根据空调机组的结构形式分为整体式、分体式和组合式三种。整体式空调机组是指将制冷系统、通风机、空气过滤器等组合在一个整体机组内，如窗式空调器。分体式空调机组是指将压缩机和冷却冷凝器的风机组成室外机组，蒸发器和送风机组成室内机组，两部分独立安装，如家用壁挂式空调器。组合式空调机组是指压缩机和冷凝器组成压缩冷凝机组，蒸发器、送风机、加热器、加湿器、空气过滤器等组成空调机组，两部分可以装在同一房间内，也可以分别装在不同房间内。相对于集中式空调系统而言，局部空调机组投资低、设备结构紧凑、体积小、占机房面积少、安装方便；但设备噪声较大，对建筑物外观有一定影响。局部空调机组不带风管，如需接风管，用户可自行选配。

　　（5）空调机房

　　空调机房是放置集中式空调系统或半集中式空调系统的空气处理设备及送，回风机的地方。

　　1）空调机房的位置。

　　空调机房尽量设置在负荷中心。目的是缩短送、回风管道，节省空气输送的能耗，减少风道占据的空间，但不应靠近要求低噪声的房间，如广播电视房间、录音棚等建筑物。空调机房最好设置在地下室，而一般的办公室、宾馆的空调机房可以分散在各楼层上。

　　高层建筑的集中式空调机房宜设置在设备技术层，以便集中管理。20层以内的高层建筑宜在上部或下部设置一个技术层。若上部为办公室或客房，下部为商场或餐厅等，则技术层最好设在地下室。20～30层的高层建筑宜在上部和下部各设一技术层，如在顶层和地下室各设一个技术层。30层以上的高层建筑，其中还应增加一两个技术层，这样做的目的是避免送、回风干管过长、过粗而占据过多空间，而且增加风机电耗。如图5.29所示是各类建筑物技术层或设备间的大致位置（用阴影部分表示）。

　　空调机房的划分应不穿越防火分区，所以大中型建筑应在每个防火分区内设置空调机房，最好能设置在防火区的中心位置。如果在高层建筑中使用带新风的风机盘管等空气水系统，应在每层或每几层（一般不超过5层）设一个新风机组。当新风量较小、房屋空间较大时，也可把新风机组悬挂在吊顶内。

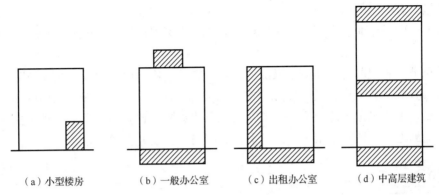

（a）小型楼房　　　（b）一般办公室　　　（c）出租办公室　　　（d）中高层建筑

图 5.29　各类建筑物技术层或设备间的大致位置

各层空调机房最好能在垂直方向上同一位置布置，这样可缩短冷、热水管的长度，减少管道交叉，节省投资和能耗。各层空调机房的位置应考虑风管的作用半径不要过大，一般为 30～40m。一个空调系统的服务面积不宜大于 500m²。

2）空调机房的大小。

空调机房的面积与采用的空调方式、系统的风量大小、空气处理的要求等有关，与空调机房内放置设备的数量和每台设备的占地面积有关。一般全空气集中式空调系统，当空气参数要求严格或有净化要求时，空调机房面积为空调面积的 10%～20%；舒适性空调和一般降温空调系统为空调面积的 5%～10%；仅处理新风的空气-水系统，新风机房约为空调面积的 1%～2%。如果空调机房、通风机房和冷冻机房统一估算，总面积为总建筑面积的 3%～7%。

空调机房的高度一般为净高 4～6m。对于总建筑面积小于 3000m² 的建筑物，空调机房净高为 4m；总建筑面积大于 3000m² 的建筑物，空调机房净高为 4.5m；对于总建筑面积超 20000m² 的建筑物，其集中空调的大机房净高应为 6～7m，而分层机房则为标准层的高度，即 2.7～3m。

3）空调机房的结构。

空调设备安装在楼板上或屋顶上时，结构的承重应按设备自重和基础尺寸计算，而且应包括设备中充注的水或制冷剂的质量及保温材料的质量等。对于一般常用的系统，空调机房的荷载估算为 500～600kg/m²，而屋顶机组的荷载应根据机组的大小而定。

空调机房与其他房间的隔墙以厚度为 240mm 为宜，机房的门应采用隔声门，机房内墙表面应粘贴吸声材料。

空调机房的门和拆装设备的通道应考虑能顺利地运入最大设备构件的可能；若构件不能从门运入，则应预留安装孔洞和通道，并考虑拆换的可能。

空调机房应有非正立面的外墙，以便设置新风口让新风进入空调系统。如果空调机房位于地下室或大型建筑的内区，则应有足够断面的新风竖井或新风通道。

4）机房内的布置。

大型机房应设单独的管理人员值班室，值班室应设在便于观察机房的位置，自动控制屏宜放在值班室。

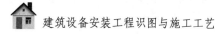

机房最好有单独的出入口，以防止人员噪声传入空调房间。

经常操作的操作面宜有不少于 1m 的净距离，需要检修的设备旁边要有不少于 0.7m 的检修距离。

经常调节的阀门应设置在便于操纵的位置。需要检修的地点应设置检修照明。

风管布置应尽量避免交叉，以减少空调机房与吊顶的高度。放在吊顶内的阀门等需要操作的部件，如果吊顶不能上人，则需要在阀门附近预留检查孔便于在吊顶下操作。如果吊顶较高能够上人，则应预留上人的孔洞，并在吊顶上设人行通道。

任务训练 1

基于对建筑通风空调工程基础知识的学习，通过日常生活常识，完成以下任务。

1）想一想在生活、生产中哪些地方属于通风空调系统范畴。

2）简单说说家用空调与空气调节系统的联系与差异。

3）通过对通风、防排烟、空调三个系统的认识，简单谈谈三者的关系以及主要的功能。

任务 5.2 建筑通风空调工程施工图

5.2.1 认识建筑通风空调工程施工图

通风空调工程施工图是由图文与图纸两部分组成。图文部分包括：图纸目录、设计施工说明、设备材料明细表；图纸部分包括：通风空调系统平面图、剖面图、系统图、原理图、详图等。

1. 图纸目录

将全部施工图纸按其编号（×施-××）、图名、顺序填入图纸目录表格，同时，在表头上标明建设单位、工程项目、分部工程名称、设计日期等，与封面一起装订。其作用是核对图纸数量，便于识图时查找。

2. 设计施工说明

设计施工说明主要包括通风空调系统的建筑概况；系统采用的设计气象参数；房间的设计条件（冬季、夏季空调房间的空气温度、相对湿度、平均风速、新风量、噪声等级、含尘量等）；系统的划分与组成（系统编号、服务区域、空调方式等）；要求自控时的设计运行工况；风管系统和水管系统的一般规定，风管材料及加工方法，管材、支吊架及阀门安装要求，保温、减振做法，水管系统的试压和清洗等；设备的安装要求；防腐要求；系统调试和试运行方法和步骤；应遵守的施工规范等。

> **【拓展知识】**
>
> 在编制施工图预算时，不但要熟悉施工图样，而且要阅读施工技术说明和设备材料表，因为许多工程内容在图上不易标示，而是在说明中加以交代。

3. 通风空调系统平面图

通风空调系统平面图包括建筑物各层面通风空调系统的平面图、空调机房平面图等。

1）系统平面图主要说明通风空调系统的设备、风管系统、冷热媒管道、凝结水管道的平面布置情况。

① 风管系统。包括风管系统的构成、布置及风管上各部件、设备的位置，并注明系统的编号，送、回风口的空气流向。一般用双线绘制。

② 水管系统。包括冷、热水管道、凝结水管道的构成、布置及水管上各部件、仪表、设备位置等，并注明各管道的介质流向、坡度。一般用单线绘制。

③ 空气处理设备。包括各处理设备的轮廓和位置。

④ 尺寸标注。包括各管道、设备、部件的尺寸大小、定位尺寸以及设备基础的主要尺寸，还有各设备、部件的名称、型号、规格等。

2）通风空调机房平面图一般包括空气处理设备、风管系统、水管系统、尺寸标注等。

① 空气处理设备。应注明按产品样本要求或标注图集所采用的空调器组合段代号，空调箱内风机、表面式换热器、加湿器等设备的型号、数量以及该设备的定位尺寸。

② 风管系统。包括与空调箱连接的送、回风管，新风管的位置及尺寸，用双线绘制。

③ 水管系统。包括与空调箱连接的冷、热媒管道，凝结水管道的情况，用单线绘制。

4. 通风空调系统剖面图

剖面图与平面图对应，因此，剖面图主要有系统剖面图、机房剖面图、冷冻机房剖面图等。剖面图上的内容应与在平面图剖切位置上的内容对应一致，并标注设备、管道及配件的标高。

5. 通风空调系统图

通风空调系统图应包括系统中设备、配件的型号、尺寸、定位尺寸、数量以及连接于各设备之间的管道在空间的曲折、交叉、走向和尺寸、定位尺寸等，并应注明系统编号。系统图可以用单线绘制，也可以用双线绘制。

6. 通风空调系统的原理图

通风空调系统的原理图主要包括系统的原理和流程；空调房间的设计参数、冷热源、空气处理及输送方式；控制系统之间的相互连接；系统中的管道、设备、仪表、部件；整个系统控制点与检测点之间的联系；控制方案及控制点参数；用图例表示的仪表、控制元件型号等。

7. 详图

详图又称大样图，包括制作加工详图和安装详图。若采用国家通用标准图，则只标明图号，不再将图画出，需要时直接查标准图即可。如果没有标准图，就必须画出大样图，以便加工、制作和安装。通风空调工程安装详图用于表明风管、部件及设备制作和安装的具体形式、方法和详细构造及加工尺寸。对于一般性的通风空调工程，通常都使用国家通用标准图；对于一些有特殊要求的工程，则由设计部门根据工程的特殊情况设计施工详图。

5.2.2 建筑通风空调工程制图标准

建筑通风空调工程常用图例如下。

1. 水、汽管道

水、汽管道可用线型区分，也可用代号区分。水、汽管道代号宜按表 5.6 采用。

表 5.6 水、汽管道代号

序号	代号	管道名称	备注
1	R	热水管	1. 用粗实线、粗虚线区分供水、回水时，可以省略代号； 2. 可附加阿拉伯数字 1、2 以区分供水、回水； 3. 可附加阿拉伯数字 1、2、3、…表示一个代号、不同参数的多种管道
2	Z	蒸汽管	需要区分饱和、过热、自用蒸汽时，可在代号前分别附加 B、G、Z
3	N	凝结水管	
4	P	膨胀水管、排污管、排气管、旁通管	需要区分时，可在代号后附加一位小写拼音字母，即 P_Z、P_W、P_Q、P_R
5	G	补给水管	
6	X	泄水管	
7	XH	循环管、信号管	循环管为粗实线，信号管为细虚线。不致引起误解时，循环管也可为"X"
8	Y	溢排管	
9	L	空调冷水管	
10	LR	空调冷/热水管	
11	LQ	空调冷却水管	
12	n	空调冷凝水管	
13	RH	软化水管	
14	CY	除氧水管	

2. 风道

1）风道代号宜按表 5.7 采用。

表 5.7　风道代号

序号	代号	管道名称	备注
1	SF	送风管	
2	HF	回风管	一、二次回风可附加 1、2 进行区别
3	PF	排风管	
4	XF	新风管	
5	PY	消防排烟风管	
6	ZY	加压送风管	
7	P（Y）	排风、排烟兼用风管	
8	XB	消防补风管	
9	S（B）	送风兼消防补风管	

2）风道、阀门及附件的图例宜按表 5.8 和表 5.9 采用。

表 5.8　风道、阀门及附件图例

序号	名称	图例	备注
1	矩形风管	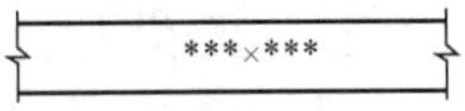 ***×***	宽（mm）×高（mm）
2	圆形风管	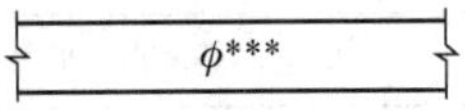 φ***	φ直径（mm）
3	天圆地方	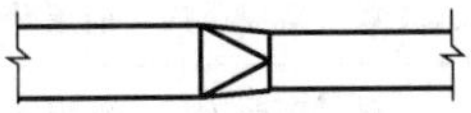	左接矩形风管，右接圆形风管
4	圆弧形弯头		
5	带导流片的矩形弯头		
6	消声器		
7	消声弯头		
8	消声静压箱		
9	蝶阀	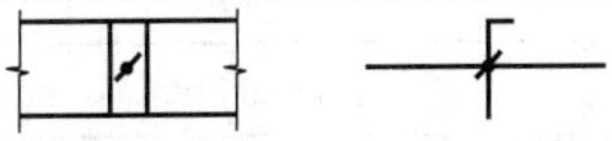	
10	止回风阀	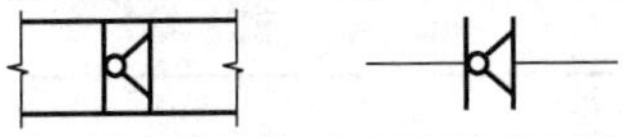	
11	余压阀	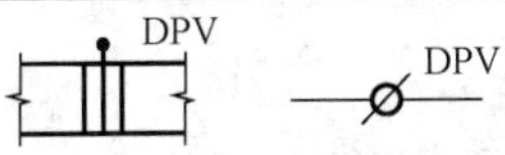 DPV　　DPV	

续表

序号	名称	图例	备注
12	三通调节阀		
13	防烟、防火阀		***表示防烟、防火阀名称代号
14	方形风口		
15	条缝形风口		
16	矩形风口		
17	圆形风口		

表 5.9　风口和附件代号

序号	代号	图例	备注
1	AV	单层格栅风口,叶片垂直	
2	AH	单层格栅风口,叶片水平	
3	BV	双层格栅风口,前组叶片垂直	
4	BH	双层格栅风口,前组叶片水平	
5	C*	矩形散流器,*为出风面数量	
6	DF	圆形平面散流器	
7	DS	圆形凸面散流器	
8	DX*	圆形斜片散流器,*为出风面数量	
9	E*	条缝形风口,*为条缝数	
10	F*	细叶形斜出风散流器,*为出风面数量	
11	H	百叶回风口	
12	J	喷口	
13	CB	自垂百叶	
14	N	防结露送风口	
15	T	低温送风口	

3. 通风空调设备

通风空调设备的图例宜按表 5.10 采用。

表 5.10　通风空调设备图例

序号	名称	图例	备注
1	轴流风机		
2	离心式管道风机		
3	吊顶式排气扇		
4	水泵		
5	变风量末端		
6	空调机组加热、冷却盘管		从左到右分别为加热、冷却及双功能盘管
7	空气过滤器		从左到右分别为粗效、中效及高效
8	挡水板		
9	加湿器		
10	电加热器		
11	板式换热器		
12	立式明装风机盘管		
13	立式暗装风机盘管		
14	卧式明装风机盘管		
15	卧式暗装风机盘管		
16	窗式空调器		
17	分体空调器	室内机　室外机	
18	射流诱导风机		
19	减振器		左为平面图画法，右为剖面图画法

4. 调控装置及仪表

调控装置及仪表的图例宜按表 5.11 采用。

表 5.11　调控装置及仪表的图例

序号	名称	图例
1	温度传感器	T
2	湿度传感器	H
3	压力传感器	P
4	压差传感器	ΔP
5	流量传感器	F
6	烟感器	S
7	控制器	C
8	吸顶式温度感应器	T
9	温度计	
10	压力表	
11	流量计	F.M
12	记录仪	
13	数字输入量	DI
14	数字输出量	DO
15	模拟输入量	AI
16	模拟输出量	AO

5.2.3　建筑通风空调工程施工图的识读

1. 通风空调施工图的识读方法

（1）认真阅读图纸目录

根据图纸目录了解该工程图纸的概况，包括图纸张数、图幅大小及名称、编号等信息。

（2）阅读施工说明

根据施工说明了解该工程概况，包括空调系统的形式、划分及主要设备布置等信息，在此基础上，确定哪些图纸重点表明该工程的特点，是这些图纸中的典型或重要部分，图纸的阅读就从这些重要图纸开始。

（3）阅读有代表性的图纸

根据施工说明确定了重点表明该工程特点的图纸，则根据图纸目录，确定这些图纸的编号，并找出这些图纸进行阅读。

在空调通风施工图中，有代表性的图纸基本上都是反映空调系统布置、空调机房布置、冷冻机房布置的平面图，因此，空调通风施工图的阅读基本上是从平面图开始的，先阅读总平面图，然后阅读其他的平面图。

（4）阅读辅助性图纸

对于平面图上没有表达清楚的地方，就要根据平面图上的提示（如剖面位置）和图纸目录找出该平面图对应的辅助性图纸进行阅读，包括立面图、侧立面图、剖面图等。对于整个系统，可配合系统轴测图阅读。

（5）阅读其他内容

在读懂整个空调通风系统的前提下，再进一步阅读施工说明与设备及主要材料表，了解空调通风系统的详细安装情况，同时参考零部件加工、设备安装详图，从而完全掌握图纸的全部内容。

2. 通风空调施工图识读举例

建筑通风空调施工图案例图纸通过 www.abook.cn 网站下载得到。

任务训练 2

基于对建筑通风空调工程图纸识别的学习，请大家搜索一套通风空调工程施工图，完成通风空调工程图纸的识别任务，并形成汇报文件，汇报具体内容如下。

1）工程概况。

2）通风空调管道布置基本情况。

3）通风空调系统管道的规格、材质以及连接方式。

4）通风空调系统内的元件及设备。

任务5.3 建筑通风空调工程施工

5.3.1 风道施工

1. 风管的制作与连接

（1）风管的制作

风管可现场制作或工厂预制，风管制作方法分为咬口连接、铆钉连接、焊接。

1）咬口连接形式如图 5.30 所示。将要相互接合的两个板边折成能相互咬合的各种钩形，钩接后压紧折边。这种连接适用于厚度小于或等于 1.2mm 的普通钢板和镀锌薄钢板、厚度小于或等于 1.0mm 的不锈钢板以及厚度小于或等于 1.5mm 的铝板。

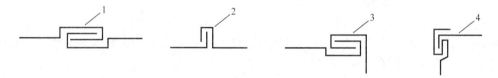

图 5.30 咬口连接形式

2）铆钉连接。将两块要连接的板材板边相重叠，并用铆钉穿连铆合在一起。

3）焊接。因通风空调风管密封要求较高或板材较厚不能用咬口连接时，板材的连接常采用焊接。常用的焊接方法有电焊、气焊、锡焊及氩弧焊。

① 对管径较大的风管，为保证断面不变形且减少由管壁振动而产生的噪声，需要加固。

② 圆形风管本身刚度较大，一般不需要加固。

③ 当管径大于 700mm 且管段较长时，每隔 1.2m 可用扁钢平加固。

④ 矩形风管当边长大于或等于 630mm、管段大于 1.2m 时，均应采取加固措施。

⑤ 对边长小于或等于 800mm 的风管，宜采用棱筋、棱线的方法加固。

⑥ 当中、高压风管的管段长大于 1.2m 时，应采取加固框的形式加固。

⑦ 对高压风管的单咬口缝应采取加固、补强措施。

（2）风管的连接

风管连接有法兰连接和无法兰连接。

1）法兰连接主要用于风管与风管或风管与部件、配件间的连接。风管端的法兰装配如图 5.31 所示，法兰对风管还起加固作用。法兰按风管的断面形状，分为圆形法兰和矩形法兰；按风管使用的金属材质，分为钢法兰、不锈钢法兰、铝法兰。

法兰连接时，按设计要求确定垫料后，将两个法兰先对正，穿上几个螺栓并拧上螺母，暂时不要紧固。待所有螺栓都穿上后，再将螺栓拧紧。为避免螺栓滑扣，紧固螺母时应按十字交叉、对称均匀地拧紧。连接好的风管，应以两端法兰为准，拉线检查风管连接是否平直。

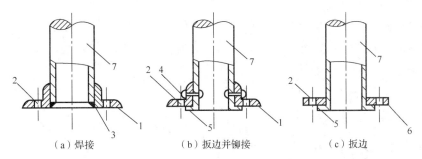

（a）焊接　　　　（b）扳边并铆接　　　　（c）扳边

1—角钢法兰；2—螺栓孔；3—焊缝；4—铆钉；5—扳边；6—扁钢法兰；7—风管。

图 5.31 风管端的法兰装配

连接不锈钢风管法兰的螺栓，宜用同材质的不锈钢制成，如用普通碳素钢标准件，应按设计要求喷刷涂料。铝板风管法兰连接应采用镀锌螺栓，并在法兰两侧垫镀锌垫圈。聚氯乙烯风管法兰连接应采用镀锌螺栓或增强尼龙螺栓，螺栓与法兰接触处应加镀锌垫圈。

2）无法兰连接。

圆形风管无法兰连接：其连接形式有承插连接、芯管连接及抱箍连接。

矩形风管无法兰连接：其连接形式有插条连接、立咬口连接及薄钢材法兰弹簧夹连接。

软管连接：主要用于风管与部件（如散流器、静压箱、侧送风口等）的连接。安装时，软管两端套在连接的管外，然后用特制管卡把软管箍紧。软管连接给安装工作带来很大方便，尤其在安装空间狭窄、预留位置难以准确的情况下，更为便利，但系统的阻力较大。

风管安装连接后，在刷油、绝热前应按规范进行严密性、漏风量检测。

2. 风道支架安装

常用风管支架的形式有托架、吊架和立管夹，如图 5.32 所示。

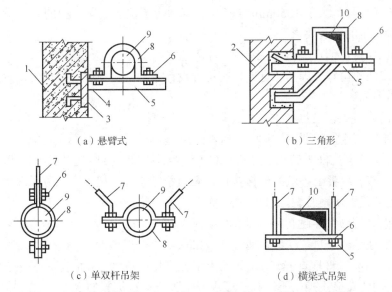

（a）悬臂式　　　　（b）三角形

（c）单双杆吊架　　　　（d）横梁式吊架

1—钢筋混凝土墙（柱）；2—砖墙；3—预埋钢板；4—焊缝；5—出口；
6—螺母；7—吊杆；8—管卡；9—圆形风管；10—矩形风管。

图 5.32 通风系统支架种类

① 托架。通风管道沿墙壁或柱子敷设时，经常采用托架来支撑风管。

② 吊架。当风管敷设在楼板或桁架下面离墙较远时，一般采用吊架来安装风管。矩形风管的吊架，由吊杆和横担组成。

③ 立管夹。垂直风管可用立管夹进行固定。

3. 风道的竣工验收

（1）风管系统支、吊架的安装要求

1）预埋件位置应正确、牢固可靠，埋入部分应去除油污，且不得涂漆。

2）风管系统支、吊架的形式和规格应按工程实际情况选用。

3）直径大于 2000mm 或边长大于 2500mm 风管的支、吊架安装应按设计要求执行。

4）金属风管水平安装，直径或边长小于等于 400mm 时，支、吊架间距不应大于 4m；大于 400mm 时，间距不应大于 3m。螺旋风管的支、吊架的间距可为 5m 与 3.75m；薄钢板法兰风管的支、吊架间距不应大于 3m。垂直安装时，应设置至少 2 个固定点，支架间距不应大于 4m。

5）支、吊架的设置不应影响阀门、自控机构的正常动作，且不应设置在风口、检查门处，离风口和分支管的距离不宜小于 200mm。

6）悬吊的水平主、干风管直线长度大于 20m 时，应设置防晃支架或防止摆动的固定点。

7）矩形风管的抱箍支架，折角应平直，抱箍应紧贴风管。圆形风管的支架应设托座或抱箍，圆弧应均匀，且应与风管外径一致。

8）风管或空调设备使用的可调节减振支、吊架，拉伸或压缩量应符合设计要求。

9）不锈钢板、铝板风管与碳素钢支架的接触处，应采取隔绝或防腐绝缘措施。

10）边长（直径）大于 1250mm 的弯头、三通等部位应设置单独的支、吊架。

（2）风管系统的安装要求

1）风管应保持清洁，管内不应有杂物和积尘。

2）风管安装的位置、标高、走向，应符合设计要求。现场风管接口的配置应合理，不得缩小其有效截面。

3）法兰的连接螺栓应均匀拧紧，螺母宜在同一侧。

4）风管接口的连接应严密牢固。风管法兰的垫片材质应符合系统功能的要求，厚度不应小于 3mm。垫片不应凸入管内，且不宜突出法兰外；垫片接口交叉长度不应小于 30mm。

5）风管与砖、混凝土风道的连接接口，应顺着气流方向插入，并应采取密封措施。风管穿出屋面处应设置防雨装置，且不得渗漏。

6）外保温风管必需穿越封闭的墙体时，应加设套管。

7）风管的连接应平直。明装风管水平安装时，水平度的允许偏差应为 3‰，总偏差不应大于 20mm；明装风管垂直安装时，垂直度的允许偏差应为 2‰，总偏差不应大于 20mm。暗装风管安装的位置应正确，不应存在侵占其他管线安装位置的现象。

8）金属无法兰连接风管的安装应符合下列规定。

① 风管连接处应完整，表面应平整。

② 承插式风管的四周缝隙应一致，不应有折叠状褶皱。内涂的密封胶应完整，外粘的密封胶带应粘贴牢固。

③ 矩形薄钢板法兰风管可采用弹性插条、弹簧夹或 U 形紧固螺栓连接。连接固定的间隔不应大于 150mm，净化空调系统风管的间隔不应大于 100mm，且分布应均匀。当采用弹簧夹连接时，宜采用正反交叉固定方式，且不应松动。

④ 采用平插条连接的矩形风管，连接后板面应平整。

⑤ 置于室外与屋顶的风管，应采取与支架相固定的措施。

9）风管系统安装完毕后，应按系统类别要求进行施工质量外观检验。合格后，应进行风管系统的严密性检验。

（3）风管安装要求

1）风管内严禁其他管线穿越。

2）输送含有易燃、易爆气体或安装在易燃、易爆环境的风管系统必须设置可靠的防静电接地装置。

3）输送含有易燃、易爆气体的风管系统通过生活区或其他辅助生产房间时不得设置接口。

4）室外风管系统的拉索等金属固定件严禁与避雷针或避雷网连接。

（4）净化空调系统风管的安装要求

1）在安装前，风管、静压箱及其他部件的内表面应擦拭干净，且应无油污和浮尘。当施工停顿或完毕时，端口应封堵。

2）法兰垫料应采用不产尘、不易老化，且具有强度和弹性的材料，厚度应为 5～8mm，不得采用乳胶海绵。法兰垫片宜减少拼接，且不得采用直缝对接连接，不得在垫料表面涂刷涂料。

3）风管穿过洁净室（区）吊顶、隔墙等围护结构时，应采取可靠的密封措施。

（5）风管部件的安装要求

1）风管部件及操作机构的安装应便于操作。

2）斜插板风阀安装时，阀板应顺气流方向插入；水平安装时，阀板应向上开启。

3）止回阀、定风量阀的安装方向应正确。

4）防爆波活门、防爆超压排气活门安装时，穿墙管的法兰和在轴线视线上的杠杆应铅垂，活门开启应朝向排气方向，在设计的超压下能自动启闭。关闭后，阀盘与密封圈贴合应严密。

5）防火阀、排烟阀（口）的安装位置、方向应正确。位于防火分区隔墙两侧的防火阀，距墙表面不应大于 200mm。

（6）非金属风管的安装要求

1）风管连接应严密，法兰螺栓两侧应加镀锌垫圈。

2）风管垂直安装时，支架间距不应大于 3m。

3）硬质聚氯乙烯风管的安装尚应符合下列规定。

① 采用承插连接的圆形风管，直径小于或等于 200mm 时，插口深度宜为 40～80mm，粘结处应严密牢固。

② 采用套管连接时，套管厚度不应小于风管壁厚，长度宜为150～250mm。

③ 采用法兰连接时，垫片宜采用3～5mm软质聚氯乙烯板或耐酸橡胶板。

④ 风管直管连续长度大于20m时，应按设计要求设置伸缩节，支管的重量不得由干管承受。

⑤ 风管所用的金属附件和部件，均应进行防腐处理。

4）织物布风管的安装应符合下列规定。

① 悬挂系统的安装方式、位置、高度和间距应符合设计要求。

② 水平安装钢绳垂吊点的间距不得大于3m。长度大于15m的钢绳应增设吊架或可调节的花篮螺栓。风管采用双钢绳垂吊时，两绳应平行，间距应与风管的吊点相一致。

③ 滑轨的安装应平整牢固，目测不应有扭曲；风管安装后应设置定位固定。

④ 织物布风管与金属风管的连接处应采取防止锐口划伤的保护措施。

⑤ 织物布风管垂吊吊带的间距不应大于1.5m，风管不应呈现波浪形。

（7）复合材料风管的安装要求

1）复合材料风管的连接处，接缝应牢固，不应有孔洞和开裂。当采用插接连接时，接口应匹配，不应松动，端口缝隙不应大于5mm。

2）复合材料风管采用金属法兰连接时，应采取防冷桥的措施。

3）酚醛铝箔复合板风管与聚氨酯铝箔复合板风管的安装，尚应符合下列规定。

① 插接连接法兰的不平整度应小于或等于2mm，插接连接条的长度应与连接法兰齐平，允许偏差应为-2～0mm。

② 插接连接法兰四角的插条端头与护角应有密封胶封堵。

③ 中压风管的插接连接法兰之间应加密封垫或采取其他密封措施。

4）玻璃纤维复合板风管的安装应符合下列规定。

① 风管的铝箔复合面与丙烯酸等树脂涂层不得损坏，风管的内角接缝处应采用密封胶勾缝。

② 榫连接风管的连接应在榫口处涂胶黏剂，连接后在外接缝处应采用扒钉加固，间距不宜大于50mm，并宜采用宽度大于或等于50mm的热敏胶带粘贴密封。

③ 采用槽形插接等连接构件时，风管端切口应采用铝箔胶带或刷密封胶封堵。

④ 采用槽型钢制法兰或插条式构件连接的风管，风管外壁钢抱箍与内壁金属内套，应采用镀锌螺栓固定，螺孔间距不应大于120mm，螺母应安装在风管外侧。螺栓穿过的管壁处应进行密封处理。

⑤ 风管垂直安装宜采用"井"字形支架，连接应牢固。

5）玻璃纤维增强氯氧镁水泥复合材料风管，应采用粘结连接。直管长度大于30m时，应设置伸缩节。

（8）风阀的安装要求

1）风阀应安装在便于操作及检修的部位。安装后，手动或电动操作装置应灵活可靠，阀板关闭应严密。

2）直径或长边尺寸大于或等于630mm的防火阀，应设独立支、吊架。

3）排烟阀（排烟口）及手控装置（包括钢索预埋套管）的位置应符合设计要求。钢索预埋套管弯管不应大于 2 个，且不得有死弯及瘪陷；安装完毕后应操控自如，无阻塞等现象。

4）除尘系统吸入管段的调节阀，宜安装在垂直管段上。

5）防爆波悬摆活门、防爆超压排气活门和自动排气活门安装时，位置的允许偏差应为 10mm，标高的允许偏差应为 ±5mm，框正、侧面与平衡锤连杆的垂直度允许偏差应为 5mm。

（9）风口的安装要求

1）风口的安装位置应符合设计要求，风口或结构风口与风管的连接应严密牢固，不应存在可察觉的漏风点或部位，风口与装饰面贴合应紧密。X 射线发射房间的送、排风口应采取防止射线外泄的措施。

2）风口表面应平整、不变形，调节应灵活、可靠。同一厅室、房间内的相同风口的安装高度应一致，排列应整齐。

3）明装无吊顶的风口，安装位置和标高允许偏差应为 10mm。

4）风口水平安装，水平度的允许偏差应为 3‰。

5）风口垂直安装，垂直度的允许偏差应为 2‰。

（10）消声器及静压箱的安装要求

1）消声器及静压箱安装时，应设置独立支、吊架，固定应牢固。

2）当采用回风箱作为静压箱时，回风口处应设置过滤网。

（11）其他规定

1）当风管穿过需要封闭的防火、防爆的墙体或楼板时，必须设置厚度不小于 1.6mm 的钢制防护套管；风管与防护套管之间应采用不燃柔性材料封堵严密。

2）外表温度高于 60℃，且位于人员易接触部位的风管，应采取防烫伤的措施。

3）除尘系统风管宜垂直或倾斜敷设。倾斜敷设时，风管与水平夹角宜大于或等于 45°；当现场条件限制时，可采用小坡度和水平连接管。含有凝结水或其他液体的风管，坡度应符合设计要求，并应在最低处设排液装置。

4）柔性短管的安装，应松紧适度，目测平顺、不应有强制性的扭曲。可伸缩金属或非金属柔性风管的长度不宜大于 2m。柔性风管支、吊架的间距不应大于 1500mm，承托的座或箍的宽度不应小于 25mm，两支架间风道的最大允许下垂应为 100mm，且不应有死弯或塌凹。

5）排风口、吸风罩（柜）的安装应排列整齐、牢固可靠，安装位置和标高允许偏差应为 ±10mm，水平度的允许偏差应为 3‰，且不得大于 20mm。

6）风帽安装应牢固，连接风管与屋面或墙面的交接处不应渗水。

5.3.2 通风空调系统安装

1. 通风空调系统调试

1）通风与空调工程安装完毕后应进行系统调试。系统调试应包括下列内容。

① 设备单机试运转及调试。

② 系统非设计满负荷条件下的联合试运转及调试。

2）设备单机试运转及调试应符合下列规定。

① 通风机、空气处理机组中的风机，叶轮旋转方向应正确、运转应平稳、应无异常振动与声响，电机运行功率应符合设备技术文件要求。在额定转速下连续运转 2h 后，滑动轴承外壳最高温度不得大于 70℃，滚动轴承不得大于 80℃。

② 水泵叶轮旋转方向应正确，应无异常振动和声响，紧固连接部位应无松动，电机运行功率应符合设备技术文件要求。水泵连续运转 2h，滑动轴承外壳最高温度不得超过 70℃，滚动轴承不得超过 75℃。

③ 冷却塔风机与冷却水系统循环试运行不应小于 2h，运行应无异常。冷却塔本体应稳固、无异常振动。冷却塔中风机的试运转尚应符合①的规定。

④ 制冷机组的试运转除应符合设备技术文件和现行国家标准《制冷设备、空气分离设备安装工程施工及验收规范》（GB 50274—2010）的有关规定外，尚应符合下列规定。

a. 机组运转应平稳、应无异常振动与声响。

b. 各连接和密封部位不应有松动、漏气、漏油等现象。

c. 吸、排气的压力和温度应在正常工作范围内。

d. 能量调节装置及各保护继电器、安全装置的动作应正确、灵敏、可靠。

e. 正常运转不应少于 8h。

⑤ 多联式空调（热泵）机组系统应在充灌定量制冷剂后，进行系统的试运转，并应符合下列规定。

a. 系统应能正常输出冷风或热风，在常温条件下可进行冷热的切换与调控。

b. 室内机的试运转不应有异常振动与声响，百叶板动作应正常，不应有渗漏水现象，运行噪声应符合设备技术文件要求。

c. 具有可同时供冷、热的系统，应在满足当季工况运行条件下，实现局部内机反向工况的运行。

⑥ 电动调节阀、电动防火阀、防排烟风阀（口）的手动、电动操作应灵活可靠，信号输出应正确。

⑦ 变风量末端装置单机试运转及调试应符合下列规定。

a. 控制单元单体供电测试过程中，信号及反馈应正确，不应有故障显示。

b. 启动送风系统，按控制模式进行模拟测试，装置的一次风阀动作应灵敏可靠。

c. 带风机的变风量末端装置，风机应能根据信号要求运转，叶轮旋转方向应正确，运转应平稳，不应有异常振动与声响。

d. 带再热的末端装置应能根据室内温度实现自动开启与关闭。

⑧ 蓄能设备（能源塔）应按设计要求正常运行。

⑨ 风机盘管机组的调速、温控阀的动作应正确，并应与机组运行状态一一对应，中档风量的实测值应符合设计要求。

⑩ 风机、空气处理机组、风机盘管机组、多联式空调（热泵）机组等设备运行时，产生的噪声不应大于设计及设备技术文件的要求。

⑪ 水泵运行时壳体密封处不得渗漏，紧固连接部位不应松动，轴封的温升应正常，普通填料密封的泄漏水量不应大于 60mL/h，机械密封的泄漏水量不应大于 5mL/h。

⑫ 冷却塔运行产生的噪声不应大于设计及设备技术文件的规定值，水流量应符合设计要求。冷却塔的自动补水阀应动作灵活，试运转工作结束后，集水盘应清洗干净。

3）系统非设计满负荷条件下的联合试运转及调试应符合下列规定。

① 系统总风量调试结果与设计风量的允许偏差应为-5%～＋10%，建筑内各区域的压差应符合设计要求。

② 变风量空调系统联合调试应符合下列规定。

a. 系统空气处理机组应在设计参数范围内对风机实现变频调速。

b. 空气处理机组在设计机外余压条件下，系统总风量应满足①的要求，新风量的允许偏差应为 0～＋10%。

c. 变风量末端装置的最大风量调试结果与设计风量的允许偏差应为 0～＋15%。

d. 改变各空调区域运行工况或室内温度设定参数时，该区域变风量末端装置的风阀（风机）动作（运行）应正确。

e. 改变室内温度设定参数或关闭部分房间空调末端装置时，空气处理机组应自动正确地改变风量。

f. 应正确显示系统的状态参数。

③ 空调冷（热）水系统、冷却水系统的总流量与设计流量的偏差不应大于 10%。

④ 制冷（热泵）机组进出口处的水温应符合设计要求。

⑤ 地源（水源）热泵换热器的水温与流量应符合设计要求。

⑥ 舒适空调与恒温、恒湿空调室内的空气温度、相对湿度及波动范围应符合或优于设计要求。

⑦ 系统经过风量平衡调整，各风口及吸风罩的风量与设计风量的允许偏差不应大于 15%。

⑧ 设备及系统主要部件的联动应符合设计要求，动作应协调正确，不应有异常现象。

⑨ 湿式除尘与淋洗设备的供、排水系统运行应正常。

⑩ 空调水系统应排除管道系统中的空气，系统连续运行应正常平稳，水泵的流量、压差和水泵电机的电流不应出现 10%以上的波动。

⑪ 水系统平衡调整后，定流量系统的各空气处理机组的水流量应符合设计要求，允许偏差应为 15%；变流量系统的各空气处理机组的水流量应符合设计要求，允许偏差应为 10%。

⑫ 冷水机组的供、回水温度和冷却塔的出水温度应符合设计要求；多台制冷机或冷却塔并联运行时，各台制冷机及冷却塔的水流量与设计流量的偏差不应大于 10%。

⑬ 舒适性空调的室内温度应优于或等于设计要求，恒温、恒湿和净化空调的室内温、湿度应符合设计要求。

⑭ 室内（包括净化区域）噪声应符合设计要求，测定结果可采用 Nc 或 dB（A）的表达方式。

⑮ 环境噪声有要求的场所，制冷、空调设备机组应按现行国家标准《采暖通风与空气调节设备噪声声功率级的测定　工程法》（GB/T 9068—1988）的有关规定进行测定。

⑯ 压差有要求的房间、厅堂与其他相邻房间之间的气流流向应正确。

4）防排烟系统联合试运行与调试后的结果，应符合设计要求及国家现行标准的有关规定。

5）净化空调系统除应符合3）的规定外，尚应符合下列规定。

① 单向流洁净室系统的系统总风量允许偏差应为0～＋10%，室内各风口风量的允许偏差应为0～＋15%。

② 单向流洁净室系统的室内截面平均风速的允许偏差应为0～＋10%，且截面风速不均匀度不应大于0.25。

③ 相邻不同级别洁净室之间和洁净室与非洁净室之间的静压差不应小于5Pa，洁净室与室外的静压差不应小于10Pa。

④ 室内空气洁净度等级应符合设计要求或为商定验收状态下的等级要求。

⑤ 各类通风、化学实验柜、生物安全柜在符合或优于设计要求的负压下运行应正常。

6）蓄能空调系统的联合试运转及调试应符合下列规定。

① 系统中载冷剂的种类及浓度应符合设计要求。

② 在各种运行模式下系统运行应正常平稳；运行模式转换时，动作应灵敏正确。

③ 系统各项保护措施反应应灵敏，动作应可靠。

④ 蓄能系统在设计最大负荷工况下运行应正常。

⑤ 系统正常运转不应少于一个完整的蓄冷释冷周期。

⑥ 单体设备及主要部件联动应符合设计要求，动作应协调正确，不应有异常。

⑦ 系统运行的充冷时间、蓄冷量、冷水温度、放冷时间等应满足相应工况的设计要求。

⑧ 系统运行过程中管路不应产生凝结水等现象。

⑨ 自控计量检测元件及执行机构工作应正常，系统各项参数的反馈及动作应正确、及时。

7）空调制冷系统、空调水系统与空调风系统的非设计满负荷条件下的联合试运转及调试，正常运转不应少于8h，除尘系统不应少于2h。

8）通风与空调工程通过系统调试后，监控设备与系统中的检测元件和执行机构应正常沟通，应正确显示系统运行的状态，并应完成设备的连锁、自动调节和保护等功能。

2. 通风空调系统竣工验收

1）通风与空调工程竣工验收前，应完成系统非设计满负荷条件下的联合试运转及调试，项目内容及质量要求应符合《通风与空调工程施工质量验收规范》（GB 50243—2016）的规定。

2）通风与空调工程的竣工验收应由建设单位组织，施工、设计、监理等单位参加，验收合格后应办理竣工验收手续。

3）通风与空调工程竣工验收时，各设备及系统应完成调试，并可正常运行。

4）当空调系统竣工验收时因季节原因无法进行带冷或热负荷的试运转与调试时，可仅进行不带冷（热）源的试运转，建设、监理、设计、施工等单位应按工程具备竣工验收的时间给予办理竣工验收手续。带冷（热）源的试运转应待条件成熟后，再施行。

5）通风与空调工程竣工验收资料应包括下列内容。

① 图纸会审记录、设计变更通知书和竣工图。

② 主要材料、设备、成品、半成品和仪表的出厂合格证明及进场检（试）验报告。

③ 隐蔽工程验收记录。

④ 工程设备、风管系统、管道系统安装及检验记录。

⑤ 管道系统压力试验记录。

⑥ 设备单机试运转记录。

⑦ 系统非设计满负荷联合试运转与调试记录。

⑧ 分部（子分部）工程质量验收记录。

⑨ 观感质量综合检查记录。

⑩ 安全和功能检验资料的核查记录。

⑪ 净化空调的洁净度测试记录。

⑫ 新技术应用论证资料。

6）通风与空调工程各系统的观感质量应符合下列规定。

① 风管表面应平整、无破损，接管应合理。风管的连接以及风管与设备或调节装置的连接处不应有接管不到位、强扭连接等缺陷。

② 各类阀门安装位置应正确牢固，调节应灵活，操作应方便。

③ 风口表面应平整，颜色应一致，安装位置应正确，风口的可调节构件动作应正常。

④ 制冷及水管道系统的管道、阀门及仪表安装位置应正确，系统不应有渗漏。

⑤ 风管、部件及管道的支、吊架形式、位置及间距应符合设计及《通风与空调工程施工质量验收规范》（GB 50243—2016）要求。

⑥ 除尘器、积尘室安装应牢固，接口应严密。

⑦ 制冷机、水泵、通风机、风机盘管机组等设备的安装应正确牢固；组合式空气调节机组组装顺序应正确，接缝应严密；室外表面不应有渗漏。

⑧ 风管、部件、管道及支架的油漆应均匀，不应有透底返锈现象，油漆颜色与标志应符合设计要求。

⑨ 绝热层材质、厚度应符合设计要求，表面应平整，不应有破损和脱落现象；室外防潮层或保护壳应平整、无损坏，且应顺水流方向搭接，不应有渗漏。

⑩ 消声器安装方向应正确，外表面应平整、无损坏。

⑪ 风管、管道的软性接管位置应符合设计要求，接管应正确牢固，不应有强扭。

⑫ 测试孔开孔位置应正确，不应有遗漏。

⑬ 多联空调机组系统的室内、室外机组安装位置应正确，送、回风不应存在短路回流的现象。

7）净化空调系统的观感质量检查除应符合《通风与空调工程施工质量验收规范》（GB 50243—2016）第 12.0.6 条的规定外，尚应符合下列规定。

① 空调机组、风机、净化空调机组、风机过滤器单元和空气吹淋室等的安装位置应正确，固定应牢固，连接应严密，允许偏差应符合《通风与空调工程施工质量验收规范》（GB 50243—2016）的相关规定。

② 高效过滤器与风管、风管与设备的连接处应有可靠密封。

③ 净化空调机组、静压箱、风管及送回风口清洁不应有积尘。

④ 装配式洁净室的内墙面、吊顶和地面应光滑平整，色泽应均匀，不应起灰尘。

⑤ 送回风口、各类末端装置以及各类管道等与洁净室内表面的连接处密封处理应可靠严密。

任务训练 3

基于对建筑通风空调工程施工与安装知识的学习，通过日常生活常识，完成以下任务。

1）想一想在生活、生产中哪些地方属于通风空调系统范畴。

2）简单说说家用空调与空气调节系统的联系与差异。

3）通过对通风、防排烟、空调三个系统的认识，简单谈谈三者的关系以及主要的功能。

拓 展 练 习

一、单选题

1. 以下房间参数，空调系统无法控制的是（　　）。

　　A. 温度　　　　　　B. 湿度　　　　　　C. 发热量　　　　　　D. 气流速度

2. 以下位置不能作为空调机房位置选择的是（　　）。

　　A. 冷负荷集中　　　　　　　　　B. 维修方便

　　C. 进风排风方便　　　　　　　　D. 周围对噪声要求高

3. 高级饭店厨房的通风方式宜选择（　　）。

　　A. 自然通风　　　　　　　　　　B. 机械通风

　　C. 不通风　　　　　　　　　　　D. 自然通风和机械通风均可

4. 手术室净化空调室内应保持（　　）。

　　A. 正压　　　　　　　B. 负压　　　　　　C. 常压　　　　　　D. 无压

5. 在通风管道中能防止烟气扩散的设施设备是（　　）。

　　A. 防火卷帘　　　　B. 防火阀　　　　　C. 排烟阀　　　　　D. 空气幕

二、多选题

1. 压缩式制冷剂由（　　）组成。

　　A. 压缩机　　　　B. 冷凝器　　　　　C. 膨胀阀　　　　　D. 蒸发器

2. 在空调处理过程中常用到的三个温度指标是（　　）。

　　A. 干球温度　　　B. 湿球温度　　　　C. 开尔文温度　　　D. 露点温度

3. 下列设备可以置于空调机组中的有（　　）。

　　A. 表冷器　　　　B. 加湿器　　　　　C. 过滤器　　　　　D. 盘管

4．以下关于防排烟的说法，正确的是（　　　）。

    A．防烟分区一般不应跨越楼层　　　　B．设计时可不考虑自然通风

    C．防烟分区不应跨越防火分区　　　　D．防烟楼梯间可不设排烟设施

5．下列有关含湿量的说法正确的是（　　　）。

    A．与相对湿度的意义相同

    B．是表示湿空气湿度的物理量

    C．其值越大，水蒸气分区压力越大

    D．数值为与 1kg 干空气并存的水蒸气含量

三、简答题

1．自然通风与机械通风所用场合有何区别？

2．通风空调的气流组织形式有哪些？

3．空调系统由哪几部分组成？如何分类？

4．通风空调设备图的识读方法和步骤是什么？

5．防烟楼梯间及前室、合用前室加压送风方案有哪几种？